宁夏畜禽养殖粪污资源化
循环利用技术

纪立东　著

U0306131

中国农业科学技术出版社

图书在版编目(CIP)数据

宁夏畜禽养殖粪污资源化循环利用技术／纪立东著.—北京：中国农业科学技术出版社，2020.11

ISBN 978-7-5116-3989-9

Ⅰ.①宁…　Ⅱ.①纪…　Ⅲ.畜禽-粪便处理-废物综合利用-研究-宁夏　Ⅳ.①X713.05

中国版本图书馆 CIP 数据核字(2020)第 236271 号

责任编辑	李冠桥
责任校对	贾海霞

出 版 者	中国农业科学技术出版社
	北京市中关村南大街 12 号　邮编：100081
电　　话	(010) 82109705 (编辑室)　(010) 82109702 (发行部)
	(010) 82109709 (读者服务部)
传　　真	(010) 82106625
网　　址	http://www.CASTP.cn
经 销 者	各地新华书店
印 刷 者	北京建宏印刷有限公司
开　　本	787 mm×1 092 mm　1/16
印　　张	18　彩插　8 面
字　　数	438 千字
版　　次	2020 年 11 月第 1 版　2020 年 11 月第 1 次印刷
定　　价	100.00 元

《宁夏畜禽养殖粪污资源化循环利用技术》
著者名单

主　　著：纪立东

副 主 著：司海丽　郭鑫年　杨　洋　孙　权
　　　　　王一明

参著人员（按姓氏音序排列）：

顾　欣	郭永婷	胡登吉	黄金旨
纪静雯	蒋　鹏	柯　英	雷金银
李凤霞	李建刚	李　磊	刘菊莲
刘　敏	刘兴平	柳骁桐	马婷慧
冒辛平	勉有明	王长军	王丹青
王文林	杨进波	尹志荣	张红艳
周丽娜	周　涛	朱　英	

前　言

近年来，随着国家乡村振兴战略和"三农"政策的推进落实，我国畜禽养殖业得到持续稳定发展，规模化养殖水平显著提高，肉蛋奶的供给得到了有效保障，但产生的大量养殖废弃物没有得到有效处理和利用，成为农村环境治理的一大难题。调查显示，我国每年产生畜禽养殖粪污 39.8 亿 t，2020 年这一数字将达到 42.44 亿 t，而目前我国养殖废弃物资源化利用率还不足 30%，大量没有经过无害化处理的养殖废弃物将对生态环境造成极大威胁，导致环境污染骤增，建立健康的生态养殖和废弃物综合利用模式对于我国规模化养殖和生态环境保护而言势在必行。

为了使畜禽养殖废弃物变废为宝，实现污染物少排放，甚至零排放，我国出台了许多相关政策来推进废弃物的资源化利用，如《畜禽规模养殖污染防治条例》《中华人民共和国环境保护法》《大气污染防治行动计划》《水污染防治行动计划》等，但其政策执行的效果并不理想。因此许多学者引入了农业循环经济发展理念，运用现代生物学、生态学，整合利用可再生能源技术和高效生态农业技术，按照生态系统内部物种共生、物质循环、能量多层次利用的生物链原理，优化和调整农业生态系统产业结构及内部结构，提高生物能源的利用率和有机废物的再利用和再循环，最大限度地减轻环境污染，使养殖、种植、沼气工程和农户生活等活动真正纳入农业生态系统循环，以达到经济与生态平衡协同发展，并在全国取得了很多成功实践。

宁夏回族自治区（全书简称宁夏）地处西北内陆黄河中上游，基本涵盖了我国西北地区干旱、半干旱气候特点的各种生态类型，其主要分为北部引黄灌区、中部干旱带和南部山区三大区域，是我国西北地区的一个缩影。其依托畜禽养殖废弃物发展循环农业具有土地资源丰富、草场面积广阔、水资源灌溉条件便利、光热资源充足、农产品特色鲜明等资源优势，但仍存在以下问题：粪污产生量巨大、现有设施设备简陋低效投入大、常规低温发酵效率差、种植和养殖不匹配、资源循环利用尚停留在局部实践、政策支撑扶持不足等。鉴于畜禽养殖废弃物循环利用发展中存在的问题，在宁夏农林科学院一二三产业融合发展科技创新示范项目课题"农业废弃物利用与功能性生物制剂研发与示范"（YES-16-0908）、宁夏回族自治区重点研发计划项目"养殖废弃物资源化高效利用技术与生物产品研发与示范"（2017BN05）、宁夏回族自治区重大研发计划项目"规模化奶牛养殖粪污资源化利用关键技术研究与示范"（2019BCF01001）等支持下，作者组织撰写了《宁夏畜禽养殖粪污资源化循环利用技术》一书，其主要以宁夏规模化畜禽养殖粪污为研究对象，综合国内外研究进展，全面阐述了宁夏畜禽养殖粪污资源化利用的理论与现状、养殖粪污资源调查与评价、养殖粪污土地承载力评估，固体粪便、液体废水好氧发酵与资源化利用，不同类型养殖废弃物资源化利用技术模式、饲草料作物粪肥绿色高效施用技术模式，提出了宁夏畜禽养殖废弃物综合利用的前景与对策，力求为宁夏养殖废弃物综合利用和宁夏加快循环农业发展略尽绵薄之力。

本书是众多专家学者集体智慧的结晶。前言部分由纪立东撰写；第一章养殖粪污资源化利用理论与现状由司海丽、杨洋撰写；第二章宁夏畜禽养殖粪污资源调查与评价由王一明撰写；第三章宁夏畜禽养殖粪污土地承载力由郭鑫年撰写；第四章固体粪便资源化高效利用由纪立东、王一明、刘菊莲撰写；第五章液体粪污资源化高效利用由纪立东、王文林撰写；第六章不同类型养殖废弃物资源化利用技术模式、第七章饲草料作物粪肥绿色高效施用技术模式由孙权、纪立东撰写；第八章宁夏畜禽养殖废弃物综合利用建议与对策由纪立东撰写，最后由纪立东完成统稿。本书编写过程中得到了宁夏科技厅、宁夏农林科学院、宁夏大学、宁夏畜牧工作站等有关部门及众多不同领域专家的大力支持和悉心指导，谨在此向他们表示诚挚的谢意！

由于作者研究领域和学识有限，书中难免存在不足之处，恳请广大读者不吝赐教，我们将在今后的工作中不断改进。

作者于宁夏农林科学院

2020 年 9 月

目　　录

第一章　养殖粪污资源化利用理论与现状

第一节　养殖粪污概述

一、养殖粪污相关概念

养殖废弃物作为农业废弃物的一部分，虽未单独在各类词典或法规中做出明确定义，但在各国的认知中较为统一，具体指在饲养过程中产生的禽畜粪便、尿液、污水、分泌物、禽畜舍垫料、废弃饲料、禽畜尸体及散落的羽毛等固体和液体废物。根据养殖废弃物中各部分所占比例和环境影响来看，我们通常所说的养殖废弃物主要是指畜禽粪污。

2009 年我国环境保护部发布的《畜禽养殖业污染治理工程技术规范》中将畜禽粪污定义为"畜禽养殖场产生的废水和固体粪便的总称"，畜禽养殖废水指：由畜禽养殖场产生的尿液、全部粪便或残余粪便及饲料残渣、冲洗水及工人生活、生产过程中产生的废水的总称，其中冲洗水占较大部分。另外，该规范也对恶臭污染物做出了定义：指一切刺激嗅觉器官，引起人们不愉快及损害生活环境的气体物质。畜禽养殖废弃物中含有大量碳水化合物、含氮有机物，这些成分在厌氧条件下经微生物发酵产生带有酸性、烂白菜味、臭鸡蛋味的刺激性有害气体。恶臭的产生与畜禽的粪尿、污水、畜禽呼出气体、分泌物、病死畜禽、饲料残渣、垫料、晾晒粪污等一系列因素息息相关，也同养殖环境中的空气悬浮物有很大关系。

2001 年我国原环保总局发布的《畜禽养殖污染防治管理办法》中，畜禽养殖污染指的是在畜禽养殖过程中，畜禽养殖场排放的废渣，清洗畜禽体和饲养场地、器具产生的污水及恶臭等对环境造成的危害和破坏。按照物质成分来说，养殖粪污属于有机废弃物，可以自然降解，对环境没有直接危害性，不需要采取特殊措施进行处理。但由于养殖业的迅速发展，产生的废弃物远远超过周边生态环境的自然消纳能力，从而导致严重的环境污染和资源浪费，因此需要人为进行管理、处置和利用。根据来源不同，可以将畜禽粪污分为生猪粪污、肉牛粪污、蛋鸡粪污等。

二、养殖粪污特点

（一）是养殖活动不可避免的副产品

从养殖粪污的来源可知，无论是传统还是现代，无论是粗放还是规范，养殖粪污的产生与养殖活动密不可分。只要饲养牲畜，就会产生畜禽粪便、尿液等废弃物，只是不同区域的生活水平及习惯、养殖种类、养殖方式、养殖规模存在差异，所产生的粪污种类、数量、影响程度和空间分布等方面有所不同。因此，对养殖粪污进行管理和利用，首先要了解清楚不同时空条件下的养殖种类、规模、现代化和集约化程度、周边种植业特征以及居民生活方式，才能对症下药，科学有效地予以解决问题。

（二）造成环境污染或生态危害

1. 对水体的污染

我国养殖业造成的水污染占据了全国水体污染近一半的份额，是水体富营养化的主要诱因之一。养殖场产生的尿液、污水以及畜禽粪便被雨水淋洗后的混合液体含有大量的氮和磷，流入地表水或渗入地下水后，使得藻类和微生物过度生长，导致氧气短缺，造成鱼游生物链式死亡。此外，其他重金属等有害元素在水体里富集也会造成水质恶化，水体的饮用功能、灌溉功能、娱乐功能及景观功能严重下降等。

2. 对土壤的污染

畜禽粪便中含有大量盐分，在干旱或半干旱气候下重复大量施入农田易造成土壤孔隙减少、通透性降低，导致土壤板结与作物减产等不良影响（张柳，2019）。此外，饲料中添加的铜、锌等重金属大多数会随粪污排出后污染土壤和水源，抑制作物生长，或经过食物链的积累，威胁人类自身安全。但自 1978 年欧共体立法以来，饲料中铜、锌的添加日益减少，若养殖场区域内的粪肥还田量与作物需求量达到平衡，重金属含量可不会造成影响。

3. 对空气的污染

畜禽粪污中含有大量碳水化合物、含氮有机物，这些成分在厌氧条件下经微生物发酵产生硫化氢、氨气、甲烷、粪臭素等带有酸性、烂白菜味、臭鸡蛋味的刺激性有害气体（Borlée Floor，2017），污染大气环境，严重可导致人类呼吸系统疾病。据推测，美国 70%的封闭动物厩舍的工人患有呼吸系统疾病（Scialabba，1994），这也是造成荷兰养猪工人工伤的主要原因之一。

4. 对人类健康的威胁

新城疫病毒、禽流感病毒、犬传染性支气管炎病毒、伪狂犬病毒、沙门氏菌、大肠杆菌、蛔虫卵等多种致病性、传染性病毒、细菌寄生虫等会通过排泄从染病或隐性带毒的畜禽体内排出。根据实验检测分析得出，每毫升畜禽养殖场排放的污水中平均含有 33 万个大肠杆菌和 66 万个球菌；每升沉淀池污水中蛔虫卵和毛首线虫卵含量超出 19 330 万个（张柳，2019）。如不适当处理，蚊蝇等病虫害会在环境中不断滋生，大量有害细菌蔓延传播，造成人畜共患，将给卫生环境治理带来极大挑战。

（三）具有可再利用性

废弃物"用则利，弃则害"。从循环经济学的角度来看，养殖废弃物是物质和能量的载体，是以特殊形态存在的资源，具有完全的可再利用性。

1. 可以用作肥料

畜禽粪便含有大量氮、磷等营养物质，是农作物生产上最适宜的上等底肥，也是化肥出现以前的主要养分来源。原始的粪污直接还田，其利用效率低，环境风险高，因此需要堆腐后施用。将粪便集中堆积，并且与作物秸秆等混合调节碳氮比，通过控制水分、温度与酸碱度进行发酵，腐熟后作为有机肥施用，可以有效提高土壤有机质含量，促进微生物繁殖，改善土壤的理化性质和生物活性，为作物提供全面营养。

2. 可以用作能源

自古以来，我国西北放牧地区多将晒干的牛马粪作为烧饭、取暖的能量来源，这是粪便作为能源利用的最简单方法，但是此法利用不够充分，且易造成空气污染。近些年来随着农村新能源技术的发展，将畜禽粪便从直接利用已转化为厌氧发酵产生沼气，从而作为清洁能源进一步使用的方式，既节约资源又保护环境，一举多得，具有广泛应用前景。

3. 可以用作饲料

畜禽粪便中含有未消化的粗蛋白质、粗纤维、粗脂肪和矿物质等。对其进行适当处理，可杀死病原菌，提高蛋白质的消化率和代谢能力，改善适口性，用于饲料利用。在美国，用鸡粪混合垫草直接饲喂奶牛的方式已被普遍使用。而国内大多采用青贮法，将新鲜的牲畜粪便与其他饲草混合厌氧发酵，这不仅可提高饲料的适口性和消化率，减少蛋白质损失，还可将部分非蛋白质转化成蛋白质，提高营养价值（樊丽霞，2019）。

第二节　养殖粪污资源化利用

一、资源化利用的概念与意义

（一）资源的概念

《辞海》（上海辞书出版社，2009）对"资源"定义如下：一国或一定地区内拥有的物力、财力、人力等各种物质要素的总称，分为自然资源和社会资源两大类；前者如阳光、空气、水、土地、森林、草原、动物、矿藏等；后者包括人力资源、信息资源以及经过劳动创造的各种物质财富。《经济学解说》（经济科学出版社，2000）将"资源"定义为"生产过程中所使用的投入，被划分为自然资源、人力资源和加工资源。"这一定义很好地反映了"资源"一词的经济学内涵，资源从本质上讲就是生产要素的代名词。《生态文明建设大辞典》（江西科学技术出版社，2016）指出：广义的资源指包括劳动力、资金、技术、信息等生产要素资源，也包括土地、水、矿产、能源等自然资源，还包括旅游资源、农业资源等人文资源；狭义的资源仅指自然资源。依据空间属性，可将自然资源分类为原位型资源和非原位型资源。原位资源指能就地利用而不能移至它地加以利用的资源，也包括土地资源、环境资源和气候资源等；非原位型资源指可就地利用也可移至它地加以利用的自然资源，如矿产资源、水资源和能源等。

自然资源在被人类作为原材料使用后留下了废弃物。从空间的角度来看，废弃物仅是对于某个特定的对象在某一个过程或某一方面失去了使用价值，而某个地方的废弃物，在另一个地方可能就变成宝贝，这便是所谓的"放错地方的资源"，是巨大的潜在资源库。从时间上来看，由于受到科学技术和经济条件的限制，人们暂时还不能或不愿意对废弃物进行利用。但在生态环境日益恶化和自然资源日益短缺的今天，如果我们再不能正确审视废弃物的价值，将是对资源的极大浪费。

（二）资源化利用的概念

从废弃物再利用和循环经济角度出发，资源化是指对已经成为废弃物的各种物质采取措施，使其转化为可利用的二次原料或再生资源。2006 年颁布的《再生资源回收管理办法》中对再生资源的定义为：社会生产和生活消费过程中产生的，已经失去原有的全部或部分使用价值，经过回收、加工处理，能够使其重新获得使用价值的各种废弃物。2012 年科技部等多个部门联合发布的《废弃物资源化科技工程"十二五"专项规划》中认为，废弃物资源化通常指已退出生产环节或消费领域的固体物质，通过技术、经济手段与管理措施，在实现无害化处置和减少污染排放的同时，回收大量有价值的物质，提高废弃物综合利用率，使其具有公益性和经济性的双重特性。

2018 年农业农村部办公厅印发的《畜禽规模养殖场粪污资源化利用设施建设规范（试行）》解释"畜禽粪污资源化利用"是指在畜禽粪污处理过程中，通过生产沼气、堆肥、沤肥、沼肥、肥水、商品有机肥、垫料、基质等方式进行合理利用。畜禽粪污资源化利用的核心就是构建一条循环经济链条，通过不断完善链条的各个环节，并针对各环节采用适宜的方式，构建起畜禽粪污的物质流动闭环，实现畜禽粪污的资源化利用（梁高飞，2019）。畜牧业生产中产生的粪污经过科学的处理后加以综合利用，可以最大限度地发挥废弃物的资源性，压榨废弃物剩余的经济价值，就能够创造出更多的经济财富，节约资源，造福人类，具有很大的现实意义。畜禽粪污资源化利用就是可持续发展理念的体现，通过"变废为宝"，减少畜禽养殖生产活动中产生的污染物，以还田利用、无害化处理等生态科学的方式，将产生的废弃物作为资源利用，调节畜禽养殖与土地种植之间关系，从而减小人类活动对自然生态系统的破坏，最终实现人类与自然界的协调可持续发展。

（三）养殖粪污资源化利用的意义

随着全球市场经济发展水平的不断提高以及人口的不断增多，我国乃至世界都普遍面临着严重的资源以及能源短缺问题。自然资源的重复利用以及新能源的开发是未来资源和能源发展的主要方向。我国是畜牧业大国，2017 年我国畜牧业产值高达29 361.2 亿元，与之相应的是养殖废弃物产生量超过 39 亿 t，生态环境超负荷与资源匮乏同时成为我国经济发展道路上的两大障碍。因此，如何最大化地发展循环经济，促进养殖粪污资源化利用是我们亟待解决的问题，这具有非常重要的现实意义。

1. "变废为宝"有利于满足日益增长的资源需求

地球上的自然资源是有限的，但人口的增长是无限的，人类社会对资源的需求量将会无限制的增长。我国自然资源的特点是种类多样，数量丰富，但人均占有量低。我国以占世界 9% 的耕地、6% 的水资源、4% 的森林、1.8% 的石油、0.7% 的天然气、不足9% 的铁矿石、不足 5% 的铜矿和不足 2% 的铝土矿，养活着占世界 22% 的人口，大多数矿产资源人均占有量不到世界平均水平的一半，煤、油、天然气人均资源占有量只及世界人均水平的 55%、11% 和 4%。特别是我国目前正处于经济快速发展时期，自然资源的消耗速度仍在上升。2011 年，中国用掉全球铁矿石生产量的 48% 和煤炭生产量的

40%，成为资源消费的最大买人者。同时，资源利用效率低，浪费大，导致了严重的生态环境恶化。

面对目前日益凸显的资源瓶颈，养殖粪污资源化循环利用不失为一种有效的资源补充。改革开放以来，我国农村人口比例虽逐年下降，但仍占全国总人口的41.48%。农村人均生活用能量已经由1980年60kg标准煤增长到2016年的390kg标准煤，由1980年不及城镇人均生活用能量的1/5发展到了98.73%的城镇人均生活用能量。其消费结构呈高碳化和非清洁化特征，占比前三位的依次为煤炭（33.8%）、秸秆（27.8%）、薪柴（15.7%）（张宇轩，2020）。因此，有效利用养殖粪污，发展农村沼气工程和生态农业模式，可推动农村生活用能从传统能源向新能源的转化，有助于农村经济、社会、环境的可持续发展、区域能源供给侧结构的优化、农村居民生活水平的提高。另外，除了生产沼气能源，畜禽粪污亦可直接焚烧发电。早在1992年，英国Fibrowatt公司便建立了世界上第一座鸡粪发电厂，发电量为12.5MW，足以供12 500个家庭之用。而亚洲最大鸡粪发电厂是由中国福建省圣农实业有限公司投资2.4亿元建设，主要以鸡粪与谷壳混合物为原料燃烧发电，同时，燃烧后的鸡粪灰烬能生产优质有机肥。据报道，该厂每年消耗鸡粪30万t，发电量2.1亿kW·h，节约标准煤15万t，减少二氧化碳排放20万t，可有效代替原始能源。

2. "化害为利"有利于保护生态环境和居民健康

改革开放以来，我国一直致力于经济发展的速度，因而使得许多地区走上"先污染，后治理"的道路，而这些最终因为生态环境的持续恶化，使得环境污染损失更大。据有关方面统计，早在20世纪80年代末，我国在环境污染方面的经济损失就已高达950亿元，这不仅超过当时国民生产总值的6%，而且也已远超美国等一些发达国家。2007年，世界银行与中国国务院发展研究中心合作完成的《中国污染代价》报告中称，每年中国因污染导致的经济损失在0.6万亿~1.8万亿元人民币，占GDP的5.8%。

养殖粪污对生态环境与人类健康的威胁前文已做具体表述，主要表现为有害气体引起的空气污染；营养元素和重金属引起的土壤和地表、地下水污染；高盐分引起的土壤板结；细菌、病毒的肆意滋生和传播等。如通山县现代牧业万头奶牛场因臭气难闻、大量牛粪污染水土遭到了当地村民围堵抗议而关停；宜昌市夷陵区鸦鹊岭镇村民将20多头病死猪扔到河水、河道中造成严重水污染；淮河支流沙颍河河畔的黄孟营村，14年来因饮用被污染水源已有114名村民因患癌症去世等，都是粪污污染所导致的严重后果。因此，合理利用养殖粪污可有效降低或消除上述环境污染，促进生态良性循环。

此外，随着我国农业生产集约化的发展，传统的有机肥料逐渐被化肥代替。由于化肥补贴，在过去的30年间（1978—2008年），中国农业土地氮肥用量迅猛增加，成功地提高了30%的作物籽粒产量，总化肥的用量增加了3倍（贾伟，2014）。而根据国家土壤肥力与肥料效益监测资料显示，近年来，由于广泛地应用农药、化肥等，我国耕地有机质含量明显下降，土壤缓冲能力减弱，抗灾能力衰退。俗语称："人靠五谷养，田靠粪土长"，而实现养殖废弃物肥料化循环利用，可补充土壤养分，提高土壤营养元素有效性，并有助于改善土壤质地与结构，进一步提高农业生产能力。

3. "循环利用" 有利于养殖场或农民节本增收

养殖粪污直接排放会造成环境污染、资源浪费；而反之，将养殖粪污资源化利用，可以大幅降低生产成本与环境成本，有效提高企业或农民收入，带动产业提质增效，直接和间接的经济效益十分可观。例如，日本的米山町是日本著名的生猪和肉牛产地，畜禽粪便也曾是一大难题，但后来政府建设农业资源处理中心，运用工厂化快速堆肥发酵技术，将猪、牛、鸡的粪便与稻壳混合后，制成高效无害有机肥。农民施用有机肥种植出的高品质有机大米非常受市场欢迎，农民收入直线增加，而且当地的化肥使用量明显减少，农业循环经济取得了多赢局面。我国山东省的正大生猪养殖公司将猪舍的粪便及污水通过漏粪板进入地下管道排入沼气池，产生的沼气自用并无偿提供周边 100 多个农户使用，每年节约电费 5 万余元。而沼液通过地下管道，用污水泵抽至玉米、蔬菜、果树田，通过井水稀释灌溉，每年节约 20 万元肥料支出，既改良了土壤，保护了生态环境，又保证了粮食、蔬菜、果品的有机化生产，这对促进当地循环农业高效发展有显著效果（张柳，2019）。

4. "技术创新" 有利于产业化发展

在养殖粪污的资源化利用过程中，要积极结合对新技术和新工艺的应用。任何产业的发展都离不开技术的创新，养殖粪污的资源化利用要积极依靠现代生物技术以及现代化的信息技术和工程技术，来有效地提升资源利用水平。不仅发达国家的废弃物资源化循环利用技术在不断更新发展，像中国这样的发展中国家也开始在诸多方面研发适合本国国情的技术，很多已经相当成熟。例如：肉鸭 "上网下床" 生态养殖模式便是一种零排放、零污染的养殖方式。"上网" 即肉鸭上网，在网上进行清洁化养殖；"下床" 即网下为发酵床，通过在网下铺设稻壳垫料和微生制剂作为微生物发酵的床体，肉鸭产生的粪便等排泄物通过网格落到发酵床上进行微生态发酵处理。该技术一是改变了传统脏乱差的地面养殖模式，二是发酵床中的菌种能够快速将废弃物转化成为无毒无害无异味物质，并在一定程度上构成了一个强大的益生菌环境，增强了畜禽的抵抗力，从而减少了畜禽疫病的暴发，受到了养殖户的一致青睐（张柳，2019）。而刘克锋教授带领团队研发的 "农业废弃物高效化、无害化生产再生园艺基质技术" 在京郊推广应用后，近两年累计处理畜禽粪便 735 万 m^3，生产再生园艺基质 176.6 万 m^3，应用该系列产品，成本比之前进口的泥炭成本降低 150%~200%，比传统种植方式提早 10d 左右上市，并且增产 20% 左右，在花卉、蔬菜和草莓的生产上累计带来效益 8.37 亿元。养殖废弃物资源化利用方面的技术创新解决了不少规模化养殖场的粪便难题，对发展现代化、清洁化畜牧产业提供了有利条件。

二、养殖废弃物资源化利用一般原理

（一）能量守恒定律

能量守恒定律是指 "现实世界中，能量既不会凭空产生，也不会凭空消失，它只能从一种形式转化为另一种形式，或者从一个物体转移到另一其他物体，在转化或转移过程中其总量不变"。其规律最早由 17 世纪的唯量论哲学家笛卡尔发现，他提出了 "宇宙中运动的量是永远不变的" 这一哲学命题，清晰地阐明了运动既不能创造也不能消灭的思想。而在自然科学领域，"能"这个概念是英国物理学家托马斯·扬在1807年创造的，其用于表示物质运动转换的量度，之后随着科学的发展才有了一系列关于机械能、热能、化学能、电能等相互转化的实验结果。大家发现宏观物体的机械运动对应的能量形式是动能；原子运动对应的能量形式是化学能；带电粒子的定向运动对应的能量形式是电能等，如果运动形式不同，物质的运动特性唯一可以相互描述和比较的物理量就是能量，能量是一切运动着的物质的共同特性，这为能量守恒和转化定律的发现提供了不可缺少的实验基础。直到19世纪30年代左右，社会生产提出了如何提高蒸汽机的效率这一重大课题，于是在1842年，由五个国家的不同行业的10余位专家在不同的科学领域中，各自独立地证明了机械能、热能、光能、磁能和化学能等能够在一定条件下相互转化，且不发生任何消耗。这一年也被恩格斯称为自然科学发展史上"划时代"的一年，同时也显示出能量守恒定律是一个具有根本重要性的普遍的自然规律，是人们认识和利用自然的有力武器。人类对各种能量，如煤、石油等燃料以及水能、风能、核能等的利用，都是通过能量转化来实现的。所以，能量守恒定律同样是农业废弃物资源化利用过程所遵循的最基本原理。

（二）环境承载力理论

环境承载力又称环境承受力或环境忍耐力。它是指在某一时期，某种环境状态下，某一区域环境对人类社会、经济活动支持能力的限度。其最初的含义是指地基的强度对建筑物的负重能力，直到1798年，英国经济学家马尔萨斯首次用承载能力的概念解释为食物对人口快速增长的限制作用。承载力的概念引入生态学后发生了演化与发展，衍生出了各个领域的环境承载力概念，包括生态承载力、大气环境承载力、水资源承载力、土地资源承载力等。环境承载力在是客观存在的，是可以衡量和评价的，但不同时期、不同区域的环境承载力是不同的，相应的评价方法也应有所不同。另外，环境承载力可以随着时间、空间和生产力水平的变化而变化，人类可以通过改变经济增长方式、提高技术水平等手段来提高区域环境承载力，使其向有利于人类的方向发展。近年来随着我国大型集约化畜禽养殖场不断发展，区域范围内的畜禽饲养数量严重超出了土地承载负荷、环境承载负荷，粪污无法及时被环境消纳，由此衍生的环境污染受到广泛关注。因此，根据环境承载力理论，科学合理地规划畜禽养殖场和养殖社区，发展适度规模的畜牧业经济极为重要。

（三）食物链原理

食物链一词是英国动物生态学家埃尔顿于1927年首次提出的，指生态系统中贮存在有机物中的化学能在生态系统中层层传导。通俗地讲，在生态系统内，各种生物之间由于食物而形成的一种联系称作食物链。一个生态系统中常常存在许多条食物链，由这些食物链彼此相互交错连结成的复杂营养关系称为食物网。生态系统中的生物种类繁多，根据它们在能量和物质运动中所起的作用，可以归纳为生产者、消费者和分解者三类；能用无机物制造营养物质的自养生物为生产者，主要是指绿色植物；以其他生物或有机物为食的异养生物属于消费者，主要指动物；把复杂的动植物残体分解为简单的化合物，最后分解成无机物归还到环境中的异养生物为分解者，主要是指各种细菌和真菌，也包括某些原生动物及腐食性动物等。由生产者、消费者与分解者组成的形态各异的食物链，构成了生态系统物质循环再生的路径。如将粪便分解者换成蚯蚓时，一方面可实现废弃物循环利用，使畜禽粪便还田，增加土壤有机质，提高土壤肥力，改善土壤结构；另一方面蚯蚓是高蛋白生物，体内含有大量的药效成分，可作为饲料添加剂，或者利用厌氧菌的分解作用将畜禽粪便厌氧消化，转化为沼气和 CO_2。由于沼气是清洁能源，可作为生活燃料，或供照明和生产用能；发酵后的沼渣可作为肥料，改良土壤质量，改善农作物生长环境；剩余的沼渣也可作为饲料，用于养殖畜禽，节省饲料资源。

（四）种间竞争原理

达尔文指出，生活要求类似的近缘种之间经常发生激烈的竞争。种间竞争指两个不同物种之间为争夺同一资源（食物、空间或水体等）而展开的竞争。当两个竞争种的生活习性越相似时，竞争就越尖锐。也就是说，同属不同种之间的竞争，要比异属各种之间的竞争更加剧烈，因为它们的生态需求重叠得更多。种间竞争在自然界屡见不鲜，地质历史上，有不少植物或动物在某个时期全部绝迹，其中许多是种间竞争的结果。生态学（或生态位）上相同的两个物种不可能在同一地区内共存，这在生态学上称作竞争排他法则。种间竞争原理可用于抑制养殖废弃物中的有害微生物，如将 EM 菌（包括5 大类有益菌 10 个属 80 多种微生物）应用在堆肥过程中可有效抑制初始粪便中的腐败细菌和病原菌的增长，使得腐败作用和过程大幅度减少甚至消失，保留更多的有机质和矿物质。又如，生存于土壤中的假单孢菌能产生荧光铁细胞，强烈地结合 Fe^{3+}，使得需铁的病原微生物生长受阻。种间竞争原理的应用对防止养殖废弃物二次污染具有重要意义。

（五）循环经济理论

循环经济的思想萌芽诞生于 20 世纪 60 年代的美国，是对"先污染、后治理"的传统工业化发展道路的颠覆性修正，是对"大量生产、大量消费、大量废弃"的线型增长模式的根本变革，是工业文明走向生态文明的必由之路。"循环经济"这一术语在中国出现于 20 世纪 90 年代中期，学术界在研究过程中已从资源综合利用、环境保护、技术范式、经济形态和增长方式、广义和狭义的不同角度或不同方向对其作了多种界定。当前，社会上普遍推行的是国家发改委对循环经济的定义："循环经济是一种以资源的高效利用和循环利用为核心，以'减量化（Reduce）、再利用（Reuse）、资源化（Recycle）'为原则（3R 原则），以低消耗、低排放、高效率为特征的经济增长模式。循环经济打破了传统工业社会的由"资源—产品—废物排放"的线形流程，而是以物质闭环流动为核心，运用生态学原理把经济活动重新构架组织成一个"资源—产品—再生资源"的反馈式流程和循环利用模式，实现从"排除废物"到"净化废物"再到"利用废物"的过程，达到了"最佳生产，最适消费，最少废弃"。循环经济侧重于整个社会物质的循环应用，强调的是循环和生态效率，侧重资源被多次重复利用，并注重生产、流通、消费全过程的资源节约。

三、养殖粪污资源化利用途径

开展畜禽粪污资源化利用，促进畜牧业绿色可持续发展，关系畜禽产品有效供给和农村居民生产生活环境改善，是全面建成小康社会的重要举措。近年来，由于我国畜禽养殖业集约化、规模化迅猛发展，获得了巨大的经济效益和社会效益，但同时也产生了大量的畜禽粪便废弃物。预计到 2020 年末，中国畜禽粪便的排放量将达到 $4.24×10^9$ t，这将对我国的生态环境造成严重的破坏（朱凤连等，2008），且畜禽粪便的大量排放，加大了处理难度，畜禽粪便资源化利用技术发展尚不成熟，处理质量难以得到保障，所以需要引用多种处理工艺，对畜禽粪便进行无害化处理，提升畜禽粪便资源化利用率，提高综合治理能力。

（　）肥料化利用

畜禽粪便肥料化利用包括对畜禽粪便、养殖场污水及沼液等方面的利用，处理形式多种多样，但对固态畜禽粪污最常用且实用的处理方式仍然是高温堆肥。据估算，一个拥有上万头生猪的养殖场一年排放的粪尿所携带的养分至少可以满足 1 300~4 000hm² 农田的用肥需要（黄国峰等，2001），如果能将这些资源肥料化利用，将大幅减少农田化肥用量。目前，畜禽粪便的肥料化再利用模式主要有直接施用和高温堆肥后施用。直接施用的方法操作简便，投资少，在农村受到农民广泛的接受和利用，但容易对农田土壤造成污染，影响植物生长，易受到限制。而高温堆肥腐熟程度高、无害化程度高、堆腐时间短，且操作简便、成本低廉，适合工厂化大规模生产。值得注意的是，虽然耕地是畜禽粪便的负载场，但不同耕地对养分需求是不同的，只有充分考虑耕地对其的承载能力，做到畜禽粪便还田的无害化和可控化，使耕地能完全消纳它们，且不超出其承载力，才能使农业生产增产，同时，可有效推进我国农业的可持续发展。

然而，畜禽粪污在肥料化应用方面也存在问题，首先是堆肥初期，有机质在微生物的作用下迅速降解，产生大量的有机酸，引起堆料酸化，从而反过来抑制微生物活性；其次是氮素以氨气、氧化亚氮（N_2O）形式排放造成物料氮损失，导致堆肥品质下降。此外，畜禽粪污堆肥过程会排放大量温室气体 N_2O，导致臭氧层的损耗。因此，需要通过抑制酸化和有效控制氮损失等技术手段，提高畜禽养殖废弃物肥料化的资源化效率，从而减少二次污染排放（孟繁华等，2018）。

（二）基质化利用

畜禽养殖废弃物基质化是以畜禽粪污、菌渣及农作秸秆等为原料，按一定比例混合，进行堆肥发酵或高温处理后，形成的相对稳定并具有缓冲作用的全营养栽培基质原料，用于栽培花卉、林果、蔬菜等。畜禽养殖废弃物在发酵过程中迅速升温，在 50℃以上维持 5~10d，可有效杀死畜禽养殖废弃物中的病原微生物、害虫等，有利于植物生长。具有成本低、污染小、肥效长、土壤改良等优点，可实现有机废弃物的无害化、减量化和资源化。然而畜禽粪污基质化也存在问题，目前缺乏基质栽培标准化参数、重复利用率低等问题，因此，基质生产技术的优化升级是重点（范如芹，2014）。

（三）饲料化利用

畜禽粪便中的粗蛋白质含量比畜禽饲料中的粗蛋白质高 50%，同时还含有大量未消化的粗纤维、粗脂肪、钙磷、B 族维生素、矿物质元素及定数量的碳水化合物，可以作为很好的饲料（刘茹飞等，2017）。据测算，在鸡粪的干物质中，含粗蛋白质13.4%~35%，粗纤维 11%~15%，粗脂肪 2%~4%，粗灰分 13%~33%，总消化养分值46%~47%，而且蛋白质中含有 17 种氨基酸，赖氨酸 41.45%、蛋氨酸和胱氨酸

10.82%，含量超过玉米、大麦等谷物饲料，每 100kg 鸡粪饲料相当于 15kg 麦粉精料（王坤元等，1993）。目前，畜禽粪便饲料化利用的方法主要有直接喂养、发酵处理、高温干燥、热喷和膨化制粒法，但是，随着我国畜禽养殖的规模化、集约化不断发展，畜禽粪便中含有的大量病原微生物、寄生虫、重金属、化学物质、激素和杀虫剂等有害物质也大量累积，导致其饲料化的安全性日益受到人们的质疑，如果作为饲料，有害物质可能超标，导致动物中毒，且适口性差，因此畜禽养殖废弃物饲料化必须做好防疫，避免病原菌的传染。

（四）能源化利用

畜禽粪便能源化的主要方式有直接燃烧、沼气化利用、发电利用和乙醇化利用等。直接燃烧是传统的粪便能源化利用方法，但其受畜禽粪便中水分的限制，水分过高不利于直接燃烧，因此仅限于草原上的马、牛等动物的零散粪便，可利用量较少，对于我国规模化、集约化的养殖场产生的大量粪便而言，必须对此进行转化才能作为燃料，因为其经济价值较低，难以推广应用。畜禽养殖废弃物中富含氮、磷及有机物，通过厌氧发酵技术生产沼气，而沼气化是一种高效、清洁的能源化方式，因其技术比较成熟，工艺相对简单，已成为目前研究的热点。厌氧发酵产生的沼气经提纯后可发电或作为车载天然气，沼渣营养成分较高，可作为肥料或通过好氧发酵生产高品质有机肥，同时还能有效防治面源污染，为农村地区提供低运行成本、易维护管理的智能化能源体系。畜禽粪便还可以无污染方式焚烧，然后发电利用，焚烧过程中产生的灰分还可以作为优质肥料，这一利用模式既可创造经济效益，减少环境污染，又可节约煤炭及天然气等不可再生资源，但目前在我国应用的并不广泛。畜禽粪便的乙醇化利用可替代粮食生产酒精，进而创造巨大的经济效益，但是应用范围也不广泛。

（五）其他利用

基于奶牛粪便中纤维素含量高、质地松软的特点，将奶牛粪污固液分离后，固体粪便含水率 70% 左右，进行 8~9 周好氧发酵无害化处理后，回填作为牛床垫料。养殖场同时会产生很多污水，经过厌氧发酵或氧化塘处理储存后，在农田需肥和灌溉期间，将无害化处理的污水与灌溉用水按照一定比例混合后，进行水肥一体化施用。畜禽养殖过程中的清干粪与蚯蚓、蝇蛆等动物蛋白进行堆肥发酵，生产的有机肥用于农业种植，发酵后的蚯蚓及蝇蛆等动物蛋白用于制作饲料等。

第三节　我国养殖粪污资源化利用现状

一、我国养殖粪污数量及增长趋势

（一）我国畜禽养殖业发展特征

中国作为一个日渐富裕的国家，自 20 世纪 90 年代，伴随着人口的增长和科学技术的进步，出现了动物蛋白消费增长的趋势，畜禽养殖业迅速发展，人均肉类消费量增加了 3 倍。进入 21 世纪后，我国畜牧业持续稳定发展，肉类、禽蛋和养殖水产品总产量均居世界前列，成功跻身世界畜牧业大国。根据《中国统计年鉴 2019》《中国农村统计年鉴 2019》中的数据显示，2018 年，我国生猪出栏量 69 382.4 万头、存栏量 42 817.1 万头；肉牛出栏量 4 397.5 万头、存栏量 8 915.3 万头（含奶牛）；肉羊出栏量 31 010.5 万只、存栏量 29 713.5 万只；家禽出栏量 130.9 亿只，存栏量 60.4 亿只；全年生产肉类 8 624.6 万 t、奶类 3 176.8 万 t、禽蛋 3 128.3 万 t，整体呈现稳中有进的良好态势，并且由分散式农户养殖经营模式向规模化、标准化、集约化养殖快速发展。参照《中国畜牧兽医年鉴 2018》中有关数据，2017 年全国畜禽养殖规模化率达到 58%，同比提高 2 个百分点，规模养殖逐步成为肉蛋奶生产供应主体。

对于规模化畜禽养殖的定义，不同的规范有不同的划分标准。以生猪规模化养殖为例，生态环境部发布的《畜禽养殖业污染治理工程技术规范》（HJ497—2009）规定：存栏数为 300 头以上的养猪场为集约化养殖场；国家标准《畜禽养殖业污染物排放标准》（GB 18596—2001）规定：生猪存栏在 3 000 头以上的养殖场为 I 类规模的集约化养殖场，存栏在 500~3 000 头的养殖场为 II 类规模的集约化养殖场（孙良媛，2016）。《畜禽规模养殖污染防治条例》规定"畜禽养殖场、养殖小区的规模标准根据畜牧业发展状况和畜禽养殖污染防治要求确定，具体规模标准由省级人民政府确定，并报国务院环境保护主管部门和国务院农牧主管部门备案"。按照《第一次全国污染源普查禽畜养殖业产排污系数手册》分类，通常将生猪出栏 ≥500 头；奶牛存栏 ≥100 头；肉牛出栏 ≥200 头；蛋鸡存栏 ≥2 万羽；肉鸡出栏 ≥5 万羽的养殖场称为规模化养殖场。

畜禽的规模化养殖是养殖行业发展的主要方向。以生猪养殖为例（表 1-1），根据对比可以看出，经过十年的发展和行业的兼并整合，我国出栏 50 头以下生猪养殖户的数量锐减至一半，而大中型规模生猪养殖场的相对数量与绝对数量有着较强的上升趋势，尤其出栏 1 万头以上生猪养殖场的数量与 2008 年相比几乎翻倍，这意味着超大规模的养殖企业在我国农业经济发展的过程中不断涌现。但同时也能看出，出栏 500 头以上的养殖场占比仅有 0.22% 左右，充分证明了虽然我国规模化畜禽养殖发展明显，但发展程度相对较弱，仍处于初始阶段。不过，2017 年底，规模化生猪养殖出栏率为全面生猪总出栏率的 78.4%；规模化家禽养殖出栏数量为总家禽出栏的 63%，说明规模化养殖效率极高、效益明显，对于畜牧业的发展具有极为重要的作用与意义（苟德宝，2018）。与此同时，随着畜禽养殖业集约化的程度加强，专业化特征越来越明显，城郊"工业化"畜牧系统正变得越来越普遍，大多依靠外部的饲料，能源和其他投入来供应生产，从而导致了养殖业与种植业分开经营特点突出，造成城郊高密度养殖区的粪便积压，进一步增加环境负荷。

表 1-1　中国不同规模养猪场（户）数量分布及变化趋势

时间	指标	出栏量						
		1~49 头	50~99 头	100~499 头	500~2 999 头	3 000~9 999 头	1 万头以上	合计
2008 年	场（户）数	69 960 452	1 623 484	633 791	148 686	12 916	2 501	72 381 830
	比例（%）	96.655	2.243	0.876	0.205	0.018	0.003	100

（续表）

时间	指标	出栏量						
		1~49头	50~99头	100~499头	500~2 999头	3 000~9 999头	1 万头以上	合计
2017 年	场（户）数	35 718 766	1 209 265	603 091	191 973	18 988	4 541	37 746 624
	比例（%）	94.628	3.204	1.598	0.508	0.050	0.012	100

（二）我国畜禽养殖业粪污产量

随着畜禽规模化养殖的壮大发展，以及生产生活方式的改变，规模化养殖产生的粪污也在不断增加，已逐步成为农业面源污染的主要方式。根据不同畜禽的生长周期和排泄量，我们可以估算全年全国主要养殖畜禽类别的粪便产生总量，其计算公式为：

年度粪便产生量=饲养量×饲养期×日排泄系数

式中，由于目前没有相应的国家统一的畜禽粪便排泄系数，在日排泄系数的选取上有所不同，有些研究会根据地理区域细分，有些研究会按照牲畜的养殖阶段细分。饲养周期也可细分，比如一般猪的饲养周期为199d，而能繁母猪的饲养周期为365d；肉鸡的生长期为55d，蛋鸡饲养周期为500d，鸭鹅的生长期一般为210d（孙良媛，2016）。对于饲养周期小于一年的畜禽，饲养数量以当年的出栏数为准；而对于饲养周期大于一年的牲畜，饲养数量以当年的年末存栏数为准。因此，为了方便计算，本章节选取我国主要养殖的猪、肉牛、奶牛、羊、家禽的各项指标的常规均值进行估算，其饲养周期及粪便排泄量如表1-2所示。此方法得出的数据应该是畜禽一个饲养周期产生的粪便量，而不是一年的粪便量，再加上表中所选系数与实际的差异，计算所得的粪便产生量理应比实际偏小（林源，2012）。

表 1-2　畜禽饲养周期及粪便排泄量

畜禽种类	饲养周期（d）	产粪（kg/d）	产尿（kg/d）	合计（kg/d）
猪	199	3.6	3.4	7
肉牛	365	19.9	9.2	29.1
奶牛	365	43.4	13.3	56.7
羊	365	1.9	0.6	2.5
家禽	210	0.1	—	0.1

根据《中国畜牧兽医年鉴2017》相关数据计算得出：2017年我国畜禽养殖的粪便产生总量约为26.73亿t，其中鲜粪17.88亿t，尿液8.85亿t；猪和肉牛是我国畜禽养殖粪便产生的主要来源（图1-1），猪的粪便产生量为9.78亿t，肉牛的粪便产生量为7.03亿t，分别占总量的37%与26%，其余奶牛、羊、家禽的粪便产生量分别为2.23亿t、2.76亿t、2.73亿t；牛的排泄系数（尤其是奶牛）较其他畜禽高出不少，而我国牛奶和牛肉的需求在逐年增加，所以以规模化养牛场的粪便管理应引起足够的重视。

畜禽养殖的污染物中还含有极其庞杂的有机污染物。2020 年《第二次全国污染源普查公报》显示，畜禽养殖业 2017 年水污染物排放量：化学需氧量为 1 000.53 万 t、氨氮为 11.09 万 t、总氮为 59.63 万 t、总磷为 11.97 万 t（图 1-2），分别占农业源水污染物排放量的 94%、51%、42%、56%；占全国水污染物排放量的 47%、12%、19%、38%。畜禽养殖业排放的化学需氧量远超工业源（90.96 万 t）和生活源（983.44 万 t），成为国内最大的污染行业。

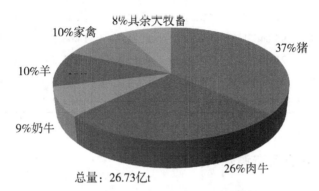

图 1-1　2017 年中国畜禽粪便来源结构

	COD	氨氮	总氮	总磷
■ 全国排放量	2 143.98	96.34	304.14	31.54
■ 农业源	1 067.13	21.62	141.49	21.2
■ 养殖业源	1 000.53	11.09	59.63	11.97
■ 工业源	90.96	4.45	15.57	0.79

图 1-2　2017 年全国水污染排放情况（见书后彩图）

（三）我国养殖粪污区域分布

我国幅员辽阔，地理气候差异明显，且人口和经济分布不均，导致不同区域养殖业的特点差异较大。例如，奶牛数量最高的是河北、内蒙古、黑龙江和新疆，而肉鸡生产主要集中在山东、广东和吉林，蛋鸡多产于河北、河南和辽宁。农业农村部统计数据表明，猪和家禽主要饲养于中部和东部省份的粮食生产区域，牛的生产主要分布在中国的北部和西部的草场区域。从六大分区来看，养殖废弃物较为集中的地区是中南和西南地区，年畜禽粪便排泄量均在 6 亿 t 以上，分别为 6.2 亿 t 和 6 亿 t，占全国畜禽粪便产量的 23.19% 和 22.45%。东北地区养殖废弃物产量最少，年畜禽粪便排泄量 2.76 亿 t，占全国畜禽粪便产量的 10.33%。华北地区和西北地区年畜禽粪便排泄量相近，分别为 3.56 亿 t 和 3.47 亿 t。华东地区年畜禽粪便排泄量为 4.74 亿 t，占全国畜禽粪便产量的 17.73%（表 1-3）。

表1-3　2017年全国畜禽粪便总量区域分布

地区	生猪年出栏量（万头）	家禽年出栏量（万只）	奶牛年末存栏量（万头）	羊年末存栏量（万只）	肉牛等其余大牲口年末存栏量（万头）	畜禽粪便总产量（亿t）	占全国畜禽粪便的比例（%）
华北地区	6 066.4	92 492.0	301.2	8 361.9	1 067.9	3.56	13.32
东北地区	6 409.4	144 174.9	165.6	2 027.7	976.6	2.76	10.33
华东地区	16 813.8	527 616.7	136.8	2 995.3	686.2	4.74	17.73
中南地区	24 399.2	395 646.1	55.0	3 271.3	1 466.5	6.20	23.19
西南地区	13 969.6	121 841.9	140.5	4 655.3	2 905.3	6.00	22.45
西北地区	2 543.8	20 419.0	280.8	8 920.3	1 581.6	3.47	12.98
全国总计	70 202.2	1 302 190.6	1 079.9	30 231.8	8 684.1	26.73	100.00

二、我国养殖粪污资源化利用现状

（一）技术模式与治理思路

我国对畜禽粪便的研究开始于20世纪50年代，在这之前是以堆肥还田的传统处理方式为绝对主导的阶段，在这之后开始推进各类沼气工程建设以实现畜禽养殖废弃物沼气化利用。随着养殖业的迅速壮大，经过长期实践基础上的探索和完善，21世纪后的畜禽养殖废弃物资源化利用途径逐渐多元化和工业化，大体上可以归纳为以下五种方式：能源化、肥料化、饲料化、基质化和材料化。同时，相关治理思路也从朴素的和谐思想转变为精确控制和工业化的思路，再转变为现代生态学和产业化的思路等，呈现出螺旋上升的态势。

我国农村户建沼气池的技术是研究开展得最早、发展最全面和实施成效最大的技术，在20世纪80年代后期，新技术已经能使沼气池在提高产期率的同时，将化学需氧量去除率提高到60%~70%。随着规模化养殖业占比越来越大，大中型沼气工程的发展开始占主导地位，建造技术和材料不断更新，也带动了相关分离设备、输送设备的发展。21世纪后，耕地质量退化和生态文明建设使得循环农业、种养结合等理念逐渐被重视，部分规模化养殖场开始重新将堆肥作为畜禽养殖废弃物资源化利用的主要方式，针对规模化的集中堆肥占地大、耗时久、臭气多等诸多制约因素，养殖企业与科研机构大量引进和研制了相关发酵设备、高效微生物菌剂、覆盖膜材料等，工艺流程基本成熟并持续优化。因此，畜禽养殖废弃物资源化利用方式向工业化的转变是以沼气发酵技术和堆肥技术的工业化为主导的，其工艺流程中各环节处理设备的生产已能按照标准化和工业化流程生产，从而使经过这些环节的养殖废弃物处理也逐渐达到工业化标准。工业化的特点是技术的标准化与精确化，两者分别从技术推广和技术效率角度促进了畜禽养殖粪污资源化利用。标准化减少了要素相对价格变化引致技术变迁过程中的交易费用，方便了技术的普及和推广，精确化能提高技术效率，即提高从畜禽养殖粪污到产品的转化率，更充分地发挥技术优势（陈秋红，2020）。

达到工业化之后，畜禽养殖粪污资源化利用向着商品化和生态学的处理模式与系统化种养结合的治理思路进一步发展。养殖场（户）或专门的废弃物处理企业开始通过构建生态农业工程来进行养殖粪污资源化利用以实现社会—经济—自然复合生态系统的效益最大化。规模不同的养殖场或企业所构建的生态农业工程不同：散养户在农村户使用沼气池的基础上利用现代生态学原理开展畜禽粪便肥料化利用，南方形成了"猪—沼—果"的养殖废弃物资源化利用方式，北方则形成了"四位一体"模式；而大型养殖企业则是建造农牧一体化的规模养殖场，这也是被发达国家普遍采用并且能在我国推行的方法之一。根据我国各地畜禽养殖现状和资源环境特点，科研人员做了大量研究，例如，王琛在安县进行的畜禽粪污利用模式优化设计中，建立了农户坝区"菜粮—鸡猪—沼气—菜粮"模式和丘陵区"果粮—鸡猪—沼气—果粮"模式，并从村级角度设计了"种植业—蛋鸡养殖—有机无机复混肥生产—种植业"模式；孙智君基于农业循环经济，设计了好氧堆肥发酵后还田利用模式和通过干燥、青贮、发酵、分离等处理措施杀死病菌变成畜禽可再食用的饲料化利用模式；薛颖昊等学者针对全量化还田技术模式，分别设计了堆沤发酵生产有机肥还田模式和"粪污—沼气—发电、粪污—沼液—还田、粪污—有机肥—沼渣还田"循环利用的沼气模式；刘晖等学者研究利用"畜禽粪污无害化处理中心"和"农业有机肥制取中心"对区域生猪养殖粪污进行集中厌氧发酵生产沼气，既给周边的农户供应沼气能源，又进行沼气发电，沼渣沼液则用于生产有机肥，整合了该地区种植业、养殖业和有机肥生产等相关产业，通过市场化的手段联动多种产业共同发展，以产业经济的模式带动畜禽粪污的利用。除了以上以能源化和肥料化为主的方式外，有些生态农业工程也开始探索畜禽粪便的基质化利用，例如将畜禽粪便作为基质原料用于培养蝇蛆、蚯蚓等生物，或将畜禽粪便作为无土栽培基质原料应用于有机生态型菌菇、果蔬栽培系统。与传统发酵还田的处理方式相比，现代生态农业工程基于标准化和精确化在更高层次上重建了养殖业与种植业的联系。

（二）政策导向

畜禽粪污资源化利用实践的发展离不开相关技术的发展和相关政策的支持，其中技术供给来源于现实资源禀赋影响下的诱致性技术变迁，相关政策演进的逻辑则更加复杂，在诱致性制度变迁的基础上，政府自上而下制定前瞻性的发展规划起着重要推动作用。

伴随着畜禽粪污资源化利用的工业化进程，我国标准化体系建设较为迅速和广泛。与之相对的是，相关法律体系和行政规范性文件体系的建立较为滞后。自2001年原国家环境保护总局发布《畜禽养殖污染防治管理办法》后，直到2013年，国务院才发布《畜禽规模养殖污染防治条例》，这是中国农村和农业环保领域的第一部行政法规，这一条例的出台使中国养殖废弃物资源化利用实践有了切实可依的法律规范，也标志着畜禽养殖污染治理目标从单纯的污染控制向促进畜禽养殖业健康发展、实现种植与养殖业可持续发展等综合目标方向转变，具有十分深远的意义（何思洋，2020）。

2014年后，国家高度重视畜禽养殖粪污资源化利用，颁布了一系列长期发展规划，《中华人民共和国畜牧法》《中华人民共和国环境保护法》《中华人民共和国能源节约法》也相继修订，其中，《中共中央关于制定国民经济和社会发展第十三个五年规划的建议》要求"树立节约集约循环利用的资源观""推进种养业废弃物资源化利用、无害化处理";2016年农业部（现农业农村部）等联合发布的《关于推进畜禽粪污资源化利用试点的方案》明确指出"畜禽粪污资源化利用是农村环境治理的重要内容";2017年中央一号文件中指出"以县为单位推进畜禽粪污资源化利用试点，探索建立可持续运营管理机制";习近平总书记在中央财经领导小组第十四次会议讲话中指出：要坚持政府支持、企业主体、市场化运作的方针，以沼气和生物天然气为主要处理方向，以就地就近用于农村能源和农用有机肥为主要使用方向，力争在"十三五"时期，基本解决大规模畜禽养殖场粪污处理和资源化问题;《全国农业可持续发展规划（2015—2030年）》及《全国农业现代化规划（2016—2020年）》都规定了量化目标，要求在2020年和2030年畜禽养殖废弃物综合利用率分别达到75%和90%;2017年6月农业部（现农业农村部）财政部发布《关于做好畜禽粪污资源化利用项目实施工作的通知》中要求以绿色生态为导向，以就地就近用于农村能源和农用有机肥为主要利用方向，坚持政府支持、企业主体、市场化运作的方针，持续提高畜禽粪污综合利用率，加快构建产业化发展、市场化经营、科学化管理和社会化服务的畜禽粪污资源化利用新格局。2017年7月《畜禽粪污资源化利用行动方案（2017—2020年）》发布，方案对不同区域规模养殖场治理模式给出指导，并确定了全国586个畜禽养殖大县纳入整县推进工作。

2000年后国家出台的畜禽养殖废弃物资源化利用主要相关政策文件见表1-4。

表1-4 2000年后国家出台的畜禽养殖废弃物资源化利用主要相关政策文件

相关政策体系	发布部门	出台年份	文件名称
标准化体系	原环保总局	2002	《畜禽养殖业污染防治技术规范》
	原环保总局	2003	《畜禽养殖业污染物排放标准》
	原环境保护部	2009	《畜禽养殖业污染治理工程技术规范》
	原质检局、标准化委员会	2011	《畜禽养殖污水贮存设施设计要求》
	原质检局、标准化委员会	2011	《畜禽粪便贮存设施设计要求》
	原农业部	2013	《沼气工程沼液沼渣后处理技术规范》
	农业农村部	2018	《畜禽规模养殖场粪污资源化利用设施建设规范（试行）》
	农业农村部	2019	《畜禽粪便堆肥技术规范》
法律体系	原环保总局	2001	《畜禽养殖污染防治管理办法》
	国务院	2013	《畜禽规模养殖污染防治条例》
	全国人大常委会	2015	《中华人民共和国畜牧法（2015修订）》
	全国人大常委会	2015	《中华人民共和国环境保护法（2014修订）》
	全国人大常委会	2016	《中华人民共和国固体废物污染环境防治法（2016修订）》
	全国人大常委会	2018	《中华人民共和国能源节约法（2018修订）》
行政规范性	原农业部	2007	《全国农村沼气工程建设规划》

（续表）

相关政策体系	发布部门	出台年份	文件名称
文件体系	原环境保护部	2010	《畜禽养殖业污染防治技术政策》
	原环境保护部、原农业部	2012	《全国畜禽养殖污染防治"十二五"规划》
	原农业部、发改委、科技部	2015	《全国农业可持续发展规划（2015—2030年）》
	原农业部	2015	《到2020年化肥使用量零增长行动方案》
	国务院	2016	《全国农业现代规划（2016—2020年）》
	原农业部、国家农业综合开发办公室	2016	《关于印发农业综合开发区域生态循环农业项目指引（2017—2020年）的通知》
	国务院	2017	《国务院办公厅关于加快推进畜禽养殖废弃物资源化利用的意见》
	原农业部	2017	《畜禽粪污资源化利用行动方案（2017—2020年）》
战略规划	党中央、国务院	2018	《乡村振兴战略规划（2018—2022年）》

一系列的会议和文件都表明了我国政府正大力推进畜禽粪污资源化利用工作，也表明我国政府对治理环境，保卫生态的决心。畜禽粪污资源化利用是近年国家治理生态环境、保障民生的重大工程。截至2017年底，全国养殖废弃物资源化综合利用率达到64%，养殖环境明显改善。

（三）推广模式

从国际社会来看，美国、加拿大等发达国家十分注重种养结合模式，养殖业的规模直接决定种植业的结构调整，中小型养殖场主要以粪污还田为主；部分养殖场由于没有足够的消纳土地，牧场自发成立合作社，收集多个牧场的畜禽粪便进行生物沼气发电；对于大型规模化养殖场一般采用"粪便+生物质"的模式进行发电，沼渣沼液进行还田利用，对于沼气发电和氮素消除设备配套建，实施财政补助，并与养殖场签署长期协议，收购其沼气发电所产的电量，给予养殖生产者补贴与环境保护挂钩。荷兰高度集约化的畜牧业产生的大量畜禽废弃物主要以农场消纳为主，政府从1984年起，限制畜禽养殖业的经营规模，立法规定凡是超过每公顷25个畜单位，超过该指标的农场需要缴费，从而使畜禽养殖业的规模处于可控范围之内，粪便负担得到了缓和。荷兰政府还建立了粪肥交易系统，人们可以根据系统买入粪肥，而拥有闲置粪便的农民可以卖出，使得粪肥交易流通。韩国国土面积较少，且年均温度较低，在畜禽粪污处理上推行以工程措施配套的微生物发酵和降解技术。丹麦国土面积仅4万多km²，但其猪肉贸易额占到了全世界的23%，是世界第三大猪肉出口国家，相比于其他国家的粪污主要还田利用为主，丹麦结合国家需求，主要推动国内畜禽粪肥用于能源生产。政府实施财政补贴，建设沼气厂，周围畜禽粪便统一进行处理，沼气主要用于发电、供热以及提纯后成为天然气这三个方面，其他废渣可用于生产有机肥等（宣梦，2018）。

各国根据本国国情，侧重于不同的粪污资源化利用方式，发达国家的畜禽粪污综合利用对于我国的粪污资源化综合利用具有借鉴意义。我国地域辽阔，气候多变，农业发展不协调，以及养殖业分布不均等，不能盲目推进一种粪污养殖处理模式，因此，《畜禽粪污资源化利用行动方案（2017—2020 年）》要求：根据我国现阶段畜禽养殖现状和资源环境特点，因地制宜确定主推技术模式。以源头减量、过程控制、末端利用为核心，重点推广经济适用的通用技术模式。一是源头减量。推广使用微生物制剂、酶制剂等饲料添加剂和低氮低磷低矿物质饲料配方，提高饲料转化效率，促进兽药和铜、锌饲料添加剂减量使用，降低养殖业污水排放。引导生猪、奶牛规模养殖场改水冲粪为干清粪，采用节水型饮水器或饮水分流装置，实行雨污分离、回收污水循环清粪等有效措施，从源头上控制养殖污水产生量。粪污全量利用的生猪和奶牛规模养殖场，采用水泡粪工艺的，应最大限度降低用水量。二是过程控制。规模养殖场根据土地承载能力确定适宜养殖规模，建设必要的粪污处理设施，使用堆肥发酵菌剂、粪水处理菌剂和臭气控制菌剂等，加速粪污无害化处理过程，减少氮磷和臭气排放。三是末端利用。肉牛、羊和家禽等以固体粪便为主的规模化养殖场，鼓励进行固体粪便堆肥或建立集中处理中心生产商品有机肥；生猪和奶牛等规模化养殖场鼓励采用粪污全量收集还田利用和"固体粪便堆肥+污水肥料化利用"等技术模式，推广快速低排放的固体粪便堆肥技术和水肥一体化施用技术，促进畜禽粪污就近就地还田利用。在此基础上，各区域应因地制宜，根据区域特征、饲养工艺和环境承载力的不同，分别推广以下模式。

1. 京津沪地区

该区域经济发达，畜禽养殖规模化水平高，但由于耕地面积少，畜禽养殖环境承载压力大，重点推广的技术模式：一是"污水肥料化利用"模式。养殖污水经多级沉淀池或沼气工程进行无害化处理，配套建设肥水输送和配比设施，在农田施肥和灌溉期间，实行肥水一体化施用。二是"粪便垫料回用"模式。规模奶牛场粪污进行固液分离，固体粪便经过高温快速发酵和杀菌处理后作为牛床垫料。三是"污水深度处理"模式。对于无配套土地的规模养殖场，养殖污水固液分离后进行厌氧、好氧深度处理，达标排放或消毒回用。

2. 东北地区

该区域土地面积大，冬季气温低，环境承载力和土地消纳能力相对较高，重点推广的技术模式：一是"粪污全量收集还田利用"模式。对于养殖密集区或大规模养殖场，依托专业化粪污处理利用企业，集中收集并通过氧化塘贮存对粪污进行无害化处理，在作物收割后或播种前利用专业化施肥机械施用到农田，减少化肥施用量；二是"污水肥料化利用"模式。对于有配套农田的规模养殖场，养殖污水通过氧化塘贮存或沼气工程进行无害化处理，在作物收获后或播种前作为底肥施用；三是"粪污专业化能源利用"模式。依托大规模养殖场或第三方粪污处理企业，对一定区域内的粪污进行集中收集，通过大型沼气工程或生物天然气工程，沼气发电上网或提纯生物天然气，沼渣生产有机肥，沼液通过农田利用或浓缩使用。

3. 东部沿海地区

该区域经济较发达、人口密度大、水网密集，耕地面积少，环境负荷高，重点推广的技术模式：一是"粪污专业化能源利用"模式。依托大规模养殖场或第三方粪污处理企业，对一定区域内的粪污进行集中收集，通过大型沼气工程或生物天然气工程，沼气发电上网或提纯生物天然气，沼渣生产有机肥，沼液还田利用；二是"异位发酵床"模式。粪污通过漏缝地板进入底层或转移到舍外，利用垫料和微生物菌进行发酵分解。采用"公司+农户"模式的家庭农场宜采用舍外发酵床模式，规模生猪养殖场宜采用高架发酵床模式；三是"污水肥料化利用"模式。对于有配套农田的规模养殖场，养殖污水通过厌氧发酵进行无害化处理，配套建设肥水输送和配比设施，在农田施肥和灌溉期间，实行肥水一体化施用；四是"污水达标排放"模式。对于无配套农田养殖场，养殖污水固液分离后进行厌氧、好氧深度处理，达标排放或消毒回用。

4. 中东部地区

该区域是我国粮食主产区和畜产品优势区，位于南方水网地区，环境负荷较高，重点推广的技术模式：一是"粪污专业化能源利用"模式。依托大规模养殖场或第三方粪污处理企业，对一定区域内的粪污进行集中收集，通过大型沼气工程或生物天然气工程，沼气发电上网或提纯生物天然气，沼渣生产有机肥，沼液直接农田利用或浓缩使用；二是"污水肥料化利用"模式。对于有配套农田的规模养殖场，养殖污水通过三级沉淀池或沼气工程进行无害化处理，配套建设肥水输送和配比设施，在农田施肥和灌溉期间，实行肥水一体化施用；三是"污水达标排放"模式。对于无配套农田的规模养殖场，养殖污水固液分离后通过厌氧、好氧进行深度处理，达标排放或消毒回用。

5. 华北平原地区

该区域是我国粮食主产区和畜产品优势区，重点推广的技术模式：一是"粪污全量收集还田利用"模式。在耕地面积较大的平原地区，依托专业化的粪污收集和施肥企业，集中收集粪污并通过氧化塘贮存进行无害化处理，在作物收割后和播种前采用专业化的施肥机械集中进行施用，减少化肥施用量；二是"粪污专业化能源利用"模式。依托大规模养殖场或第三方粪污处理企业，对一定区域内的粪污进行集中收集，通过大型沼气工程或生物天然气工程，沼气发电上网或提纯生物天然气，沼渣生产有机肥，沼液通过农田利用或浓缩使用；三是"粪便垫料回用"模式。规模奶牛场粪污进行固液分离，固体粪便经过高温快速发酵和杀菌处理后作为牛床垫料。四是"污水肥料化利用"模式。对于有配套农田的规模养殖场，养殖污水通过氧化塘贮存或厌氧发酵进行无害化处理，在作物收获后或播种前作为底肥施用。

6. 西南地区

除西藏外，该区域5省（区、市）均属于我国生猪主产区，但畜禽养殖规模水平较低，以农户和小规模饲养为主，重点推广的技术模式：一是"异位发酵床"模式。粪污通过漏缝地板进入底层或转移到舍外，利用垫料和微生物菌进行发酵分解。采用"公司+农户"模式的家庭农场宜采用舍外发酵床模式，规模生猪养殖场宜采用高架发酵床模式；二是"污水肥料化利用"模式。对于有配套农田的规模养殖场，养殖污水通过三级沉淀池或沼气工程进行无害化处理，配套建设肥水贮存、输送和配比设施，在农田施肥和灌溉期间，实行肥水一体化施用。

7. 西北地区

该区域水资源短缺，主要是草原畜牧业，农田面积较大，重点推广的技术模式：一是"粪便垫料回用"模式。规模奶牛场粪污进行固液分离,固体粪便经过高温快速发酵和杀菌处理后作为牛床垫料;二是"污水肥料化利用"模式。对于有配套农田的规模养殖场,养殖污水通过氧化塘贮存或沼气工程进行无害化处理,在作物收获后或播种前作为底肥施用;三是"粪污专业化能源利用"模式。依托大规模养殖场或第三方粪污处理企业,对一定区域内的粪污进行集中收集,通过大型沼气工程或生物天然气工程,沼气发电上网或提纯生物天然气,沼渣生产有机肥,沼液通过农田利用或浓缩使用。

三、养殖粪污资源化利用存在问题

目前,中国畜禽养殖粪污资源化利用技术已经较为完善,全国各地正推广适合当地的技术,相关制度也已基本健全,不仅出台了长期发展的指导性政策文件,相关法律保障体系也已基本建立,具体的政策扶持措施也逐渐全面。不过,在技术和政策两方面,畜禽养殖粪污资源化利用实践还面临以下问题。

(一)技术发展面临产业化困境

目前,沼气工程、堆肥处理、饲料化应用的产业化进程均受到较大阻碍。沼气工程产业化的主要阻碍有商业因素和技术因素,其中,商业因素体现为沼气工程产品的用途较为单一,难以占有较大的市场份额。沼气工程所产生的沼气,主要用于农村炊事、供暖、部分用于发电。用于农村生活供能时,其市场范围大多只覆盖一个村,难以形成产业。沼气用于发电时,由于成本等原因所发的电也很难并入国家电网。技术因素体现为:虽然畜禽养殖废弃物的价格不断下降,生态资源价格不断上升,但是目前的技术难以高效实现前者向后者的转化,具体体现为沼气池产气效率低、产品的生产率也较低,导致沼气发电、提纯天然气以及沼液沼渣制造有机肥的成本较高。据测算,供气规模超过 800 户的沼气工程,其运营成本将超过 100 万元,供气的单位成本也接近 3 元/m³(陈秋红,2020)。另外,畜禽粪便在收储运体系中,其成本高达 50 元/t,其中 60% 的费用为政府补贴。堆肥处理的主要技术障碍是有机肥生产设备品质不一,使有机肥生产效率低下,难以使成本进一步下降,阻碍了厂商对产品更有效率的供给,而且有机肥体积大,运输成本高,不利于营销。同时,有机肥的短期肥效不如化肥,机械化施用设备缺乏,这使农户缺乏使用有机肥的积极性,从而使市场需求也难以发挥对堆肥处理产业化的推动作用。畜禽粪便饲料在生产过程中也因为技术和管理不到位,容易造成二次污染,出现畜禽原食用饲料的添加剂残留、畜禽粪便有害物质超标等情况(何思洋,2020)。

(二)种养分离,养殖区域规划设计不合理,投入不足,技术设备落后

几千年来,我国小农经济的发展促使农户形成了以"畜—肥—粮"循环作业的生产方式,在塑造这种生产模式的过程中,也维系了生态平衡体系。但是进入现代以来,随着畜禽养殖业集约化的程度加强,专业化特征越来越明显,养殖业与种植业分开经营特点日益明显。这不仅造成畜禽粪便还田比例大幅下降,而且导致城郊高密度养殖区的粪便积压。同时,化肥工业的过快发展也大幅度减弱了种植业生产对粪肥利用的依赖,忽视了粪肥中的养分利用。化肥的大量生产和过度施用,取代了有机肥的施用传统,打

破了养殖和种植这种原有的平衡体系，造成了畜禽粪污利用受阻，最终直接导致种养脱节，污染加剧。且部分养殖区域规划不合理或滞后，忽略了该区域的土地承载能力。有的地区大型养殖场过度密集，远远超越该区域环境承载能力，导致局部区域畜禽粪便产量巨大，无法及时处理，增加环境污染的防控难度；有的地区畜禽养殖场位置偏远且分布稀松，导致畜禽粪便的无害化与资源化利用的效率低下，间接增加了环境保护与治理的成本。甚至有的养殖场为了排放方便，就建在河边、湖边，粪污直接排放，给环境带来较大压力，这在南方水网地区尤为明显（张柳，2019）。另外，虽然我国在畜禽粪污处理技术装备上有一定的研究与创新，但与发达国家相比还比较落后，相关配套技术与设施也跟不上。拥有自主知识产权，具有很好适应功能和有广泛推广价值的技术装备则更少。同时，由于投入不足，经费匮乏，基础设施重生产轻处理，在养殖过程中清洁生产不到位，后期重新建设成本过高或维护成本较高，养殖场多数设备处于非正常运行状态，从而导致粪便污染治理严重受阻。

（三）政策体系有待进一步完善

党的十九大之后，国家对畜禽养殖粪污资源化利用的重视程度进一步加强，出台了一系列可执行性较强的专项政策，但是，目前相关的政策体系仍有待进一步完善，主要问题体现为：一是现有政策法规的不完善，再加上认识、资金、技术等方面的原因，有些规定难以有效落实，缺乏可操作性，之前建设的大部分畜禽养殖场管理粗放、薄弱，建设之初没有办理环保审批手续，缺乏配套的措施。二是从政策发布机构来看，相关政策体系过于松散，大多数相关政策都由国务院各部门发布，由于各部门的职责、所属系统不同，相关政策之间的衔接不够紧密甚至部分内容相互矛盾，影响政策执行效率，基层监管部门在很多重要的环节上缺乏相关法律法规的支持及保护。三是相关行业标准不够完善。在目前相关的行业标准体系中，有些行业标准制定得过于宽松，有些政策甚至没有配套的标准。例如，目前通行的《畜禽养殖业污染物排放标准》中对排放污水的COD和氨氮含量的标准就过于宽松，其允许排污的指标量是德国相应标准的 2~3 倍，无法对养殖主体起到约束作用，从而无法达到环境治理目标。四是缺乏有效的政策激励机制。我国目前发布的畜禽养殖相关政策多具有原则性和约束性，而缺少经济激励性以及对政策的长效评估办法。例如中央政府对于有机肥的补助大多补贴给了有机肥生产商，对于畜禽粪便产生单位却没有给予补贴，这不利于调动养殖单位处理畜禽粪便的积极性。而且补偿机制和鼓励措施不足会导致企业因为经费问题而采取回避措施，致使对畜禽粪便的处理效果不理想。

（四）政府宣传及监管力度不足

随着畜禽饲养量及饲养密度急剧增加，畜禽养殖区域集中的生产格局已基本形成，畜禽粪污的产量和密集程度也日益增多。然而，大多数养殖户人员文化水平相对不高，本身的认识程度具有较大的局限性，对相关的法律、法规和制度等不了解，也不认真学习，并没有把粪污当作是污染，也不知道要承担的法律后果，环保意识淡薄。同时，不同地方不同部门在执行政策的过程中对政策目标认识和管理手段均存在差异，使得执行政策的过程存在偏差。政府出台的一系列相关畜禽污染防治政策有些未贯彻执行，很多养殖场只注重应对检查，而未实际整改，与发达国家令行禁止的监管模式形成鲜明的对比。通过对部分养殖场的调查发现，迫于政府压力，大规模养殖场会建造沼气池，但因成本问题，沼气池利用率较低，多数甚至停用，畜禽养殖粪污污染依旧严重（樊丽霞，2019）。

第四节 宁夏养殖粪污资源化利用现状

一、宁夏养殖业发展概况

近年来，随着我国养殖业由散养向专业化、规模化快速发展，肉蛋供给产能充足，质量稳步提高，在满足国内肉蛋类消费的同时，畜禽生产中的粪污产量也在快速增加，从而导致我国养殖环保问题全面暴发，畜禽养殖粪污综合处理和资源化利用成了制约畜禽养殖的关键因素。2017 年，国务院出台《关于加快推进畜禽养殖废弃物资源化利用的意见》，明确提出到 2020 年，全国畜禽粪污综合利用率要达到 75% 以上，规模化养殖场粪污处理设施装备配套率要达到 95% 以上，这就要求各个地区必须加快畜禽粪污资源化利用进程。

（一）畜禽养殖及粪污产生情况

2018 年宁夏各类畜禽规模养殖场共有 1 173 家，其中奶牛场 212 家、肉牛场 261 家、肉羊场 336 家、养猪场 246 家、蛋鸡场 99 家、肉鸡场 19 家。奶牛存栏 41.2 万头，肉牛、肉羊、生猪和家禽饲养量分别达到 155.6 万头、1 074.7 万只、184.9 万头和 3 236.2 万只。

2018 年宁夏产生畜禽粪污总量约 2 363.5 万 t（图 1-3），其中，固体粪便产生量为 1 042.1 万 t，尿液及污水产生量为 1 321.4 万 t。各类规模养殖场产生畜禽粪污为 843.7 万 t，占畜禽粪污产生总量的 35.7%，尿液及污水产生量为 534.7 万 t。其中奶牛场产生粪污为 632.6 万 t，占规模养殖场粪污总量的 75%（图 1-4）；肉牛场产生粪污为 100.7 万 t，占总量的 11.9%；肉羊场产生粪污为 10.2 万 t，占总量的 1.2%；养猪场产生粪污为 74.6 万 t，占总量的 8.8%；蛋鸡场产生粪污为 22.9 万 t，占总量的 2.7%；肉鸡场产生粪污为 2.7 万 t，占总量的 0.3%（杨进波等，2019）。

（二）畜禽粪污无害化处理设施建设情况

1. 畜禽粪污资源化利用项目建设

近年来，宁夏农牧、环保、农业开发等部门争取了大量中央项目资金和自治区财政资金，实施了大中型沼气工程建设、农村畜禽养殖污染防治项目、规模奶牛养殖场种养一体化建设等项目。全区畜禽规模养殖场建设沼气工程 27 个，年产沼气量 34.96 万 m³，沼气年发电量 86 440kW·h；农村畜禽养殖污染防治项目，支持了 68 个合作社建设粪污处理设施和有机肥生产设施；农业综合开发区域生态循环农业示范区建设项目，支持存栏成母牛千头以上的规模奶牛养殖场改造、配套完善粪污无害化设施设备；2016—2017 年有 5 个县（市、区）列为奶产业养殖大县种养结合整县推进试点县，争取中央扶持资金 1.15 亿元支持奶牛规模养殖场完善畜禽粪污处理设施和饲草料基地建

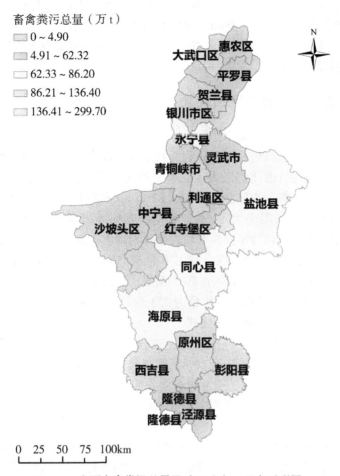

畜禽粪污总量（万 t）
- □ 0 ~ 4.90
- ▨ 4.91 ~ 62.32
- □ 62.33 ~ 86.20
- ▨ 86.21 ~ 136.40
- ▨ 136.41 ~ 299.70

图 1-3　宁夏畜禽粪污总量及地区分布（见书后彩图）

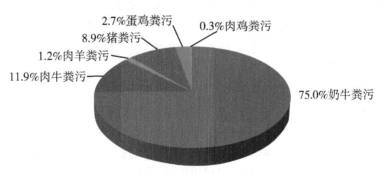

图 1-4　宁夏规模化养殖场不同粪污生产情况

设。此外，宁夏已有 6 个县（市、区）被农业农村部列为畜牧养殖大县，有 2 个县列为全国畜牧业绿色发展示范县。

2. 有机肥生产设施建设现状

宁夏的有机肥厂主要集中在银川市、吴忠市和中卫市。截至 2016 年底，宁夏有机肥生产企业共有 49 家，年生产有机肥能力平均为 1 万 t 以上，但是由于市场等各种原因，实际年生产量仅为 3 000~5 000t，全区有机肥年实际生产量约 20 万 t。据统计，生产 1t 有机肥需要生粪 3t，共利用畜禽粪便 60 万 t，其中规模养殖场有机肥加工的 22 家利用畜禽粪便 14 万 t（黄红卫，2019）。

二、宁夏养殖粪污处理利用现状

（一）畜禽养殖粪污处理利用情况

畜禽粪污肥料化、能源化及再循环利用是宁夏回族自治区畜禽粪污综合利用的主要途径，其中肥料化利用所占比例最大。三种利用途径资源化利用总量为 1 358 万 t，资源化综合利用率为 88.9%，农家肥还田 667.02 万 t，商品有机肥利用 60 万 t，沼气工程利用 20 万 t，粪便综合利用率为 100%，其中，直接还田利用占 10.7%，外销利用占 34.6%，堆沤还田利用占 41.9%，养殖场内循环利用占 7.6%，加工有机肥占 5.3%；畜尿和冲洗水综合利用 526.6 万 t，综合利用率为 67.5%，其中，处理后用于农田灌溉占 53.1%，处理后用于养殖场回用占 7.4%，处理后排放占 5%，用于沼气能源利用占 2%，直接排放量占 32.5%（直接排放量为 253.6 万 t）（黄红卫，2019）。

（二）畜禽粪污处理的主要技术模式

始终坚持绿色导向，抓住"源头减量、过程控制、末端利用"三个重要环节，先行先试，抓点示范，因地制宜推广畜禽粪污肥料化、能源化及循环利用模式，实现畜禽粪污"变废为宝"、多元化利用，通过对畜禽粪便无害化处理及资源化利用典型技术模式调查，全区畜禽养殖粪便处理利用主要技术模式归类有 6 种。

1. "种养结合"模式

该模式是宁夏规模养殖场（园区）处理畜禽粪便的主要方式。中小型规模养殖场大部分采取粪便堆积发酵和粪水沉淀降解后还田，部分大中型规模养殖场采用干清粪或水泡粪的清粪方式，液体粪便进行厌氧发酵或多级氧化塘处理、固体粪便经过堆肥后，就近异地用于自有土地或流转土地，畜禽养殖与粪便消纳土地配套、种养结合，实现粪便（肥水）还田，资源化利用。这种模式占规模养殖场（园区）畜禽粪便处理量的 42%，占粪水处理利用的 53%，如宁夏九三零生态农牧有限公司金山示范园、中卫市沐沙畜牧科技有限公司。

2. "种养结合+循环利用"模式

主要是大型奶牛场采取的粪便处理利用模式。奶牛场采用机械干清粪、高压冲洗，严格控制生产用水，减少养殖过程中用水量；场内粪水、冲洗水深度处理后部分回用于场内粪沟或圈栏等冲洗，其余灌溉农田。固体粪便通过发酵晾晒一部分用于牛床垫料，一部分堆肥发酵生产有机肥。这种处理利用模式利用粪便占产生量的 7.6%，尿污占产生量的 7.4%，如宁夏贺兰县金贵镇五三奶牛养殖有限公司、宁夏贺兰山奶业有限公司平吉堡奶牛六场、宁夏天宁牧业发展有限公司、贺兰县中地生态牧场有限公司、宁夏汇丰源牧业股份有限公司。

3. "种养结合+有机肥生产"模式

主要是大型规模化养殖场利用生猪、奶牛、肉牛和蛋鸡的粪便，干清粪时，固体粪便经堆肥或其他无害化方式处理，污水与部分固体粪便进行厌氧发酵、氧化塘等处理，在养分管理的基础上，将有机肥、沼渣沼液或肥水用于大田作物；水泡粪方式的，污水进行厌氧发酵，氧化塘处理，还田用于农业生产。这一模式占畜禽粪便处理量的5.3%，如宁夏骏华月牙湖农牧科技股份有限公司、宁夏中卫市海弘养殖有限公司、宁夏西吉向丰现代生态循环农业产业园等有机肥还田技术模式。

4. "种养结合+沼气工程处理"模式

主要在大中型奶牛、生猪和蛋鸡规模养殖场应用，粪便经处理后，产生沼气用于发电或生活、沼渣沼液生产固、液生物有机肥后还田。全区共有 27 个畜禽规模养殖场配套建设了大型沼气工程，处理利用粪便占畜禽粪污量的 4%，如宁夏顺宝现代农业股份有限公司、宁夏贺兰山奶业公司平吉堡三分场、宁夏恒泰元种禽有限公司和宁夏伊源牧业有限公司。

5. "集中处理专业加工有机肥"模式

规模养殖场或养殖密集区（园区）产生的畜禽粪便由专门从事有机肥加工的企业实行专业化收集和运输，并按资源化和无害化要求集中处理加工生产符合农用有机肥标准的畜禽粪便处理模式。集中处理专业加工有机肥具有主业性和专业性特征，生产效率和效益较高，由于设施设备满负荷、均衡运行和使用，设备利用率高，规模效益容易体现，虽然总体投入大于分散处理，但按单位成本计算，投入运行费用低于分散处理。如宁夏壹泰牧业有限公司、中卫市丰源生物肥有限公司、吴忠市绿色能源开发有限公司有机肥厂、隆德县农村洁能科技有限公司有机肥厂等。

6. 外销利用模式

规模养殖场产生的畜禽粪便清理集中后通过经纪人或直接外卖给种植场户用于经济作物、设施蔬菜、葡萄、硒砂瓜、枸杞等农业或林果业种植施肥。这种处理利用方式占规模养殖场畜禽粪产生量的 34.6%。但养殖场对粪便基本没有采取无害化处理，在运输、田间堆储和施用过程中易造成二次污染。

（三）粪污处理取得明显成效

近年来，宁夏回族自治区党委、政府作出了跨越式发展的战略决策，大力促进城乡一体化发展，经济持续快速增长，农业产业结构调整、经济增长方式转变取得了明显进展。农村环境卫生和空气质量显著改善，黄河流域宁夏回族自治区段 15 个国控断面水质优良比例>80%，为保护"母亲河"黄河，加快推进"生态宜居""治理有效"的美丽农村建设作出了重要贡献。畜牧产业发展方式发生转变，通过大力发展畜牧业经济，壮大畜牧业产业化龙头企业，探索出一批可复制、可推广的畜禽粪便资源化利用新模式，培育形成畜禽养殖废弃物肥料化、能源化利用等新产业，提升了畜牧业生产综合竞争力。培育出一批有机肥生产企业，全区 70% 以上的有机肥料主要集中施用于价值相对较高的果树、蔬菜及瓜类等经济作物，粮食作物除生产有机产品施用有机肥外，其他作物很少施用。水稻对比试验表明：适宜用量在 50~80kg/亩（1 亩约为 677m²，全书同），结合大田最后一次翻耕化肥时均匀撒施，平均增产 12.7~13.5kg/亩。小麦对比试验表明：适宜用量在 70~100kg/亩，在小麦播种前整地时均匀撒施，平均增产 20.7~33.13kg/亩。玉米采用基施或追施两种施肥方法，对比试验结果表明：适宜用量在

120~160kg/亩，结合大田最后一次翻耕施肥均匀撒施或在 5 月下旬结合中耕沟施入土壤，每亩产量均在 870kg 以上。

三、宁夏养殖粪污处理利用主要存在的问题

虽然宁夏畜禽养殖粪污资源化利用工作取得了一定成效，但与实施乡村振兴战略、生态文明建设的要求还有较大差距，畜禽养殖粪污资源化利用还存在深度不够、效率不高等问题。目前针对宁夏养殖粪污处理利用存在的问题归纳如下。

（一）从业人员能力素质不高

一是基层畜牧队伍能力参差不齐，大多人员在畜禽养殖方面比较专业，但在粪污治理方面略显技术经验不足，加上乡镇机构人员少、工作多、任务重，管理设备简陋，出现"不懂管或管不到位"现象。二是养殖业主多为本地农户，对国家法律制度了解不够深入，对技术更新应用能力不强，缺乏环保意识，未能主动参与、配合做好粪污处理利用。

（二）设施配套率较低

宁夏分散养殖的专业户多，规模小，畜禽粪污难以集中处理，多以简单的堆沤处理方式为主；有的养殖场虽然有粪污处理设施，但是容量小，建设不规范，与养殖规模不匹配，运行不正常。2016 年全区共有规模化养殖场 2 528 个，建设配套粪污处理设施 1 362 个，配套率为 54%。奶牛场、肉牛场粪便主要以运动场自然露天堆放，干清粪还田利用为主，粪便贮存不符合防渗、防雨、防溢流要求，粪便处理利用设施不配套，10% 的奶牛规模场、56% 的肉牛规模场、14.5% 的规模养猪场没有液体粪污集存设施。

（三）科技支撑力量薄弱

各市、县（区）畜禽养殖废弃物资源化利用工作起步较晚、利用途径比较多，技术模式各有特点，但总结的成功模式和经验还不多，没有形成一支懂畜禽粪污综合利用的专业技术支撑队伍，缺乏专门的畜禽粪污处理和资源化利用技术研究、技术推广和技术服务力量。资源化利用环节缺乏技术指导和管理，造成单位产品粪污产生量多、利用率不高、处理方式和处理效果参差不齐等问题。据调查，93% 的养殖场实行的是人工干清粪，劳动量大、生产效率低，机械化自动干清粪工艺应用较少，只占 7%。粪便处理方式简单，直接还田利用占 10.7%，堆粪场堆沤发酵后还田的占 41.9%，外销利用占 34.6%，这些处理方式的处理效果参差不齐，是否达到还田标准难以监测和监管。

（四）资金投入不足

近几年来，市场波动较大、养殖成本高、疫病多发，许多养殖场缺乏建设粪污设施的能力和想法。虽然自治区通过实施大中型沼气工程、农村畜禽养殖污染防治、农业综合开发区域生态循环农业示范区建设、奶产业大县种养一体化整县推进示范等项目，争取了大量中央财政资金，但自治区和市县级财政在畜禽规模养殖粪便无害化处理方面的投入较少，远不能满足规模养殖粪便处理资金需求。再加上一些规模养殖场已有的粪污处理沼气工程由于运行、维护等费用高，加之冬季严寒时间长，沼气厌氧发酵效率低，导致现有的沼气工程项目完好率低，正常运转发挥作用的少（段晓红等，2019）。

（五）粪污处理利用成本高、效益差

目前，宁夏畜禽粪便直接销售利用市场广阔，养殖场没有经过处理的牛粪、猪粪销售价为 50 元/m³ 左右，鸡粪 80 元/m³ 左右，直接销售利用占比较大，建设无害化处理设施的大型设备成本过高，设备使用过程中的维护成本也较高，并且处理后的有机肥价格竞争力弱、效益低。同时，由于先前缺乏科学规划与引导，畜禽规模养殖场多建设在交通便利的城市郊区，出现养殖布局不合理的现象，养殖场区周边又没有足够的"内部消化"田地，外部环境压力增大，资源化利用成本增高；养殖户经费源于自创自收，而粪污收集点多面广，拉运路程远近不一，所需的运输成本较高。宁夏肉牛、生猪等畜禽仍以千家万户小规模养殖为主，农村散养户经济基础较薄弱，无力配套建设相关粪污收集处理设施，治理难度较大。

（六）种养结合不紧密

种植和养殖相对独立，种养资源配置错位，在空间布局上，养殖与种植优势区域分布不相协调，大部分畜禽规模养殖场没有配套粪污消纳用地；在产用时间上，畜禽粪便产生的持续性与农田施用的季节性不协调。再加上与化肥相比，有机肥施用成本高、见效慢，短期内会减少作物产量，特别是液态有机肥既脏又臭，使得农民对有机肥的使用积极性不高。

参考文献

陈秋红，张宽，2020. 70 年畜禽养殖废弃物资源化利用演进 ［J］. 中国人口资源与环境，30（6）：166-176.

段晓红，杜婉君，李宏广，2019. 浅谈宁夏回族自治区循环农业中畜禽粪便的资源化利用 ［J］. 饲料博览（10）：49-51.

樊丽霞，杨智明，尹芳，等，2019. 畜禽粪便利用现状及发展建议 ［J］. 现代农业科技（1）：175-176，181.

范如芹，罗佳，高岩，等，2014. 农业废弃物的基质化利用研究进展 ［J］. 江苏农业学报（2）：442-448.

苟德宝，赵远崇，2018. 规模化畜禽养殖的现状及其对生态环境的影响 ［J］. 中国畜牧兽医文摘，34（4）：56.

国家统计局，2019. 中国农村统计年鉴（2019）［M］. 北京：中国统计出版社.

国家统计局，2019. 中国统计年鉴（2019）［M］. 北京：中国统计出版社.

何思洋，李蒙，傅童成，等，2020. 中国畜禽粪便管理政策现状和前景述评 ［J］. 中国农业大学学报，25（5）：22-37.

黄国峰，吴启堂，孟庆强，等，2001. 有机固体废弃物在持续农业中的资源化利用 ［J］. 土壤与环境（3）：246-249.

黄红卫，2019. 宁夏畜禽养殖废弃物资源化利用现状调研报告 ［J］. 畜牧业环境（2）：35-39.

贾伟, 2014. 粪肥养分资源现状及其合理利用分析［D］. 北京: 中国农业大学.

梁高飞, 2019. 腾冲市畜禽粪污资源化利用整县推进规划研究［D］. 昆明: 云南师范大学.

林源, 马骥, 秦富, 2012. 中国畜禽粪便资源结构分布及发展展望［J］. 中国农学通报, 28 (32): 1-5.

刘茹飞, 陈刚, 王明超, 等, 2017. 我国典型禽畜粪便资源化技术研究［J］. 再生资源与循环经济, 10 (3): 37-40.

孟繁华, 贾璇, 吴雅楠, 等, 2018. 我国畜禽养殖废弃物资源化利用技术及模式研究［J］. 再生资源与循环经济, 11 (11): 29-32.

农业农村部, 2018. 中国畜牧兽医年鉴 (2018)［M］. 北京: 中国农业出版社.

孙良媛, 刘涛, 张乐, 2016. 中国规模化畜禽养殖的现状及其对生态环境的影响［J］. 华南农业大学学报 (社会科学版), 15 (2): 23-30.

王坤元, 黄建宁, 章剑林, 1993. 畜禽粪便再利用的研究概况［J］. 浙江农业科学, 4: 195-197.

宣梦, 2018. 规模化畜禽养殖粪污综合利用与处理技术模式研究［D］. 长沙: 湖南农业大学.

杨进波, 张宇, 牟高峰, 2019. 大力推进畜禽养殖废弃物资源化利用加快构建农业绿色发展新格局［J］. 畜牧业环境 (6): 41-44.

张柳, 2019. 规模化畜禽养殖对生态环境的污染及对策研究——以 T 市为例［D］. 泰安: 山东农业大学.

张宇轩, 苏义坤, 2020. 面向可持续发展的农村居民生活用能结构转型影响因素研究［J］. 价值工程 (8): 287-292.

朱凤连, 马友华, 周静, 等, 2008. 我国畜禽粪便污染和利用现状分析［J］. 安徽农学通报 (13): 48-50+12.

Borlée Floor, Yzermans C Joris, Aalders Bernadette, et al., 2017. Air Pollution from Livestock Farms Is Associated with Airway Obstruction in Neighboring Residents［J］. American Journal of Respiratory and Critical Care Medicine, 196 (9).

Scialabba N, 1994. Livestock wastes and the environment［J］. Paper presented at the FAO-workshop on Peri-urban livestock wastes in China. Beijing, 9: 19-22.

第二章 宁夏畜禽养殖粪污资源调查与评价

第一节 宁夏畜禽养殖粪便污染负荷及分布特征

一、宁夏畜禽养殖状况

近年来，随着人们生活水平的提高，宁夏的畜禽养殖业发展迅速，以奶产业、牛羊肉的特色产业为主。近二十年来呈波浪式发展如图2-1所示。并以2007年为节点，呈现快速增长—陡降—平稳回升的变化趋势，可以分为三个阶段：2001—2006年，快速增长阶段；2006—2007年，急剧减少阶段。主要是奶牛和生猪养殖量的急剧下降，其中奶牛从76.16万头下降到26.35万头，下降了65.40%，肉猪从159.00万头下降到115.30万头，下降了27.48%；2007—2015年，平稳回升阶段。据统计2016年末，牛、羊存栏分别为113.0万头、580.7万只，分别较2010年增加了22.3万头、107.6万只；分别比2000年增加了86.78%、47.29%。

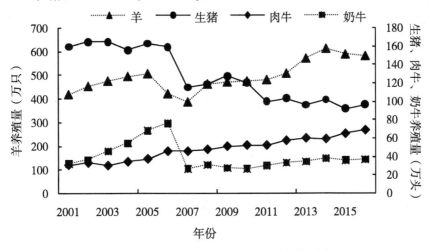

图2-1 2001—2016年宁夏全区牲畜养殖量

注：本研究中宁夏各县（区）的畜禽养殖统计数量来源于2002—2017年《宁夏年鉴》，数据的截止时间为2016年底。搜集的数据包括奶牛、肉牛、猪以及羊的年底存栏数和全年出栏数两部分。因统计年鉴中没有分县（区）统计家禽的养殖数据，且已有研究表明（武淑霞等，2018），2015年宁夏家禽粪便产生量仅约占总产量的3%，故本章研究不包含家禽类。

分别比 2000 年增加了 86.78%、47.29%。

2016 年宁夏畜禽养殖情况如表 2-1 所示。从区域分布来看，由于各县（区）畜禽养殖数量和饲养结构的不同，各类畜禽粪便的区域分布具有明显的差异。奶牛养殖主要集中在银川市区、贺兰县、利通区、青铜峡市等地；肉牛养殖主要集中在利通区、同心县和固原市的 5 个县；猪养殖主要集中在灵武市、沙坡头区、中宁县、青铜峡市等地，羊的养殖集中在灵武市、海原县、盐池县、同心县、原州区、彭阳县、平罗县。

表 2-1 宁夏各市县（区）2016 年主要牲畜存、出栏数

地区	奶牛存栏（万头）	肉牛出栏（万头）	猪出栏（万头）	羊出栏（万只）
银川市	5.41	2.91	3.44	8.51
永宁县	1.26	3.38	4.41	20.01
贺兰县	4.20	2.37	2.47	9.80
灵武市	1.51	2.00	8.80	46.81
沙坡头区	2.25	1.74	9.88	21.49
中宁县	1.34	2.15	19.00	31.58
海原县	0.18	3.24	1.64	55.64
利通区	13.23	4.50	1.83	30.79
红寺堡区	0.01	2.26	1.12	24.91
青铜峡市	4.25	1.92	11.76	22.63
盐池县	0.53	0.16	5.90	83.68
同心县	0.08	5.82	0.45	72.90
原州区	0.04	5.77	4.40	36.55
西吉县	0.00	7.68	5.14	31.24
隆德县	0.00	3.61	5.42	5.52
泾源县	0.00	7.93	0.41	7.15
彭阳县	0.00	6.70	3.74	32.76
大武口区	0.15	0.07	0.80	1.06
惠农区	0.76	0.91	1.37	16.74
平罗县	2.95	3.07	4.18	38.45

二、宁夏畜禽粪便及其污染物的产生状况

（一）畜禽粪便产生量及污染物的估算方法

畜禽粪便排泄系数作为畜禽粪便资源量评估的重要参数，受品种、体重、饲料组成等多种因素影响，且各研究中使用的系数差异较大（姚升等，2016；景栋林等，2012；彭里等 2004；裘亦书等，2014；孙继成等，2014；阎波杰等，2014）。本研究中畜禽每日的粪便产生量、氮（N）、磷（P）和化学需氧量（chemical oxygen demand，以下简称 COD）含量的计算参数来自《畜禽养殖业产污系数与排污系数手册》，其中羊的相关

参数源自参考文献（姚升等，2016），见表2-2。

表2-2 各类畜禽粪便排泄系数和N、P及COD含量

畜禽品种	粪（kg/d）	尿（kg/d）	全氮（g/d）	全磷（g/d）	COD（g/d）
生猪	1.56	2.44	36.77	4.88	397.12
奶牛	19.26	12.13	185.89	17.92	3 600.16
肉牛	12.10	8.32	104.10	10.17	2 235.21
羊	0.87	—	2.15	0.46	0.46

虽然目前统计数据中畜禽的养殖数量包括存栏量和出栏量数据，但究竟是选择存栏量还是出栏量参与计算，我们认为应该根据畜禽的主要养殖用途来确定。肉用的畜禽应该选择其出栏量参与计算，役用、蛋奶用和繁殖用途的畜禽应采用其存栏量进行计算。综合相关文献，确定各类牲畜的饲养期：猪为199d（张田等，2012；王方浩等，2006），肉牛、奶牛和羊为365d（耿维等，2013），并以此为标准进行后续计算。

粪便总量、COD、总氮（磷）产生量计算公式如下：

$$Q = \sum_{i=1}^{n} N_i \times T_i \times P_i \tag{2-1}$$

式中，Q为粪便、COD、全氮及全磷各产生分量，万t；N_i为饲养量，万头/匹/只；T_i为饲养期，d；P_i为产排污系数，kg/d或g/d；i为第i种畜禽。

由于各类畜禽粪便的肥效不同，以各类粪便含氮量为基准统一换算为猪粪当量（原国家环境保护总局自然生态保护司，2004），换算系数见表2-3，猪粪当量的计算公式为：

$$猪粪当量 = 当年各类畜禽粪尿排泄量 \times 换算系数 \tag{2-2}$$

表2-3 各类畜禽粪便猪粪当量换算系数

指标	猪粪	猪尿	牛粪	牛尿	羊粪
氮（g/kg）	6.50	3.30	4.50	8.00	8.00
猪粪当量换算系数	1.00	0.57	0.69	1.23	1.23

注：奶牛的换算系数同肉牛。

畜禽粪便猪粪当量总量/氮/磷/COD的环境负荷计算公式如下。

畜禽粪便猪粪当量总量/氮/磷/COD的环境负荷=畜禽粪便氮/磷/COD总量÷耕地面积 (2-3)

为了全面反映一个地区畜禽饲养是否过密、畜禽粪便是否过载及对环境是否构成威胁等问题（王亚娟等，2015），需要对畜禽粪便的负荷程度进行分级。计算公式如下：

$$r = q/p \tag{2-4}$$

式中，r为与各地畜禽粪便负荷量承受程度有关的警报值；q为各地畜禽粪便猪粪当量，$t/(hm^2 \cdot a)$；p为当地农田以猪粪当量计的有机肥最大适宜施用量，$t/(hm^2 \cdot a)$。根据以往探究结果（朱兆良，2006），我国以800mm等降水量线为界，

其线以南 p 值为 45t/hm²，其线以北 p 值为 30t/hm²。王亚娟等（王亚娟等，2015）研究确定南部山区各县（区）猪粪当量的最大施用量为 15t/（hm²·a），北部引黄灌区各县（区）猪粪当量的最大施用量为 30t/（hm²·a）。计算结果分级见表 2-4。

表 2-4　畜禽粪便负荷警报值分级

指标	警报值 r					
	≤0.4	0.4~0.7	0.7~1.0	1.0~1.5	1.5~2.5	>2.5
分级级数	I	II	III	IV	V	VI
对环境构成污染的威胁性	无	稍有	有	较严重	严重	很严重

（二）粪便总量及其地区分布特征

宁夏 2001—2016 年畜禽粪便产生量猪粪当量如图 2-2 所示。根据式（2-1）计算出粪便总量，再利用式（2-2）换算为猪粪当量。结果如图 2-2，2001—2016 年宁夏全区畜禽粪便平均产生量约为 998.72 万 t 猪粪当量，并以 2007 年为节点，呈现快速增长—陡降—平稳回升的变化趋势，可以分为三个阶段：一是 2001—2006 年，快速增长阶段。畜禽粪便猪粪当量从 2001 年的 801.97 万 t 增长到 2006 年的 1 351.44 万 t，年平均增长率为 11.04%；二是 2006—2007 年，急剧减少阶段。从 2006 年的 1 351.44 万 t 大幅下降到 2007 年的 798.71 万 t，减少 552.73 万 t，下降了 40.9%。主要是奶牛和生猪养殖量的急剧下降（图 2-1）。三是 2007—2015 年，平稳回升阶段。从 2007 年的 798.71 万 t 增长到 2016 年的 1 138.66 万 t，增长比较平稳。

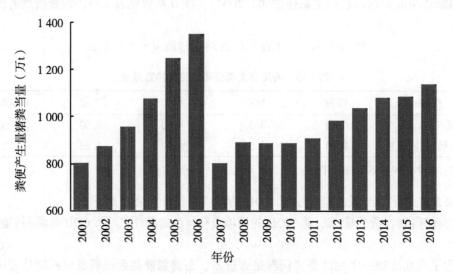

图 2-2　2001—2016 年宁夏全区畜禽粪便产生量

如图 2-3 所示，宁夏全区畜禽粪便的主要组成来源是猪、肉牛、奶牛和羊，其各年的粪便产生量占全年畜禽粪便总产生量的比例介于 6.36%~14.71%、20.74%~42.78%、32.70%~59.24% 和 9.06%~17.03%，奶牛和肉牛对畜禽粪便产生量贡献较大。2001—2016 年奶牛的粪便产生量与畜禽粪便年产生量的变化趋势一致。2001—

2006 年，奶牛对畜禽粪便产生量贡献最大，为 32.70% ~ 59.24%，2007 年，奶牛的粪便产生量急剧下降，占比从 59.24% 下降到 35.27%，而肉牛和羊的粪便产生量却急剧上升，占比分别提高了 16.6%、5.23%。2007 年之后，奶牛和肉牛的粪便产生量相当，占比都维持在 40% 左右。猪的粪便产生量逐年减少，变幅平缓。

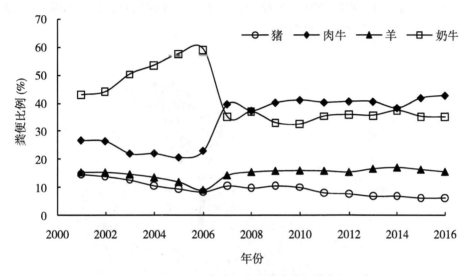

图 2-3　2000—2016 年宁夏全区畜禽粪便的来源组成

宁夏 2016 年全年产生的畜禽粪便猪粪当量总计 1 138.66 万 t，其中产生量最多的是牛粪便，为 855.38 万 t，其次是羊粪便和猪粪便，分别为 226.82 万 t 和 56.46 万 t。从区域分布来看，各市的畜禽粪便猪粪当量大小顺序为吴忠市>固原市>银川市>中卫市>石嘴山市。再进一步分解到区县，则各县（区）的畜禽粪便猪粪当量在 2.9 万 ~ 181.05 万 t，产生量较大的依次为利通区、银川市区、青铜峡市，分别为 181.05 万 t、86.93 万 t 和 81.61 万 t，其中，利通区的比第二名银川市区多出 94.13 万 t。

（三）地区粪便耕地负荷及其地区分布特征

利用式（2-3），计算宁夏 2016 年各县（区）畜禽粪便的猪粪当量耕地负荷值，结果如图 2-4 所示。全区畜禽粪便耕地负荷平均值为 10.95t/hm²，并具有明显的区域分布差异。根据自然地理特征和农牧业生产格局可将宁夏全区划分为北部引黄灌区、中部干旱带和南部丘陵山区（王亚娟等，2015）。北部引黄灌区以银川平原和卫宁平原为主，年平均降水量在 200mm 左右，受黄河灌溉之利，北部农业发达，植被丰茂；中部干旱带多为缓坡丘陵和山间盆地，年降水量在 200 ~ 350mm，植被以典型荒漠化草原和退化干草原为主；南部丘陵山区是黄土高原的一部分，年平均降水量在 350 ~ 600mm，为宁夏主要的雨养农业区（宁夏回族自治区统计局等，2017）。

从整体来看，北部引黄灌区畜禽粪便耕地负荷较大，中部干旱带和南部山区相对较小。具体到县（区），利通区、银川市区周边的灵武市、青铜峡市、永宁县及泾源县的畜禽粪便耕地负荷值较大，其中利通区和泾源县的畜禽粪便负荷分别为 60.43t/hm²、31.77t/hm²，按照王亚娟等（王亚娟等，2015）报道的有机肥最大施用量标准，利通区和泾源县均已超标，分别超标 30.43t/hm² （超标 101.43%） 和 16.77t/hm² （超标 111.80%）；全区超标率 10%。利通区超标比泾源县严重，推测其中的原因可能是引黄灌区大部分地区的经济较南部山区发达，人们对畜禽产品需求量较大，且灌溉便利，粮食产量高，饲草料丰富等为养殖提供了便利条件，养殖规模较大。泾源县林业资源丰富，占全县土地利用面积的 76%，但耕地面积少（宁夏回族自治区统计局等，2017），仅占 17%，因此畜禽粪便耕地负荷大。

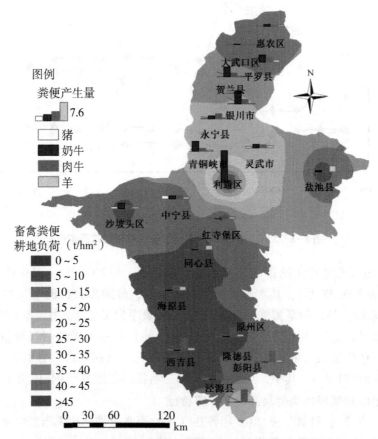

图 2-4　2016 年宁夏畜禽粪便猪粪当量耕地负荷（见书后彩图）

（四）耕地全氮、全磷及 COD 负荷特征

目前，我国大部分畜禽养殖粪便是作为肥料直接还田，粪便中的 N、P、K 等营养物能培肥土壤，有助于作物的生长，但若施入的粪便量过大超出耕地环境的消化能力，就会引起土壤板结，土壤容重增加等一系列问题（张绪美等，2007）。考虑到这些问题，单位面积耕地的畜禽粪便负荷量可以反映该地区耕地承担畜禽粪便的水平，因此，假设畜禽粪便全部均匀施用于耕地（沈根祥等，1994），根据宁夏 2016 年统计的耕地面积和畜禽养殖量数据，按式（2-3）计算全区平均单位面积耕地的畜禽粪便全氮、全磷负荷，结果如图 2-5 所示。

如图 2-5a 所示，全区全氮的耕地负荷值在 15.07 ~ 369.12kg/hm²，平均为

76.04kg/hm², 其中利通区和泾源县的全氮耕地负荷较高, 分别为 369.12kg/hm² 和 175.38kg/hm²; 银川市市辖区、灵武市和青铜峡市的全氮耕地负荷值也较大, 分别为 129.06kg/hm²、111.47kg/hm² 和 119.95kg/hm²; 北部大武口区周边、中部中宁县—盐池县一带负荷较低, 在 49.82~92.33kg/hm², 平均为 61.51kg/hm²; 南部山区除泾源县以外的其他 6 个区县的全氮负荷均较小, 在 15.07~45.00kg/hm², 平均 27.81kg/hm²。

如图 2-5b, 全区全磷耕地负荷值在 1.55~36.77kg/hm², 平均为 8.10kg/hm², 利通区全磷最高, 为 36.77kg/hm², 其南北分布特征与全氮的分布一致, 呈北高南低, 且同样泾源县负荷较高。按照欧盟的农业政策规定, 粪肥年施氮量的限量标准为 170kg/hm², 超过这个限量标准将极易对农田和水环境造成污染, 土壤的年施粪便磷量不能超过 35kg/hm², 过量会引起土壤磷的淋失, 造成环境污染 (侯彦林等, 2009)。武兰芳等 (武兰芳等, 2011) 认为我国单位耕地氮、磷最大可施用量分别为 150kg/hm² 和 30kg/hm²。参照上述两个标准, 宁夏平均氮、磷负荷均未超标。但利通区和泾源县的全氮分别超过欧盟标准 117.07% 和 3.16%, 超过国内限量 146.08% 和 16.92%; 利通区的全磷耕地负荷超出标准, 超过欧盟标准 5.06%, 超过国内限量 22.57%; 其他县 (区) 的全氮、全磷均未超过单位耕地面积承载力。因此, 在未来几年, 利通区和泾源县应严格控制养殖规模, 并加强粪污资源化处理设备和技术的应用, 提高资源化利用率, 否则将会对农田以及水环境等造成污染风险。

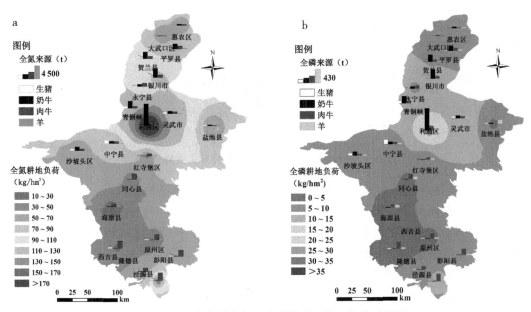

图 2-5　2016 年宁夏全氮、全磷耕地负荷 (见书后彩图)

2016 年, 宁夏全区的 COD 产生量为 113.47 万 t。其南北分布特征与全氮、全磷的分布一致, 呈北高南低, 且同样泾源县负荷较高 (图 2-6)。北部引黄灌区的 COD 主要的产生来源为奶牛, 占比超过 50%, 其次为肉牛占比约 40%, 中宁县、沙坡头区和盐池县的 COD 产生来源中猪粪也占近 30%，有较大比例。南部山区的 COD 主要的产生来源为肉牛，占比均超过 80%。而羊粪对 COD 的产生贡献不明显。

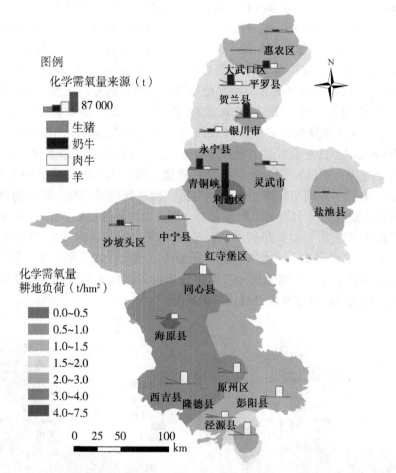

图 2-6　2016 年宁夏 COD 耕地负荷（见书后彩图）

（五）各县（区）耕地畜禽粪便污染风险的时空变化特征与评价

为了更全面分析宁夏畜禽粪便对环境的污染威胁程度，根据式（2-4）对宁夏 2001—2016 年每五年的各县（区）耕地畜禽粪便负荷量承受程度进行了预警分析，耕地畜禽粪便负荷预警值与预警级别见图 2-7。

纵观宁夏 2001—2016 年的耕地负荷警报情况，负荷严重的地区主要集中在银川市及利通区周边，2006 年后，泾源县及周边县的耕地负荷问题也日益突出。2001 年，宁夏全区施用于耕地的猪粪当量总量为 801.97 万 t，预警级别为 I 级。猪粪当量最高的县（区）市利通区，为 194.95 万 t，这与牛养殖量较多有关，其预警级别为 V 级，属于对环境威胁严重；银川市区及灵武市的猪粪当量总量也较多，分别为 65.98 万 t 和 78.42 万 t，其预警级别为 III 级，属于对环境有威胁。2006 年银川市区和灵武市的预警级别均升高为 IV 级，属于对环境威胁较严重，而利通区其预警级别继续为 V 级。2011 年，宁夏全区耕地负荷预警级别为 II 级，当年全区猪粪当量总量为 1 143.42 万 t。利通区和泾源县的猪粪当量总量分别为 204.96 万 t 和 40.11 万 t，其预警级别为 Ⅴ 级；银川市市区和青铜峡市的猪粪当量总量分别为 136.05 万 t 和 71.52 万 t，预警级别为 Ⅳ 级；灵武市的预警级别为 Ⅲ 级；惠农区、大武口区、永宁县、中宁县、彭阳县、隆德县的预警级别为 Ⅱ 级，属于对环境稍有威胁。

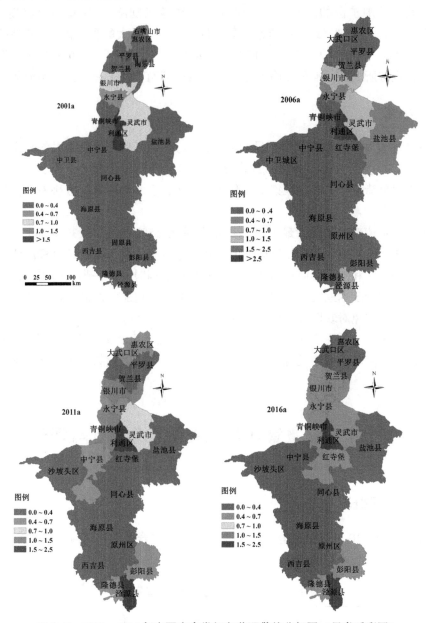

图 2-7　2001—2016 年宁夏畜禽粪便负荷预警值分级图（见书后彩图）

2016 年，当年全区猪粪当量总量为 1 138.66 万 t，耕地负荷预警值为 Ⅱ 级，与 2011 年相当，比 2001 年增加了 41.98%。利通区和泾源县的预警级别仍为 Ⅴ 级，但银川市市区、灵武市、青铜峡市的预警级别降为 Ⅱ 级，贺兰县和红寺堡区的预警级别升为

Ⅱ级，分析原因可能为全区总耕地面积增加，2016 年的全区耕地面积比 2011 年增加了 18.74 万 hm²，但各县（区）的养殖量有明显变化。2001—2016 年各县（区）的负荷状况如下：一是银川市区、灵武市和青铜峡市的负荷预警级别以 2011 年为节点，呈先上升后下降趋势，而贺兰县和红寺堡的负荷预警级别稍有上升，推测原因可能为养殖区域有向城市外围扩散的趋势；二是利通区的预警级别除 2006 年一直稳定在 Ⅴ 级，2006 年的预警级别达到 Ⅵ 级，一直是宁夏全区污染风险最大的县（区）；三是泾源县的负荷问题也逐渐凸显，2011 年后，预警级别达到 Ⅴ 级，且隆德县和彭阳县的负荷预警伴随泾源县也有所上升，推测原因可能是泾源县的养殖带动了周边县养殖业的发展。

三、小结

2016 年宁夏全区畜禽粪便产生量为 1 138.66 万 t，其中产生量最大的是牛粪便，占总产生量的 75%，其次是羊粪便，约占 20%，猪粪便贡献率最小。从区域分布来看，全区耕地粪便负荷值较大的地区集中在利通区周边，且北部引黄灌区耕地负荷值大于南部山区。

参照我国单位耕地氮或磷最大可施用量分别为 150kg/hm² 和 30kg/hm² 这一标准，利通区的全氮、磷耕地负荷均超过标准值，泾源县的全氮耕地负荷超过标准值，在未来的发展中，利通区和泾源县应在加强控制养殖规模的同时，进一步提高粪污的无害化资源化处理率，在满足本地安全使用后，可以通过制成有机肥等产品，长距离运输到资源短缺的地区，以避免对农田和水环境造成污染。

2001—2016 年，全区耕地负荷预警值在 Ⅰ ~ Ⅵ 级，且利通区及周边县（区）的预警值一直较高，南部山区除泾源县外，其他县（区）的预警值均为 Ⅰ 级，环境污染威胁较小。

第二节　宁夏畜禽养殖粪便养分特征与评价

一、采样区概况

于 2018 年 7—10 月对宁夏境内 5 个地区的规模化养殖、养殖园区、养殖散户的不同畜禽种类进行了采样（表 2-5）。

表 2-5　各地区采集的畜禽粪便样品数量

市名称	蛋鸡（万只）	肉鸡（万只）	奶牛（万头）	肉牛（万头）	羊（万只）	生猪（万头）	总计（万只/万头）
石嘴山市	3	9	3	7	11	4	37
银川市	6	7	5	14	9	10	51
吴忠市	2	5	9		9	9	41

（续表）

市名称	蛋鸡 （万只）	肉鸡 （万只）	奶牛 （万头）	肉牛 （万头）	羊 （万只）	生猪 （万头）	总计 （万只/万头）
中卫市	9	7	6	9	10	9	50
固原市	9	2	0	9	6	6	32
总计	29	30	23	46	45	38	211

二、畜禽粪便全氮含量与分布情况

（一）畜禽粪便全氮含量及其频度分布

表2-6为畜禽粪便全氮含量统计一览表。畜禽粪便全氮含量的平均值为27.30g/kg，变化范围介于6.05～65.88g/kg。不同畜禽种类之间，各粪便全氮含量差异显著（$P<0.05$），鸡粪样本全氮含量的变异系数最大，羊粪最小；肉鸡粪全氮含量显著高于蛋鸡粪，奶牛粪和肉牛粪之间全氮含量统计检验差异不显著，各组变异系数相近。全区各类畜禽粪便的全氮平均含量大小依次为：肉鸡>蛋鸡>猪>羊>奶牛>肉牛。

表2-6　全区各畜禽鲜粪全氮含量（风干基，下同）　　　　　　（g/kg）

粪便类型	样本数 （个）	平均值	中位值	最小值	最大值	标准差	变异系数
粪便	211	27.30	24.61	6.05	65.88	10.96	0.40
鸡粪	59	38.28a	37.44	15.24	65.88	11.51	0.30
猪粪	38	31.54b	30.84	14.33	48.42	6.82	0.22
牛粪	69	19.09d	19.18	6.05	31.07	4.32	0.23
羊粪	45	21.93c	21.32	12.64	33.46	4.26	0.19
蛋鸡粪	29	35.39B	32.04	22.64	57.51	10.33	0.29
肉鸡粪	30	41.07A	40.59	15.24	65.88	12.05	0.29
奶牛粪	23	19.86I	20.25	6.05	25.96	4.17	0.21
肉牛粪	46	18.70I	17.85	8.90	31.07	4.39	0.23

注：LSD差异性统计在鸡、猪、牛、羊粪之间，蛋鸡粪和肉鸡粪之间，以及奶牛粪和肉牛粪之间进行，相同字母或数字表示没有差异性，不同字母或数字表示差异性显著，$P<0.05$，下同。

畜禽粪便全氮含量频率分布如图2-8所示。畜禽粪便全氮含量主要分布在10～40g/kg，约占样品总数的85.30%，其中10～20g/kg占总样本数的27.01%，20～30g/kg占总样本数的40.28%，30～40g/kg占总样本数的18.01%。不同畜禽种类粪便样本全氮含量频度分布除肉鸡粪外，基本与总体样本分布状况一致，全氮含量主要介于10～40g/kg，不同畜禽样本数的比例分别为蛋鸡粪的72.41%、奶牛粪的95.65%、肉牛粪的97.82%、羊粪的100%、猪粪的89.74%，其中10～30g/kg的比例分别为蛋鸡粪的37.93%、奶牛粪的95.65%、肉牛粪的95.65%、羊粪的95.55%、猪粪的46.15%；

30~40g/kg 的比例分别为蛋鸡粪的 34.48%、猪粪的 43.59%，奶牛粪、肉牛粪和羊粪较低含量的样本所占比例偏高，蛋鸡粪、肉鸡粪和猪粪较高含量的样本所占比例偏高；肉鸡粪样本全氮含量介于 10 ~ 40g/kg，占样本数的 43.34%，>40g/kg 占样本数的 56.67%，其中 10~30g/kg 占样本数的 13.34%，30~40g/kg 占样本数的 30.00%，与其他五种粪便全氮含量分布相比，高氮含量样本比例较高。

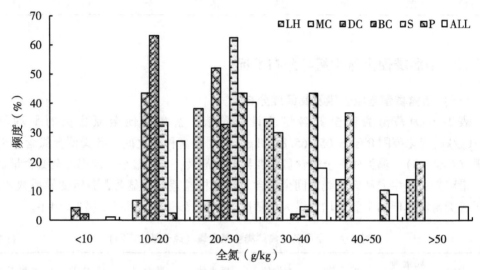

图 2-8　畜禽粪便全氮含量频度分布

注：LH 为蛋鸡粪，MC 为肉鸡粪，DC 为奶牛粪，BC 为肉牛粪，S 为羊粪，P 为猪粪，ALL 为所有粪便，下同。

（二）养殖规模对畜禽粪便全氮含量的影响

养殖规模的不同，其养殖条件和饲料等也存在不同，比较同一物种、不同养殖规模下畜禽粪便养分含量的差异，可为畜禽养殖管理和堆肥处置提供科学的参考。

表 2-7 为不同养殖规模畜禽粪便全氮含量。养殖散户的蛋鸡粪全氮含量显著高于规模化养殖和养殖园区，其中养殖散户的蛋鸡粪全氮含量比规模化养殖高出 7.79g/kg，约高 23.90%；而肉鸡粪与蛋鸡粪的全氮含量差异性相反，养殖散户显著低于其他养殖规模，其中，养殖散户的肉鸡粪全氮含量比养殖园区的低 9.32g/kg，约低 25.44%；养殖园区和养殖散户的鸡粪全氮含量范围均比规模化养殖的大。奶牛粪、肉牛粪、羊粪和猪粪在不同养殖规模下的全氮含量无显著差异。

表 2-7　不同养殖规模畜禽鲜粪全氮含量　　　　　　　　　　　　（g/kg）

粪便类型	养殖规模	样本数（个）	平均值	中位值	最小值	最大值	标准差
蛋鸡粪	规模化养殖	9	32.60b	32.85	25.42	42.78	0.59
	养殖园区	10	32.90b	29.80	22.64	56.40	1.10
	养殖散户	10	40.39a	37.40	24.07	57.51	1.17

（续表）

粪便类型	养殖规模	样本数（个）	平均值	中位值	最小值	最大值	标准差
肉鸡粪	规模化养殖	4	39.91a	40.80	31.96	46.14	0.61
	养殖园区	13	45.96a	43.80	26.44	65.88	1.12
	养殖散户	14	36.64b	35.40	15.24	60.90	1.25
奶牛粪	规模化养殖	15	19.37a	19.50	6.05	25.96	0.48
	养殖散户	8	20.79a	21.20	14.37	22.43	0.26
肉牛粪	规模化养殖	18	18.98a	17.10	8.90	26.26	0.42
	养殖园区	10	19.46a	19.30	15.51	26.53	0.32
	养殖散户	18	18.00a	17.00	10.27	31.07	0.52
羊粪	规模化养殖	15	22.39a	21.20	12.64	33.06	0.54
	养殖园区	7	21.79a	20.40	15.45	33.46	0.64
	养殖散户	23	21.68a	21.98	17.48	26.13	0.25
猪粪	规模化养殖	14	32.49a	32.05	24.90	39.00	0.45
	养殖园区	7	32.69a	32.43	29.20	40.20	0.38
	养殖散户	18	30.40a	28.30	14.30	48.40	0.88

注：LSD 差异性在蛋鸡粪、肉鸡粪、肉牛粪和羊粪和猪粪的规模化养殖、养殖园区和养殖散户之间，非参数独立样本 M-W 检验在奶牛粪的规模化养殖和养殖散户之间，不同字母表示差异性，$P<0.05$，下同。

（三）畜禽粪便全氮含量地区分布特征

不同地区的经济发展水平、饲养习惯等存在明显不同，饲料可能也有差异，因此，不同地区的畜禽粪便的养分可能也不相同。由此，本研究对本区 5 个市六大类畜禽粪便中的含氮量差异进行了分析（表 2-8）。

银川市和吴忠市蛋鸡粪全氮含量显著高于石嘴山市，高出 71.93%，但相比银川市和吴忠市，石嘴山市蛋鸡粪的全氮含量更为稳定，全区蛋鸡粪全氮含量呈现中部高，南北较低的趋势；全区各市间肉鸡粪全氮含量接近，无显著差异；石嘴山市的奶牛粪全氮含量显著低于银川市、吴忠市和中卫市；全区肉牛粪、羊粪和猪粪全氮含量均无显著差异，样本间也比较稳定。若不考虑畜禽种类，全区粪便全氮含量无明显差异，比较均衡。

表 2-8　不同地区畜禽粪便全氮含量　（g/kg）

粪便类型	市名称	样本数（个）	平均值	中位值	最小值	最大值	标准差
蛋鸡粪	石嘴山市	3	25.97b	27.20	22.60	28.10	0.30
	银川市	6	43.97a	44.60	24.10	57.50	1.26
	吴忠市	2	44.65a	44.65	32.90	56.40	1.66
	中卫市	9	34.94ab	32.00	27.10	50.80	0.73
	固原市	9	31.18ab	28.00	24.10	46.50	0.74

（续表）

粪便类型	市名称	样本数（个）	平均值	中位值	最小值	最大值	标准差
肉鸡粪	石嘴山市	9	43.00a	43.00	31.80	60.90	0.89
	银川市	7	44.47a	46.10	19.50	65.90	1.39
	吴忠市	5	30.58a	32.30	15.20	40.40	0.93
	中卫市	7	44.57a	40.50	23.80	63.10	1.36
	固原市	3	35.67a	37.90	26.40	42.70	0.84
奶牛粪	石嘴山市	3	12.70b	15.90	6.00	16.20	0.58
	银川市	5	20.12a	19.70	18.50	22.20	0.15
	吴忠市	9	21.72a	22.40	14.60	26.00	0.38
	中卫市	6	20.43a	20.60	19.00	21.70	0.11
肉牛粪	石嘴山市	7	19.49a	20.00	10.30	25.80	0.54
	银川市	14	19.23a	20.10	8.90	31.10	0.56
	吴忠市	7	18.06a	18.00	13.90	21.50	0.25
	中卫市	9	18.30a	17.70	14.40	26.50	0.36
	固原市	9	18.21a	17.10	12.50	26.30	0.41
羊粪	石嘴山市	11	22.14a	22.20	12.60	33.10	0.58
	银川市	9	21.81a	21.20	15.50	27.60	0.34
	吴忠市	9	20.97a	21.30	15.50	24.60	0.27
	中卫市	10	23.16a	21.95	15.30	33.50	0.50
	固原市	6	21.15a	19.40	18.90	26.80	0.32
猪粪	石嘴山市	4	30.18a	29.35	22.00	40.00	0.78
	银川市	10	32.09a	32.05	14.30	47.90	0.84
	吴忠市	9	33.19a	31.70	21.40	48.40	0.87
	中卫市	9	31.20a	29.80	25.90	39.00	0.40
	固原市	6	29.58a	29.05	24.70	37.40	0.48
全部畜禽	石嘴山市	37	27.12a	24.70	6.00	60.90	1.18
	银川市	51	28.67a	24.10	8.90	65.90	1.30
	吴忠市	41	25.65a	22.50	13.90	56.40	0.94
	中卫市	50	28.52a	26.65	14.40	63.10	1.09
	固原市	32	25.56a	25.15	12.50	46.50	0.81

注：Duncan's 差异性在同一粪便类型不同市间进行，不同字母表示差异性显著，$P<0.05$，下同。

三、畜禽粪便全磷含量与分布情况

（一）畜禽粪便全磷含量及其分布频度

表2-9为畜禽粪便全磷含量状况统计一览表。畜禽粪便全磷含量平均值为20.73g/kg，含量范围介于3.74~59.35g/kg。不同畜禽种类之间全磷含量差异显著，羊粪变异系数最大，鸡粪最小；蛋鸡粪全磷含量显著高于肉鸡粪，变异系数比肉鸡粪小；奶牛粪全磷含量显著高于肉牛粪，全区各类畜禽粪便平均磷含量大小依次为：猪>蛋

鸡>肉鸡>羊>奶牛>肉牛。

表 2-9　宁夏各畜禽鲜粪全磷含量统计 　　　　　　　　　(g/kg)

粪便类型	样本数（个）	平均值	中位值	最小值	最大值	标准差	变异系数
粪便	211	20.73	17.44	3.74	59.35	11.50	0.56
鸡粪	59	28.44b	29.45	10.09	41.45	7.04	0.25
猪粪	38	33.90a	36.39	3.74	39.33	10.22	0.30
牛粪	69	11.06d	10.46	4.63	24.90	3.88	0.35
羊粪	45	14.33c	13.67	7.16	36.28	6.12	0.43
蛋鸡粪	29	31.31A	31.43	20.24	40.88	5.27	0.17
肉鸡粪	30	25.67B	24.81	10.09	41.45	7.48	0.29
奶牛粪	23	13.49I	13.02	5.56	24.90	4.40	0.33
肉牛粪	46	9.84Ⅱ	9.33	4.63	16.95	2.96	0.30

由图2-9畜禽粪便全磷含量频率分布看出，畜禽粪便全磷含量分布相对较平均，主要分布在0~40g/kg，约占样品总数的95.74%，其中0~10g/kg占样本数的21.80%，10~20g/kg占总样本数的32.70%，20~30g/kg占总样本数的19.91%，30~40g/kg占总样本数的21.33%。不同畜禽种类粪便样本全磷含量频度分布差异比较大，仅猪粪与总体样本分布状况基本一致，在各个含量区间均有分布，20~30g/kg占23.08%、30~40g/kg占48.72%、40~50g/kg占17.95%。鸡粪全磷含量主要介于10~40g/kg，其中10~20g/kg样本数的比例分别为蛋鸡粪0%、肉鸡粪20.00%，20~30g/kg样本数的比例分别为蛋鸡粪的41.38%、肉鸡粪的46.67%，30~40g/kg样本数的比例分别为蛋鸡粪的

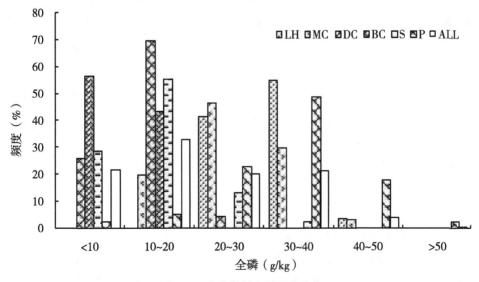

图 2-9　畜禽粪便全磷频度分布

55.17%，肉鸡粪的30.00%；奶牛粪、肉牛粪和羊粪全磷含量主要介于0~30g/kg，其中0~10g/kg样本数的比例分别为奶牛粪的26.09%、肉牛粪的56.52%和羊粪的28.89%，10~20g/kg样本数的比例分别为奶牛粪的69.57%、肉牛粪的43.48%和羊粪的55.56%，奶牛粪和羊粪较低含量的样本所占比例偏低，肉牛粪较低含量的样本所占比例偏高。

（二）养殖规模对畜禽粪便全磷含量的影响

各养殖规模下蛋鸡粪、肉鸡粪、奶牛粪、肉牛粪、羊粪和猪粪全磷含量均无显著差异，说明畜禽粪便中的全磷含量受养殖规模的影响较小，其中蛋鸡粪、肉鸡粪、奶牛粪的全磷含量在不同规模下均呈现规模化养殖>养殖园区>养殖散户，肉牛粪和羊粪的全磷含量呈现养殖园区>规模化养殖>养殖散户（表2-10）。

表2-10 不同养殖规模畜禽鲜粪全磷含量　　　　　　　　　（g/kg）

粪便类型	养殖规模	样本数（个）	平均值	中位值	最小值	最大值	标准差
蛋鸡粪	规模化养殖	9	32.87a	31.35	25.57	40.88	0.51
	养殖园区	10	31.94a	33.40	21.36	36.32	0.46
	养殖散户	10	29.27a	28.00	20.24	38.31	0.59
肉鸡粪	规模化养殖	4	29.16a	27.55	20.14	41.45	0.94
	养殖园区	13	26.14a	27.50	14.79	38.01	0.71
	养殖散户	14	25.06a	23.20	10.09	37.87	0.80
奶牛粪	规模化养殖	15	13.97a	13.10	5.56	24.90	0.47
	养殖散户	8	12.58a	11.45	6.95	18.54	0.40
肉牛粪	规模化养殖	18	9.88a	9.00	4.63	14.92	0.29
	养殖园区	10	10.08a	8.95	6.36	16.95	0.33
	养殖散户	18	9.68a	8.90	5.63	16.21	0.30
羊粪	规模化养殖	15	15.61a	15.49	8.80	28.46	0.52
	养殖园区	7	16.44a	13.08	7.22	36.28	1.05
	养殖散户	23	12.85a	11.12	7.16	24.30	0.48
猪粪	规模化养殖	14	36.03a	38.17	17.80	47.60	0.81
	养殖园区	7	31.79a	35.90	12.00	49.70	1.20
	养殖散户	18	33.41a	35.72	3.70	59.40	1.11

（三）畜禽粪便全磷含量地区分布特征

吴忠市蛋鸡粪全磷含量显著高于银川市，可能受样本量的影响，相比吴忠市和银川市，石嘴山市、中卫市和固原市的蛋鸡粪全磷含量差异不明显；肉鸡粪、奶牛粪、肉牛粪、羊粪和猪粪全磷含量在全区不同市间均无显著差异（表2-11）。

表 2-11　不同地区畜禽粪便全磷含量　　　　　　　　　　　　　　（g/kg）

粪便类型	市名称	样本数（个）	平均值	中位值	最小值	最大值	标准差
蛋鸡粪	石嘴山市	3	31.93ab	31.40	28.10	36.30	0.41
	银川市	6	26.82b	24.55	20.20	36.80	0.68
	吴忠市	2	35.40a	35.40	29.90	40.90	0.78
	中卫市	9	32.60ab	33.40	24.80	39.00	0.48
	固原市	9	31.87ab	30.70	26.10	35.90	0.35
肉鸡粪	石嘴山市	9	26.44a	25.60	16.60	41.50	0.73
	银川市	7	24.83a	23.20	15.20	33.60	0.70
	吴忠市	5	23.22a	26.90	10.10	33.30	1.02
	中卫市	7	26.03a	24.00	16.60	38.00	0.68
	固原市	3	32.40a	37.40	21.90	37.90	0.91
奶牛粪	石嘴山市	3	10.50a	12.70	5.60	13.20	0.43
	银川市	5	12.20a	11.30	8.80	17.90	0.35
	吴忠市	9	13.83a	14.40	6.90	24.90	0.52
	中卫市	6	15.53a	15.70	11.00	19.80	0.36
肉牛粪	石嘴山市	7	10.91a	11.40	7.60	14.90	0.29
	银川市	14	10.38a	10.30	4.60	16.20	0.34
	吴忠市	7	9.26a	9.60	5.90	12.10	0.22
	中卫市	9	9.44a	8.00	6.80	16.90	0.35
	固原市	9	9.02a	8.30	6.20	13.30	0.25
羊粪	石嘴山市	11	14.81a	15.00	8.10	24.30	0.55
	银川市	9	14.83a	14.50	7.20	28.50	0.62
	吴忠市	9	12.27a	9.60	8.00	23.70	0.56
	中卫市	10	17.04a	14.40	10.80	36.30	0.75
	固原市	6	11.27a	9.60	7.20	18.70	0.46
猪粪	石嘴山市	4	32.50a	34.25	23.20	38.30	0.65
	银川市	10	36.67a	38.25	12.00	59.40	1.35
	吴忠市	9	30.86a	29.40	17.80	40.60	0.92
	中卫市	9	36.14a	37.00	29.90	39.20	0.31
	固原市	6	31.42a	35.70	3.70	47.60	1.48
全部畜禽	石嘴山市	37	19.85a	16.60	5.60	41.50	0.99
	银川市	51	20.42a	16.30	4.60	59.40	1.24
	吴忠市	41	18.64a	14.80	5.90	40.90	1.10
	中卫市	50	22.99a	21.75	6.80	39.20	1.11
	固原市	32	21.37a	20.30	3.70	47.60	1.30

四、畜禽粪便全钾含量与分布情况

（一）畜禽粪便全钾含量及其分布频度

由表 2-12 畜禽粪便全钾含量统计结果看出，畜禽粪便全钾含量的平均值为 16.13g/kg，含量范围为 3.79~37.86g/kg。不同畜禽种类之间差异显著，鸡粪全钾含量最高，羊粪最低，牛粪变异系数最大；蛋鸡粪全钾含量显著高于肉鸡粪，肉鸡粪变异系数较大；肉牛粪全钾含量显著高于奶牛粪。全区各类畜禽粪便平均钾素含量大小依次为：蛋鸡>肉鸡>猪>肉牛>奶牛>羊。

表 2-12　全区畜禽粪便全钾含量统计　　　　　　　　　　（g/kg）

粪便类型	样本数（个）	平均值	中位值	最小值	最大值	标准差	变异系数
粪便	211	16.13	14.82	3.79	37.86	9.05	0.56
鸡粪	59	25.86a	26.24	10.59	37.86	6.16	0.24
猪粪	38	17.95b	17.52	7.47	35.41	5.65	0.31
牛粪	69	12.28c	10.80	3.79	35.82	6.92	0.56
羊粪	45	7.72d	6.68	4.15	28.29	3.87	0.50
蛋鸡粪	29	28.23A	28.28	18.69	37.86	5.00	0.18
肉鸡粪	30	23.57B	22.86	10.59	37.28	6.38	0.27
奶牛粪	23	9.31Ⅱ	8.20	4.48	16.89	3.97	0.43
肉牛粪	46	13.77Ⅰ	13.22	3.79	35.82	7.61	0.55

由图 2-10 畜禽粪便全钾含量频率分布图看出，畜禽粪便全钾含量主要分布在 5~30g/kg，约占样品总数的 95.26%，除在 5~10g/kg 区间的占比较大外，其他各个含量区间分布相对较平均。不同畜禽种类之间，除肉牛粪全钾含量与全体样本分布特征基本一致外，其他种类差异较大，鸡粪全钾含量主要分布在 15g/kg 以上，其中蛋鸡粪全钾含量有 82.75% 的样本大于 25g/kg，肉鸡粪全钾含量主要集中在 15~30g/kg，样本数占比 76.66%；奶牛粪与羊粪全钾含量主要分布在 5~15g/kg，样本数分别占比 73.91% 和 88.89%；猪粪全钾含量主要分布在 10~30g/kg，占样本数为 89.75%，其中 15~20g/kg 占比为 46.15%。奶牛粪、肉牛粪和羊粪全钾较低含量的样本所占比例偏高，蛋鸡粪、肉鸡粪和猪粪较高含量的样本所占比例偏高。

（二）养殖规模对畜禽粪便全钾含量的影响

表 2-13 为不同养殖规模畜禽鲜粪全钾含量，除奶牛粪外，蛋鸡粪、肉鸡粪、肉牛粪、羊粪和猪粪全钾含量在各养殖规模间均无显著差异，养殖散户的奶牛粪全钾含量比规模化养殖的高出 3.55g/kg，约高 51.45%，饲料中的钾元素一般来源于植物性饲料，这可能说明养殖散户的奶牛进食的饲草料比规模化养殖的奶牛高。

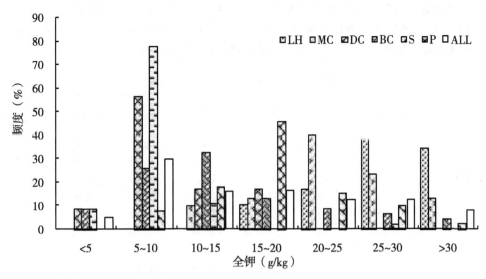

图 2-10　畜禽粪便氧化钾频度分布

表 2-13　不同养殖规模畜禽鲜粪全钾含量　　　　　　　　　　　　　（g/kg）

粪便类型	养殖规模	样本数（个）	平均值	中位值	最小值	最大值	标准差
蛋鸡粪	规模化养殖	9	28.00a	28.13	19.49	37.23	0.56
	养殖园区	10	26.70a	27.70	19.99	33.81	0.44
	养殖散户	10	28.70a	28.85	18.69	37.86	0.54
肉鸡粪	规模化养殖	4	27.10a	25.86	19.52	29.81	0.44
	养殖园区	13	23.40a	24.76	13.94	37.28	0.69
	养殖散户	14	20.95a	22.39	10.59	34.22	0.66
奶牛粪	规模化养殖	15	6.90b	7.96	4.48	15.75	0.35
	养殖散户	8	10.45a	11.82	7.14	16.89	0.37
肉牛粪	规模化养殖	18	11.40a	13.36	3.79	35.82	0.91
	养殖园区	10	13.20a	11.99	4.49	16.67	0.37
	养殖散户	18	14.25a	15.17	4.88	32.12	0.77
羊粪	规模化养殖	15	7.06a	8.98	4.15	28.29	0.58
	养殖园区	7	6.88a	8.10	4.24	13.81	0.40
	养殖散户	23	6.41a	6.79	4.53	10.44	0.15
猪粪	规模化养殖	14	17.22a	17.97	11.20	27.10	0.45
	养殖园区	7	17.03a	18.80	9.50	35.40	0.83
	养殖散户	18	18.59a	17.78	7.50	25.40	0.55

（三）畜禽粪便全钾含量地区分布特征

从表 2-14 可以看出，畜禽粪便中全钾含量在各市间差异比较显著。中卫市蛋鸡粪全钾含量显著高于其他四市，比石嘴山市高了 35.58%；固原市肉鸡粪全钾含量显著高于吴忠市 8.97g/kg，高了 50.79%，但固原市样本间的稳定性比其他市的弱；各市间奶牛粪、肉牛粪和猪粪全钾含量无显著差异；固原市的羊粪显著高于其他四市，比吴忠市高了73.11%；各地区间粪便全钾含量差异比较显著，其中固原市显著高于吴忠市，结合各畜禽粪便全钾含量的差异，这可能受肉鸡粪和羊粪的影响。

表2-14　不同地区畜禽粪便全钾含量　　　　　　　　　（g/kg）

粪便类型	市名称	样本数（个）	平均值	中位值	最小值	最大值	标准差
蛋鸡粪	石嘴山市	3	24.73b	24.80	23.90	25.50	0.08
	银川市	6	25.28b	25.05	20.00	31.30	0.41
	吴忠市	2	26.55b	26.55	26.30	26.80	0.04
	中卫市	9	33.53a	33.80	29.20	37.90	0.29
	固原市	9	26.46b	27.90	18.70	31.30	0.46
肉鸡粪	石嘴山市	9	25.96ab	26.60	19.20	37.30	0.52
	银川市	7	23.89ab	22.90	12.90	34.80	0.72
	吴忠市	5	17.66b	19.00	10.60	22.80	0.49
	中卫市	7	24.26ab	22.00	20.00	31.40	0.47
	固原市	3	26.63a	31.80	13.90	34.20	1.11
奶牛粪	石嘴山市	3	10.47a	8.60	7.40	15.40	0.43
	银川市	5	10.44a	9.80	6.40	16.50	0.39
	吴忠市	9	7.66a	7.10	4.50	14.10	0.32
	中卫市	6	10.23a	8.90	5.10	16.90	0.51
肉牛粪	石嘴山市	7	16.23a	15.90	5.20	32.10	0.85
	银川市	14	12.05a	12.40	4.50	21.90	0.44
	吴忠市	7	9.80a	8.20	3.80	21.70	0.68
	中卫市	9	13.82a	9.40	4.40	35.80	1.05
	固原市	9	17.53a	17.40	6.20	29.20	0.74
羊粪	石嘴山市	11	7.18b	6.40	4.50	12.00	0.22
	银川市	9	7.11b	6.60	4.20	13.80	0.28
	吴忠市	9	6.47b	5.90	4.60	8.20	0.13
	中卫市	10	7.92ab	7.70	4.10	13.40	0.29
	固原市	6	11.20a	7.90	6.30	28.30	0.85
猪粪	石嘴山市	4	18.08a	17.75	15.00	21.80	0.34
	银川市	10	16.32a	17.45	7.50	22.20	0.49
	吴忠市	9	17.43a	16.80	7.60	35.40	0.76
	中卫市	9	20.47a	22.00	11.70	27.10	0.56
	固原市	6	17.53a	17.20	9.50	25.40	0.51
全部畜禽	石嘴山市	37	16.33ab	15.50	4.50	37.30	0.89
	银川市	51	15.04bc	13.50	4.20	34.80	0.77
	吴忠市	41	12.05c	8.30	3.80	35.40	0.75
	中卫市	50	18.42ab	16.35	4.10	37.90	1.07
	固原市	32	19.26a	19.00	6.20	34.20	0.85

五、小结

一是宁夏全区各畜禽种类之间粪便的养分含量差异显著。

畜禽粪便全氮含量的平均值为 27.30g/kg，变化范围介于 6.05~65.88g/kg，主要分布在 10~40g/kg，约占样品总数的 85.30%，全区各类畜禽鲜粪的全氮平均含量大小依次为：肉鸡粪>蛋鸡粪>猪粪>羊粪>奶牛粪>肉牛粪。

畜禽粪便全磷含量平均值为 20.73g/kg，含量范围介于 3.74~59.35g/kg。分布相对较平均，主要分布在 0~40g/kg，约占样品总数的 95.74%，全区各类畜禽粪便平均磷素含量大小依次为：猪粪>蛋鸡粪>肉鸡粪>羊粪>奶牛粪>肉牛粪。

畜禽粪便全钾含量的平均值为 16.13g/kg，含量范围为 3.79~37.86g/kg，主要分布在 5~30g/kg，约占样品总数的 95.26%，除在 5~10g/kg 区间的占比较大外，其他各个含量区间分布相对较平均。全区各类畜禽粪便平均钾素含量大小依次为：蛋鸡粪>肉鸡粪>猪粪>肉牛粪>奶牛粪>羊粪。

二是同一畜禽种类在不同养殖规模下其粪便的养分含量比较均衡。

大部分畜禽粪便的养分含量呈现规模化养殖>养殖园区>养殖散户，但散户养殖的奶牛粪和肉牛粪的钾含量比规模化养殖的略高；经两两独立样本 M-W 非参数检验，不同养殖规模之间畜禽粪便养分含量差异均不显著。

三是同一畜禽种类在不同地区其粪便的养分含量稍有不同。

粪便养分含量地区之间的差异可能同时受样本数和养殖规模的影响，分布特征不太明显，但蛋鸡粪、奶牛粪和猪粪在全区大体呈现中部高，南北低的趋势；肉鸡粪、肉牛粪、羊粪的分布特征与之相反；经多个独立样本检验，除蛋鸡粪外，其他畜禽粪便的养分含量在不同地区间没有显著差异。

综上所述，对于畜禽粪便中每种养分的含量，种类间的差异最为显著，养殖规模和地区间的含量较为均衡。造成不同畜禽种类粪便中养分含量差异的主要原因可能是饲料添加剂的差异以及动物代谢过程与生理的差异。

第三节　宁夏畜禽养殖粪便重金属残留特征与评价

一、重金属污染评价标准及方法

（一）各类畜禽粪便污染风险评价

粪便中 As、Cd、Cr、Pb 和 Hg 参照《有机肥料》（NY 525—2012）进行评价，Cu、Zn 采用德国未腐熟有机肥中重金属限量标准（表 2-15）（李书田等，2006）。

表 2-15　粪便重金属判定标准与限量值　　　　　　　　　（mg/kg）

项目	限量值	参考标准
总 As（以烘干基计）	≤15	《有机肥料》（NY 525—2012）
总 Cr（以烘干基计）	≤150	《有机肥料》（NY 525—2012）
总 Pb（以烘干基计）	≤50	《有机肥料》（NY 525—2012）
总 Hg（以烘干基计）	≤2	《有机肥料》（NY 525—2012）
总 Cd（以烘干基计）	≤3	《有机肥料》（NY 525—2012）
Cu	≤100	德国标准
Zn	≤400	德国标准

（二）猪粪农用潜在重金属污染风险评价

2017 年宁夏养猪场猪粪产生量的估算采用国家环保部推荐的方法（阎波杰等，2010）进行，该方法已被张绪美等（2007）成功用于我国畜禽养殖业粪便量的估算研究。宁夏全区猪粪产量参考本章第一节的方法，粪便中重金属总含量（重金属含量以干基计）、重金属耕地负荷及猪粪安全使用年限估算（Li Y 等，2010）为：

$$M = QW \tag{2-5}$$
$$L = CM \times 10^{-6}/A \tag{2-6}$$
$$T = [(C_k - C_{ok})m \times 10^{-6}]/(PL) \tag{2-7}$$

式中，

M 为猪粪中重金属总含量，t；

Q 为猪粪年排泄总量，万 t；

W 为猪粪中重金属含量，mg/kg；

C 为地区猪粪中某种重金属含量，mg/kg；

M 为地区当年的猪粪产量，kg；

A 为地区农田面积，为宁夏 2014—2016 年耕地面积平均值（宁夏回族自治区统计局，2017），hm²；

T 为地区农田土壤某种重金属含量达到国家土壤质量二级标准所用时间，a；

C_k 为国家土壤质量二级标准规定某种重金属含量（土壤环境质量标准，2008），mg/kg；

C_{ok} 为农田某种重金属含量背景值（魏复盛等，1990），mg/kg；

m 为农田表层 0~20cm 土壤质量，2.3×10⁶kg/hm²；

P 为农田猪粪输入系数，取 1；

L 为每年进入该地区农田土壤的某种重金属量，kg/（hm²·a）。

二、畜禽粪便中重金属残留概况

（一）畜禽粪便中 Pb、Cd、Cr、Cu、Zn、Hg、As 残留量

全区进行重金属含量检测的新鲜粪便样品总计 53 个，包含蛋鸡等 6 种畜禽的粪便，

检测结果如表 2-16，畜禽粪便中 Cr、Cu、Zn 残留量较高，平均值>10mg/kg，其中 Zn 的平均含量为 186.81mg/kg，含量范围为 8.33~883.09mg/kg，Cu 的含量范围最大，在 4.09~947.26mg/kg，平均含量为 61.71mg/kg，Pb、Cd、Hg、As 残留量较低，平均值<5mg/kg。按照表 2-16 的限量标准，Cu 和 Zn 均超过标准，超标率为 11.32%。

表 2-16　宁夏全区畜禽粪便鲜粪重金属含量　　　　　　（mg/kg）

重金属	平均值	标准差	最小值	最大值	超标个数	超标率（%）
总 Pb	3.28	1.59	0.86	7.60	0	0
总 Cr	23.70	28.75	4.51	138.47	0	0
总 Cd	0.74	0.25	0.35	1.41	0	0
总 Cu	61.71	149.41	4.09	947.26	6	11.32
总 Zn	186.81	209.88	8.33	883.09	6	11.32
总 Hg	0.04	0.01	0.03	0.11	0	0
总 As	3.12	2.69	0.07	13.00	0	0

注：以表 2-15 的标准为准。

（二）畜禽粪便中 Pb、Cr、Cu、Zn、As 残留量频度分布

畜禽粪便中 Pb、Cr、Cu、Zn、As 的频度分布见图 2-11 至图 2-15。畜禽粪便中 Pb 的含量分布（图 2-11）主要集中在 2~4mg/kg，占比 49.06%，不同畜禽种类与整体分布规律类似，肉鸡粪、奶牛粪、肉牛粪、羊粪、猪粪在 2~4mg/kg 区间的分别占 60%、50%、58.33%、46.15%、40%；除肉鸡粪外，奶牛粪、肉牛粪、羊粪、猪粪在 0~2mg/kg 和 4~6mg/kg 区间的占比均在 20% 左右；蛋鸡粪 Pb 含量基本都>6mg/kg，占比 66.67%，在 2~4mg/kg 区间的占比 33.33%。

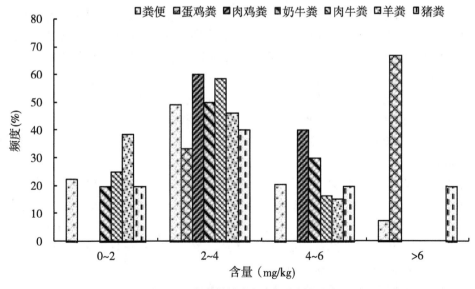

图 2-11　畜禽粪便中 Pb 含量频度分布

畜禽粪便中 Cr 含量分布（图 2-12），<100mg/kg 占 96.23%，主要分布在 5~100mg/kg，各畜禽种类粪便分布规律与此相似，蛋鸡粪、肉鸡粪、奶牛粪、肉牛粪、羊粪、猪粪中在 5~10mg/kg 的占比分别为 33.33%、60%、40%、16%、30.77%、70%，在 10~55mg/kg 的占比分别为 66.67%、20%、50%、66.67%、53.85%、30%，粪便中 Pb 含量>100mg/kg 的是肉鸡粪和奶牛粪，分别占比 20% 和 10%。

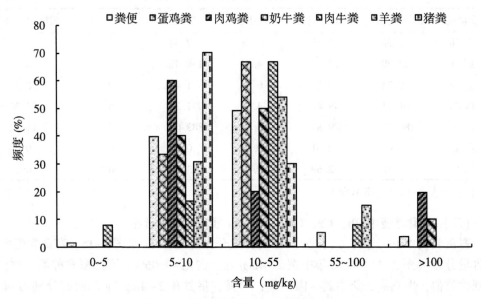

图 2-12　畜禽粪便中 Cr 含量频度分布

畜禽粪便中 Cu 的含量分布见图 2-13，<100mg/kg 占比 88.68%，主要分布在 0~50mg/kg，除猪粪外，蛋鸡粪。肉鸡粪、奶牛粪、肉牛粪、羊粪中 Cu 含量在 0~25mg/kg 的占比分别为 33.33%、40%、50%、83.33%、92.31%，在 25~50mg/kg 的占比分别为 66.67%、40%、20%、16.67%、7.69%。猪粪中 Cu 含量>100mg/kg 占比为 50%，其中 0~100mg/kg 和 100~500mg/kg 的占比均为 30%，有 20% 的样品占比>500mg/kg。

畜禽粪便中 Zn 的含量分布比较平均（图 2-14）。各畜禽种类粪便差异明显，奶牛粪 Zn 含量与总体规律相似，蛋鸡粪、肉鸡粪、奶牛粪、猪粪的 Zn 含量>100mg/kg 的样本占比分别为 100%、60%、50%、100%，肉牛粪和羊粪的 Zn 含量主要集中在 25~50mg/kg 和 50~100mg/kg，肉牛粪分别占比 33.33% 和 41.67%，羊粪分别占比 53.85% 和 38.46%。

畜禽粪便中 As 的含量分布见图 2-15，<5mg/kg 占 83.02%，>10mg/kg 的样本是羊粪，占全部样本的 1.89%，各畜禽粪便 As 含量分布基本与总体分布一致，蛋鸡粪、肉鸡粪、奶牛粪、肉牛粪、羊粪、和猪粪 As 含量在 0~2mg/kg 区间的占比分别为 66.67%、60%、50%、33.33%、38.46%、50%，在 2~5mg/kg 区间的占比分别为 0%、40%、20%、58.33%、46.15%、30%。

（三）不同养殖动物粪便中的重金属含量分析

为了进一步研究不同种类畜禽粪便重金属残留差异，表 2-17 列出了宁夏地区不同

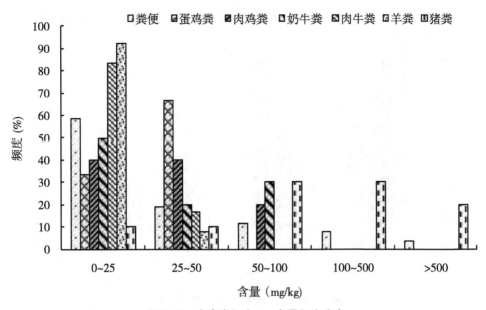

图 2-13 畜禽粪便中 Cu 含量频度分布

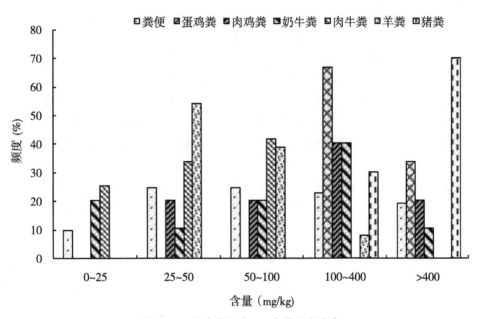

图 2-14 畜禽粪便中 Zn 含量频度分布

畜禽种类粪便中重金属的残留量状况。不同畜禽种类的粪便之间，Cu、Zn 的残留量均表现为猪粪>鸡粪、牛粪、羊粪，且差异均达到显著水平（$P<0.05$），Pb 的残留量鸡粪、猪粪显著高于牛粪和羊粪，Hg 的残留量羊粪显著高于鸡粪、牛粪和猪粪，Cd 的残留量鸡粪显著高于牛粪、羊粪和猪粪，其他重金属元素在不同种类畜禽粪便之间统计检验差异不显著。蛋鸡粪和肉鸡粪之间仅 Cd 的残留量有显著差异，奶牛粪和肉牛粪之间

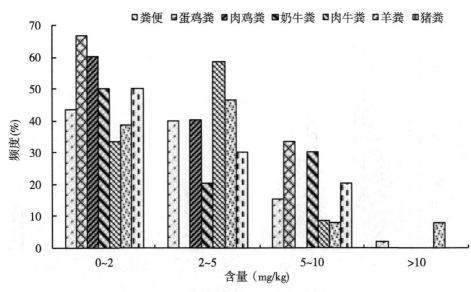

图 2-15　畜禽粪便中 As 含量频度分布

各重金属残留量差异不显著。

　　按我国《有机肥料》（NY 525—2012）限量标准和德国未腐熟有机肥中重金属限量标准（表 2-15），宁夏各类鲜粪重金属含量超标情况如表 2-17 所示，仅 Cu 和 Zn 超标，对 Cu 来说，奶牛粪和猪粪超标，超标率分别为 10% 和 50%，其中奶牛粪和猪粪 Cu 含量的最大值分别超出标准的 5.97% 和 847.26%，另外，猪粪平均 Cu 含量超出标准的 24.92%。Zn 的超标率较为严重，蛋鸡、肉鸡、奶牛、猪的鲜粪 Zn 超标率分别为 33%、20%、10%、70%，其最大值分别超出标准的 30.93%、0.40%、27.43% 和 120.77%，其中，猪粪中 Zn 平均含量超出标准的 127.46%。根据《粪便还田技术规范》（GB/T 25246—2010）（pH>6.5）和《畜禽粪便安全使用准则》（NY/T 1334—2007）（pH>6.5），猪粪的 Cu 含量超标，超过水稻田施肥标准（≤300mg/kg）的样品有 20%，超过旱田施肥标准（≤600mg/kg）的样品有 10%。李林海等（李林海，2018）研究也发现猪粪的 Cu 和 Zn 超标严重，若直接还田，会对农田环境污染构成威胁。

表 2-17　宁夏各类畜禽粪便鲜粪（风干）重金属含量　　　　　　　　（mg/kg）

粪便类型（样本数）	重金属	平均值	标准差	最小值	最大值	超标个数	最大超标量
	Pb	5.45a	1.69	3.49	6.51	0	0
	Cr	16.47a	11.60	6.67	29.28	0	0
	Cd	1.16a	0.29	0.84	1.41	0	0
蛋鸡粪（3）	Cu	32.84a	15.15	17.62	47.93	0	0
	Zn	348.26a	157.33	219.74	523.71	1	123.71
	Hg	0.03a	0.01	0.03	0.04	0	0
	As	2.38a	3.29	0.10	6.15	0	0

（续表）

粪便类型 （样本数）	重金属	平均值	标准差	最小值	最大值	超标个数	最大超标量
肉鸡粪（5）	Pb	4.03a	1.02	2.98	5.44	0	0
	Cr	40.77a	56.60	6.93	138.47	0	0
	Cd	0.82b	0.23	0.62	1.18	0	0
	Cu	29.32a	19.58	7.40	55.83	0	0
	Zn	223.06a	152.96	36.78	401.61	1	1.61
	Hg	0.04a	0.01	0.03	0.05	0	0
	As	2.75a	1.36	1.48	4.48	0	0
奶牛粪（10）	Pb	3.04A	1.18	1.22	4.82	0	0
	Cr	27.49A	39.96	5.06	137.82	0	0
	Cd	0.65A	0.22	0.35	0.98	0	0
	Cu	38.52A	37.27	4.09	105.97	1	5.97
	Zn	148.29A	151.74	8.33	509.70	1	109.7
	Hg	0.04A	0.00	0.03	0.04	0	0
	As	3.16A	2.80	0.16	7.67	0	0
肉牛粪（12）	Pb	2.88A	1.15	1.44	4.54	0	0
	Cr	25.53A	20.23	4.51	79.65	0	0
	Cd	0.65A	0.21	0.39	1.15	0	0
	Cu	15.06A	8.32	5.17	31.67	0	0
	Zn	45.54A	23.10	14.76	92.88	0	0
	Hg	0.04A	0.01	0.03	0.06	0	0
	As	2.86A	2.30	0.07	8.57	0	0
羊粪（13）	Pb	2.48 II	1.29	0.86	5.73	0	0
	Cr	25.56I	24.03	6.19	90.12	0	0
	Cd	0.76 II	0.24	0.47	1.31	0	0
	Cu	14.23 II	5.85	7.68	27.24	0	0
	Zn	54.97 II	28.61	26.71	122.15	0	0
	Hg	0.05I	0.03	0.03	0.11	0	0
	As	3.33I	3.34	0.53	13.00	0	0
猪粪（10）	Pb	4.03I	2.15	1.74	7.60	0	0
	Cr	8.90I	2.93	6.14	15.17	0	0
	Cd	0.74 II	0.22	0.40	1.07	0	0
	Cu	227.46I	298.50	23.55	947.26	5	847.26
	Zn	499.68I	205.65	151.99	883.09	7	483.09
	Hg	0.04 II	0.01	0.03	0.05	0	0
	As	3.51I	2.94	0.10	8.43	0	0

（续表）

粪便类型（样本数）	重金属	平均值	标准差	最小值	最大值	超标个数	最大超标量
鸡粪（8）	Pb	4.56Ⅰ	1.40	2.98	6.51	0	0
	Cr	31.66Ⅰ	45.03	6.67	138.47	0	0
	Cd	0.95Ⅰ	0.29	0.62	1.41	0	0
	Cu	30.64Ⅱ	16.97	7.40	55.83	0	0
	Zn	270.01Ⅱ	156.97	36.78	523.71	2	123.71
	Hg	0.03Ⅱ	0.01	0.03	0.05	0	0
	As	2.61	2.05	0.10	6.15	0	0
牛粪（22）	Pb	2.96Ⅱ	1.14	1.22	4.82	0	0
	Cr	26.42Ⅰ	29.99	4.51	137.82	0	0
	Cd	0.65Ⅱ	0.21	0.35	1.15	0	0
	Cu	25.72Ⅱ	27.83	4.09	105.97	1	5.97
	Zn	92.25Ⅱ	113.54	8.33	509.70	1	109.7
	Hg	0.04Ⅱ	0.01	0.03	0.06	0	0
	As	2.99Ⅰ	2.48	0.07	8.57	0	0

注：LSD 差异在蛋鸡粪和肉鸡粪之间，奶牛粪和肉牛粪之间，以及羊粪、猪粪、鸡粪、牛粪之间进行，相同字母或数字表示没有差异性，不同字母或罗马数字表示差异性显著，$P<0.05$。

（四）不同养殖规模粪便中重金属含量比较

据单英杰等（单英杰等，2012）研究发现，规模化养殖场产生的猪粪、鸡粪和牛粪 Cd 平均含量均高于相应农户家庭，而牛粪中的 Cd 含量明显低于其他畜禽粪便。因此，本研究对宁夏全区的不同养殖规模养殖的畜禽粪便进行分类统计（图 2-16），发现除总 Zn 外，养殖园区的其他重金属平均含量均比规模化养殖和养殖散户低，养殖园区的总 Zn 含量比养殖散户高出 42.16mg/kg，比规模化养殖的高出 75.99mg/kg，重金属

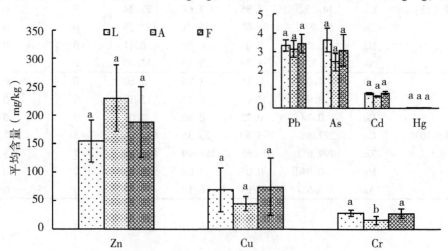

图 2-16 不同养殖规模粪便重金属含量（mg/kg）

注：L 为规模化养殖，A 为养殖园区，F 为养殖散户。

Pb、Cr、Cd、Hg 和 As 的规模化养殖和养殖散户的平均含量非常相近。经 M-W 检验，除 Cr 外，不同养殖规模间畜禽粪便中重金属的含量没有显著差异，散户养殖的粪便中重金属的含量与其他养殖规模的差异显著（$P < 0.05$）。

（五）重金属之间的相关性

从表 2-18 中可以看出 Cd 与 Pb 相关性比较强，Cu 和 Zn 的相关性达到 0.89，为高度相关（$P < 0.01$），Cu 和 Zn 与 As 负相关，N 素和 P 素与 Pb、Cr、Cd 和 As 均为负相关，与 Cu 和 Zn 正相关（$P < 0.01$），N 素与 P 素高度正相关，K 素与 Cu、Zn、N 素、P 素低度相关。

肉牛粪中，Cu 和 Zn 的相关性为 0.60（$P = 0.042$），猪粪中 Cu 和 Zn 的相关性为 0.67（$P = 0.033$），Cd 与 Cu 和 Zn 的相关性分别为 0.76（$P = 0.011$）和 0.87（$P = 0.001$）；羊粪中 Cu 和 Zn 的相关性为 0.58（$P = 0.024$）。

表 2-18　重金属之间及其养分的相关性

	Pb	Cr	Cd	Cu	Zn	Hg	As	N	P_2O_5	K_2O
Pb	1	0.296**	0.744**	-0.224*	-0.128	0.115	0.536**	-0.438**	-0.338**	0.086
Cr		1	0.290**	-0.254**	-0.271**	0.043	0.255**	-0.491**	-0.463**	-0.147
Cd			1	-0.256**	-0.102	0.142	0.523**	-0.413**	-0.301**	0.196*
Cu				1	0.893**	-0.03	-0.494**	0.704**	0.722**	0.359**
Zn					1	-0.112	-0.418**	0.745**	0.771**	0.479**
Hg						1	-0.031	-0.097	-0.08	0.108
As							1	-0.602**	-0.493**	-0.084
N								1	0.826**	0.452**
P_2O_5									1	0.475**
K_2O										1

注：** 在置信度（双侧）为 0.01 时，相关性是显著的。* 在置信度（双侧）为 0.05 时，相关性是显著的。

三、畜禽粪便中的重金属对厩土的污染

表 2-19 表明，厩土的 Cd、Pb 和 As 的平均含量比未污染土低，厩土的其他重金属含量均比圈外未污染土高，说明重金属在通过粪层，在水分等的作用下下渗，在土壤中有所累积。厩土里的总 Cr 含量比未污染土的高出 14.08mg/kg，增幅为 51.86%，其 Cu 和 Zn 含量比未污染土的略高。

表 2-19　宁夏全区畜禽养殖厩土及周边土壤重金属含量　　　　（mg/kg）

重金属	土样类型	平均值	标准误	最小值	最大值	个数
总 Cd	厩土	1.22	0.07	0.73	1.70	12
	未污染土	1.29	0.08	1.02	1.62	9

（续表）

重金属	土样类型	平均值	标准误	最小值	最大值	个数
总 Cr	厩土	41.23	8.70	1.34	103.12	12
	未污染土	27.15	2.74	13.44	37.46	9
总 Hg	厩土	0.04	0.00	0.03	0.09	12
	未污染土	0.04	0.00	0.03	0.07	9
总 Pb	厩土	7.69	0.74	4.00	11.64	12
	未污染土	8.97	0.56	6.96	11.65	9
总 As	厩土	8.90	0.85	4.35	14.65	12
	未污染土	10.50	0.90	6.47	14.13	9
总 Cu	厩土	5.48	1.02	0.65	13.96	12
	未污染土	3.98	0.71	1.59	9.10	9
总 Zn	厩土	25.95	3.48	5.75	41.14	12
	未污染土	23.73	2.32	14.23	35.04	9

四、猪粪 Cu 和 Zn 总量分布及安全使用年限

2017 年，宁夏全区猪粪重金属含量和安全使用年限如表 2-20 所示，从中可以看出，各地区粪便重金属含量与猪出栏数一致，但各地区间重金属含量差异较大，对猪粪 Cu 年产生量来说，中卫市>银川市>吴忠市>固原市>石嘴山市，中卫市猪粪 Cu 产生的量是石嘴山市的 4.86 倍。各县（区）之间，中宁县、沙坡头区、灵武市和青铜峡市的猪粪 Cu 产生量比较多，分别为 1.25 t、1.22 t、0.99 t 和 0.90 t。由于各县（区）的耕地面积差异，各县（区）的猪粪向农田输入的 Cu 含量与 Cu 产生量并不一致，全区猪粪向每公顷农田输入的 Cu 含量为 0.06kg，各市间属银川市最多，为 0.14kg；猪粪向每公顷农田输入量大的县（区）有灵武市、青铜峡市、中宁县和沙坡头区，分别为 0.41kg、0.23kg、0.19kg 和 0.17kg。对猪粪 Zn 年产生量来说，全区猪粪总计产生量为 17.64t，各市 Zn 产量的大小顺序和 Cu 产生量一致，各县（区）猪粪 Zn 产量大小依次为中宁县、沙坡头区、灵武市和青铜峡市，分别为 2.75 t、2.68 t、2.18 t 和 1.98 t。全区猪粪向每公顷农田输入的 Zn 含量为 0.31kg，猪粪向每公顷农田输入 Zn 量大的县（区）有灵武市、青铜峡市、中宁县和沙坡头区 0.91kg、0.51kg、0.41kg 和 0.37kg。

如果按 2017 年猪粪中 Cu 和 Zn 的含量每年向农田中施用猪粪，全区土壤 Cu 的含量超过国家二级标准（GB 15618—1995）需要 1 833 年，土壤 Zn 含量超过标准需要 3 469 年，这比薄录吉等（2018）研究的 Cu 12 684 年和 4 681 年用时少，这可能与样品调查的时间和样品的数量不同，相比之下，本实验样品量更大，可能更具科学性。相比同样作为干旱半干旱农业省份的陕西省（朱建春等，2013），宁夏全区猪粪的 Cu 和 Zn 安全年限较长。但实际农田土壤的重金属实际输入量可能要大于本研究结果，首先，本研究仅考察了猪粪，并未涉及其他牲畜如牛、羊、鸡鸭等养殖业的粪便；其次，潘寻等（2013）指出仔猪粪中 Cu 和 Zn 含量要高于种猪及育肥猪猪粪。由此可以预见，实际猪粪重金属排放量要远大于本研究估算值。

表 2-20 2017 年宁夏各地区猪粪 Cu 和 Zn 总量及安全使用年限

地区	猪出栏数（万头）	Cu 产生量（kg）	Zn 产生量（kg）	耕地面积（hm²）	重金属输入量（kg/hm²）		安全使用年限（年）	
					Cu	Zn	Cu	Zn
全区总计	113.75	80 321.93	176 449.75	1 293 243	0.06	0.14	1 833	3 469
银川市	27.78	19 616.20	43 092.52	141 016	0.14	0.31	818	1 549
银川市区	7.24	5 112.36	11 230.74	39 039	0.13	0.29	869	1 645
永宁县	2.79	1 970.09	4 327.87	34 740	0.06	0.12	2 008	3 800
贺兰县	3.71	2 619.73	5 754.98	43 286	0.06	0.13	1 881	3 560
灵武市	14.03	9 906.96	21 763.43	23 951	0.41	0.91	275	521
石嘴山市	7.75	5 472.48	12 021.85	90 308	0.06	0.13	1 879	3 556
大武口区	0.73	515.47	1 132.38	5 370	0.10	0.21	1 186	2 245
惠农区	1.37	967.39	2 125.15	22 199	0.04	0.10	2 613	4 944
平罗县	5.64	3 982.56	8 748.81	62 739	0.06	0.14	1 794	3 394
吴忠市	24.13	17 038.84	37 430.62	352 840	0.05	0.11	2 358	4 462
利通区	4.25	3 001.04	6 592.63	30 217	0.10	0.22	1 146	2 170
红寺堡区	1.31	925.03	2 032.08	40 743	0.02	0.05	5 015	9 490
盐池县	5.21	3 678.92	8 081.79	104 045	0.04	0.08	3 220	6 094
同心县	0.58	409.55	899.70	139 112	0.00	0.01	38 671	73 188
青铜峡市	12.78	9 024.30	19 824.42	38 723	0.23	0.51	489	925
固原市	16.41	11 587.54	25 455.30	406 845	0.03	0.06	3 997	7 565
原州区	6.91	4 879.34	10 718.84	103 266	0.05	0.10	2 410	4 560
西吉县	2.73	1 927.73	4 234.79	162 604	0.01	0.03	9 603	18 175
隆德县	3.28	2 316.10	5 087.96	39 986	0.06	0.13	1 966	3 720
泾源县	0.23	162.41	356.78	17 434	0.01	0.02	12 221	23 130
彭阳县	3.26	2 301.97	5 056.93	83 555	0.03	0.06	4 132	7 821
中卫市	37.67	26 599.80	58 433.95	302 234	0.09	0.19	1 294	2 448
沙坡头区	17.29	12 208.93	26 820.36	72 982	0.17	0.37	681	1 288
中宁县	17.76	12 540.81	27 549.43	67 283	0.19	0.41	611	1 156
海原县	2.63	1 857.11	4 079.67	161 970	0.01	0.03	9 930	18 792

五、小结

1. 畜禽粪便各重金属含量差异较大

畜禽粪便中 Cr、Cu、Zn 残留量较高，平均值均 >10mg/kg，畜禽粪便中 Pb、Cr、Cu、Zn、As 的含量分布分别主要集中在 2~4mg/kg、5~100mg/kg、0~50mg/kg、8.33~883.09mg/kg、<5mg/kg。

2. 不同畜禽粪便中重金属含量差异较大

不同畜禽粪便中 Cd 和 Hg 的含量差异较小，Cr、Pb 和 As 的差异较大，Cu 和 Zn 的差异最明显，Cu 和 Zn 的含量基本呈现猪粪>鸡粪和奶牛粪>肉牛粪和羊粪，这可能与饲料添加有关，猪粪中 Cu 的含量是羊粪的 15.98 倍，Zn 的含量是肉牛粪的 10.97 倍。

3. 不同养殖规模间粪便中重金属含量无显著差异

本研究发现除总 Zn 外，养殖园区的其他重金属平均含量均比规模化养殖和养殖散户低，养殖园区的总 Zn 含量比养殖散户高出 42.16mg/kg，比规模化养殖的高出 75.99mg/kg，重金属 Pb、Cr、Cd、Hg 和 As 的规模化养殖和养殖散户的平均含量非常相近。

4. 部分重金属的相关性较强

Cd 与 Pb 相关性为 0.74，Cu 和 Zn 的相关性为 0.89，为高度相关（$P<0.01$），Cu 和 Zn 与 As 负相关。

5. 畜禽粪便中的重金属对土壤会造成污染

厩土里的 Cr、Cu 和 Zn 的含量均比未污染土中的高，表明粪便中的重金属会通过粪层，在水分等的作用下下渗，在土壤中有所累积，若不加以重视，会对土壤及其周边环境造成污染。

6. 全区畜禽粪便重金属含量超标率较低

按我国《有机肥料》（NY 525—2012）限量标准和德国未腐熟有机肥中重金属限量标准，仅 Cu 和 Zn 超标，猪粪 Cu 超标最严重，超标率为 50%。Zn 的超标率比 Cu 严重，蛋鸡、肉鸡、奶牛、猪的鲜粪 Zn 超标率分别为 33%、20%、10%、70%。根据粪便还田技术规范（GB/T 25246—2010）（pH>6.5）和畜禽粪便安全使用准则（NY/T 1334—2007）（pH>6.5），猪粪的 Cu 含量超标，超过水稻田施肥标准（≤300mg/kg）的样品有 20%，超过旱田施肥标准（≤600mg/kg）的样品有 10%。

7. 猪粪 Cu 和 Zn 总量及安全使用年限

根据估算，2017 年全区猪粪 Cu 和 Zn 的产生量分别为 8.03t 和 17.64t。各县（区）间差异较大，中宁县、沙坡头区、灵武市和青铜峡市的猪粪 Cu 和 Zn 产生量较大。如果按 2017 年猪粪中 Cu 和 Zn 的含量每年向农田中施用猪粪，全区土壤 Cu 的含量超过国家二级标准（GB 15618—1995）需要 1 833 年，土壤 Zn 含量超过标准需要 3 469 年，相比其他省份较长，但实际的猪粪 Cu 和 Zn 安全使用年限可能比本实验的研究结果要长。

第四节　宁夏畜禽养殖粪便抗生素抗性基因残留特征与评价

一、ARGs 和 MGEs 的检出率

（一）畜禽鲜粪中 ARGs 和 MGEs 的检出率

采用高通量定量 PCR 检测了畜禽粪便中五大类共 28 种抗生素抗性基因（Antibiotic Resistance Genes，ARGs）。结果表明有 26 种 ARGs，包括 20 种 ARGs 和 6 种可移动因子

（Mobile genetic elements，MGEs）均有不同程度的检出，其中 aadA1、ermF、intl1 和 tetW 等的检出率在 90%以上，其他 ARGs 的检出率相对较小。

氨苄类的 aadA1 的检出率为 96.21%，而 aacC 的检出率仅为 4.74%；大环内酯类的 ermF 的检出率最高，为 96.21%，ermC 次之，为 76.30%，ermB 最少，仅有 2.37%的样品检出；MGEs 中，作用机制为质粒的 incP-oriT 检出率为 79.15%，incQ-oriT 的检出率稍低，为 28.44%；整合子 intl1 的检出率为 94.31%，intl2 未检出，intl3 的检出率为 10.43%，插入序列的检出率较高，分别为 89.57%和 89.10%。磺胺类的检出率非常小，仅 sul1 检出，为 0.95%。四环素类抗性基因检出率差异较大，tetA 的检出率最小，为 0.48%；tetPB 和 tetE 的检出率在 10%以内，tetD 和 tetL 的检出率分别为 24.64%和 24.67%；tetS 的检出率为 51.66%。其他抗性基因的检出率均在 75%以上，最高的 tetW 检出率为 95.26%。

检测到的抗性基因耐药机制主要有抗生素失活（6%）、细胞保护（83%）、外排泵（4%）和其他（7%），其中，其他耐药机制的有质粒（1%）、整合子（95%）和插入序列（4%）（图 2-17）。

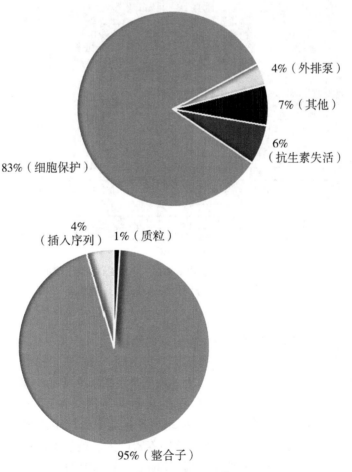

图 2-17 鲜粪中 ARGs 耐药机制

如图 2-18 所示，抗性基因在不同畜禽粪便中的检出率不尽相同。鸡粪中 incP-oriT 的检出率比其他粪便高；incQ-oriT 在肉鸡粪中的检出率最高，为 55.17%；奶牛粪和羊粪中的 intI1 的检出率比其他粪便略低；肉鸡粪 IS1111 的检出率最低。ermC 在猪粪的检出率最高。sul1 仅在羊粪中检出，检出率为 4.44%；tetB、tetC 和 tetD 在奶牛粪、肉牛粪和羊粪的检出率比猪粪和鸡粪低。奶牛粪的 tetG、tetM、tetO、tetW、tetZ 在检出率均低于其他粪便，而 tetS 的检出率高于其他粪便。tetE 在蛋鸡粪中的检出率比其他粪便稍高，在奶牛粪中未检出。猪粪中 tetL 的检出率高于其他粪便。

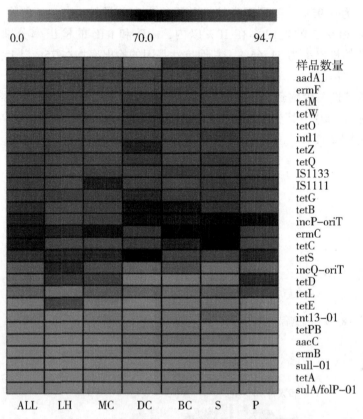

图 2-18 畜禽粪便中 ARGs 和 MGEs 的检出情况

注：ALL、LH、MC、DC、BC、S、P 分别代表所有粪便、蛋鸡粪、肉鸡粪、奶牛粪、肉牛粪、羊粪、猪粪。

（二）养殖规模对畜禽粪便 ARGs 检出率的影响

不同种类的 ARGs 在不同的动物养殖场分布不同。Mu 等（2015）研究了中国北方地区不同养殖场中四环素类、磺胺类、大环内酯类及质粒介导的喹诺酮类（PMQR）耐药基因的分布情况。结果发现，粪便中抗生素耐药基因总浓度由高到低依次为：鸡粪>猪粪>牛粪，这主要有两个原因：一是动物胃肠道中耐抗生素细菌和耐药基因的选择性进化（黄福义等，2014）；二是养鸡场饲养密度大、抗生素使用剂量相对较大，导致其粪便中抗生素和耐药基因残留水平高（Zhao L 等，2010）。

如图 2-19 所示，同一畜禽在不同养殖规模下其 ARGs 的检出率也有差异。从整体来看，散户养殖的蛋鸡鲜粪中 ARGs 的检出率比规模化养殖和养殖园区都高，而规模化养殖和养殖园区的大部分 ARGs 的检出率相当，少部分的检出率低于养殖园区，如intl3、tetD、tetE 和 tetS；不同养殖规模的肉鸡鲜粪中 ARGs 的检出率整体表现为规模化养殖和养殖园区相当，均略大于养殖散户；散户养殖奶牛粪 ARGs 的检出率大部分比规模化养殖高；肉牛鲜粪中 ARGs 的检出率与肉鸡粪中检出的规律相似；羊粪 ARGs 的检出率与养殖规模联系较小，各规模检出率相近；猪粪中 ARGs 的检出率整体表现规律也与肉鸡粪相似，但散户养殖的猪粪中 tetL 和 tet（PB）的检出率比其他养殖规模的高。从整体来讲，肉鸡粪、肉牛粪和猪粪的 ARGs 检出率的高低与养殖规模的大小呈正比。

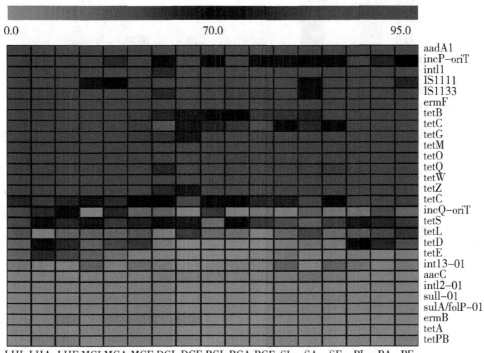

图 2-19　不同养殖规模各类畜禽粪便鲜粪 ARGs 检出率

注：LH、MC、DC、BC、S、P 分别代表蛋鸡粪、肉鸡粪、奶牛粪、肉牛粪、羊粪、猪粪；L、A、F 分别代表规模化养殖、养殖园区、养殖散户。例如：LHL 为规模化养殖的蛋鸡粪。

二、ARGs 和 MGEs 的相对丰度及其分布特征

（一）畜禽鲜粪中 ARGs 和 MGEs 的相对丰度

图 2-20 表明，ARGs 在不同畜禽粪便中的相对丰度明显不同，肉鸡粪 ARGs 相对丰度最大，其次是蛋鸡粪，肉鸡粪 ARGs 相对丰度是蛋鸡粪的 1.60 倍，高出 60%。奶牛粪、肉牛粪和羊粪的 ARGs 相对丰度相近，其中奶牛粪的相对丰度最低，肉鸡粪的相对丰度是其 4.98 倍。

tetW 和 tetM 在蛋鸡粪和肉鸡粪中的相对丰度大小相近，但在其他粪便中大小不一，tetW 在猪粪中检测到的相对丰度最大，这也是猪粪的 ARGs 丰度比牛粪和羊粪大的主要

原因，肉鸡粪中 ermC、ermF、intl1 和 tetZ 的相对丰度均比蛋鸡粪大，这也可能是肉鸡粪 ARGs 相对丰度比蛋鸡粪大的主要原因。

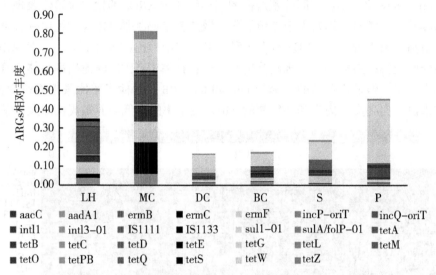

图 2-20　全区各畜禽粪便鲜粪 ARGs 相对丰度（见书后彩图）

图 2-21 表明每种畜禽粪便检测到的每类 ARGs 的相对丰度有明显不同，肉鸡粪中的抗性基因主要是四环素类和大环内酯类，蛋鸡粪、肉鸡粪、奶牛粪、肉牛粪、羊粪和猪粪中的主要是四环素类抗性基因。

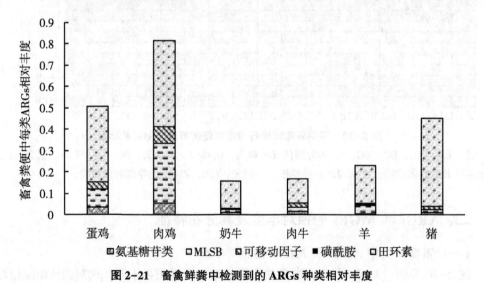

图 2-21　畜禽鲜粪中检测到的 ARGs 种类相对丰度

（二）不同养殖规模各类畜禽鲜粪中 ARGs 和 MGEs 的相对丰度

如图 2-22 所示，不同养殖规模的蛋鸡鲜粪主要有 16 种 ARGs 检出，其相对丰度总和大小顺序为养殖散户>养殖园区>规模化养殖。养殖散户 aadA1 和 intl1 的相对丰度>规模化养殖>养殖园区；养殖园区 ermC 的相对丰度最大，比规模化养殖和养殖散户都大了 1 个数量级；养殖散户 ermF 的相对丰度比其他养殖规模的高了 1 个数量级。肉鸡鲜粪有 18 种 ARGs 检出（图 2-23），相比蛋鸡粪，肉鸡粪还检出了 incQ-oriT 和 tetD；养殖园区的相对丰度总和>规模化养殖>养殖散户，主要是因为养殖园区 aadA1、ermC、ermF 和 tetW 的相对丰度比其他两种养殖规模大。规模化养殖和养殖园区肉鸡粪 ARGs 相对丰度之和均比蛋鸡粪高，但蛋鸡粪和肉鸡粪养殖散户的 ARGs 相对丰度之和相近。

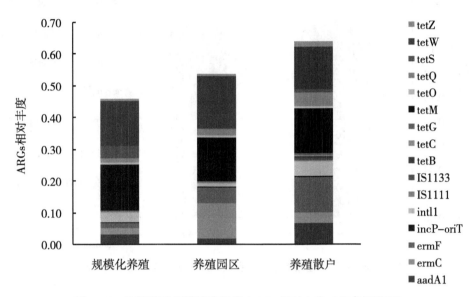

图 2-22　不同养殖规模蛋鸡鲜粪 ARGs 相对丰度（见书后彩图）

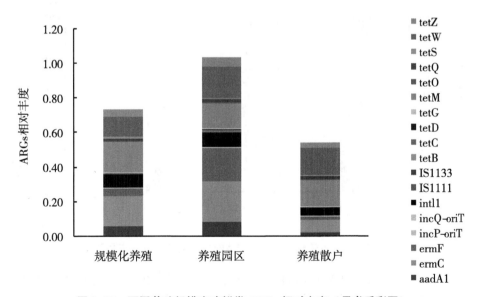

图 2-23　不同养殖规模肉鸡鲜粪 ARGs 相对丰度（见书后彩图）

如图 2-24，不同养殖规模奶牛鲜粪主要检出的 ARGs 有 17 种，规模化养殖的

ARGs 相对丰度之和略大于养殖散户，主要是受 aadA1 的相对丰度的影响。肉牛鲜粪主要检出的 ARGs 的种类与奶牛鲜粪相同（图 2-25），其相对丰度之和也与奶牛粪相近；肉牛粪规模化养殖 ARGs 相对丰度之和略大于养殖园区和养殖散户。规模化养殖的肉牛粪中 intl1 的相对丰度比其他养殖规模大；养殖园区的肉牛粪中的 tetO、tetQ 和 tetW 的相对丰度比较大。

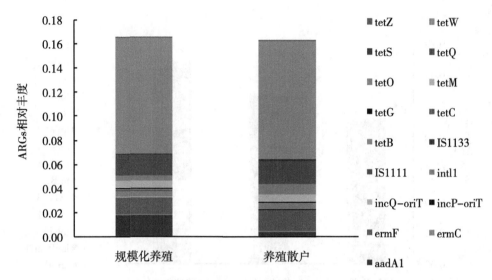

图 2-24　不同养殖规模奶牛鲜粪 ARGs 相对丰度（见书后彩图）

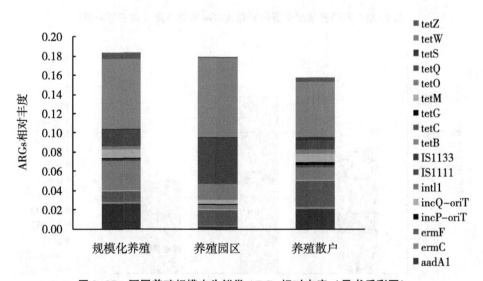

图 2-25　不同养殖规模肉牛鲜粪 ARGs 相对丰度（见书后彩图）

不同养殖规模羊鲜粪主要检出的 ARGs 有 20 种（图 2-26），规模化养殖 ARGs 相对丰度之和略大于养殖园区，比养殖散户大了 0.1 左右；规模化养殖羊粪中检出的 aadA1、ermC、intl1、tetO 和 tetW 的相对丰度均比其他养殖规模大；养殖园区羊粪中检出的 ermF、tetM 和 tetQ 的相对丰度比其他养殖规模大。

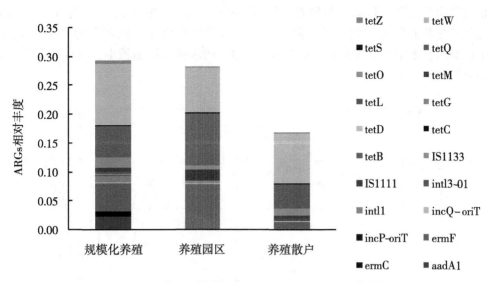

图 2-26　不同养殖规模羊鲜粪 ARGs 相对丰度（见书后彩图）

　　猪粪不同养殖规模均检出的 ARGs 主要有 20 种（图 2-27），ARGs 相对丰度之和在不同养殖规模之间的表现与羊粪相似，除 tetW 和 aadA1 外，各 ARGs 在不同养殖规模检出的相对丰度大小相近。

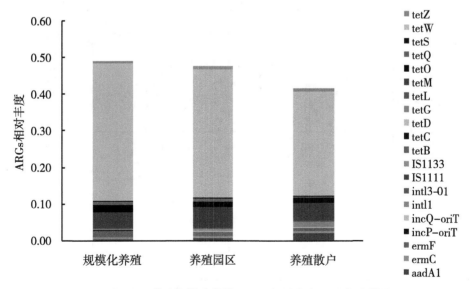

图 2-27　不同养殖规模猪鲜粪 ARGs 相对丰度（见书后彩图）

（三）ARGs 多样性分析

　　基于 Bray-Curtis 距离的 PCoA 分析表明，蛋鸡粪、肉鸡粪、猪粪和奶牛粪都聚集在一起，奶牛粪与鸡粪和猪粪分离（图 2-28a）。前两个主分量轴（Pcos）共解释了42.70% 的方差。羊粪、牛粪与鸡粪、猪粪主要沿着 Pco1（解释方差的 25.56%）分离，而猪粪和肉鸡粪沿着 Pco2（解释方差的 17.14%）分离，表明牛、羊粪与猪、鸡粪的差异比猪粪与鸡粪的差异大。各畜禽种类在不同养殖规模和不同养殖地区下没有聚集（图 2-28b），表明养殖规模和养殖地区对 ARGs 的多样性影响较小，畜禽种类对 ARGs 的影响较大。

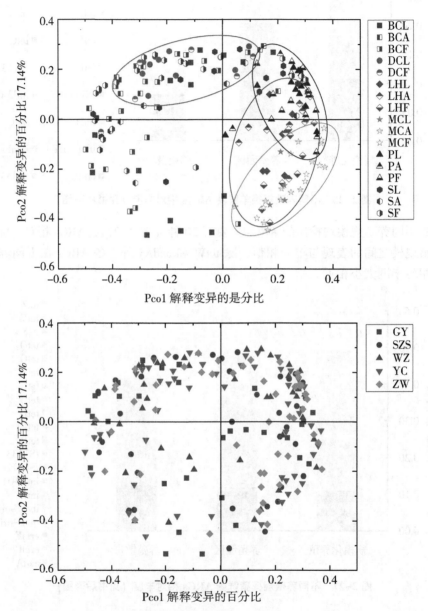

图 2-28 基于 Bray Curtis 不同矩阵的主坐标分析（PCoA）显示了 ARGs 的相对丰度随畜禽种类、养殖规模和养殖地区的变化规律

注：BC、DC、LH、MC、P 和 S 表示畜禽种类；L、A、F 表示养殖规模；GY、SZS、WZ、YC、ZW 表示地区。

（四）ARGs 和 MGEs 的地区分布特征

因为规模不是主导因素，故地区分布分析只考虑畜禽种类和地区两种因素，以下主要对不同地区同一种类畜禽粪便 ARGs 和 MGEs 进行分析。

银川市蛋鸡粪中 ARGs 的平均相对丰度最高，比最低的吴忠市高了 0.22，全区呈现南北向中部地区递增，而在中心呈骤降的趋势，这主要是受 aadA1、ermC 和 ermF 的影响（图 2-29）。肉鸡粪除石嘴山外，其他地区的分布规律与蛋鸡粪一致，这主要是受 ermF 的影响（图 2-30）。

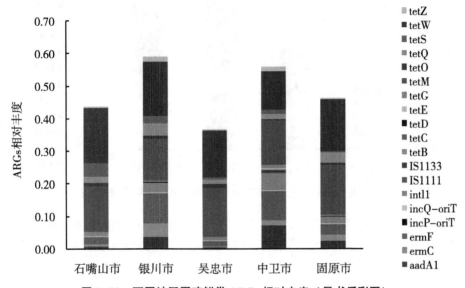

图 2-29　不同地区蛋鸡鲜粪 ARGs 相对丰度（见书后彩图）

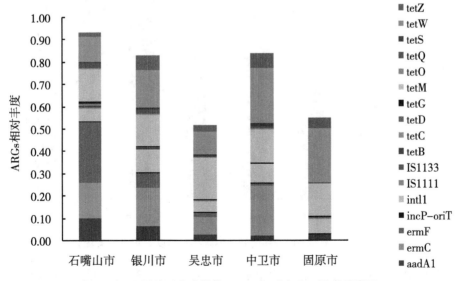

图 2-30　不同地区肉鸡鲜粪 ARGs 相对丰度（见书后彩图）

受 aadA1、ermF、tetM 和 tetW 的影响，奶牛粪中 ARGs 的相对丰度在不同地区有较大差异（图 2-31），吴忠市的奶牛粪中 ARGs 的相对丰度最高，这可能与其密度养殖有较大关系，依据本实验前期研究可知，全区的奶牛养殖主要集中在吴忠市利通区。

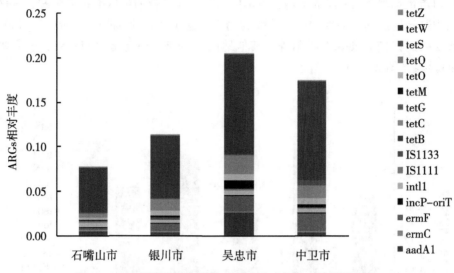

图 2-31　不同地区奶牛鲜粪 ARGs 相对丰度（见书后彩图）

肉牛的养殖集中在固原市周边（图 2-32），而肉牛粪中 ARGs 相对丰度的分布规律与其主要养殖地较为一致。因此，结合不同养殖规模下牛粪中 ARGs 的分布状况，推测可能养殖密度越大，集约化程度就会越高，ARGs 的相对丰度就会越高。

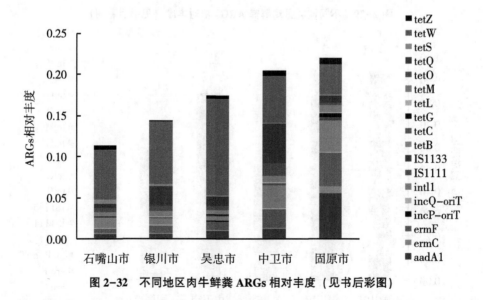

图 2-32　不同地区肉牛鲜粪 ARGs 相对丰度（见书后彩图）

羊粪中 ARGs 的相对丰度在地区间的差异较大（图 2-33），而且每种 ARGs 在不同地区的含量都不同，这可能受羊的种类的影响，因为实验中将绵羊和山羊统一归为一类进行采样，而且还包括不同品种。但可以发现 tetQ 和 tetW 在每个地区检出的 ARGs 中都占有相当大的比例。

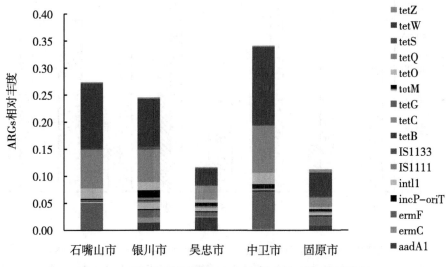

图 2-33　不同地区羊鲜粪 ARGs 相对丰度（见书后彩图）

各地区猪粪中 ARGs 的相对丰度差异较小，各地区较均衡（图 2-34）。

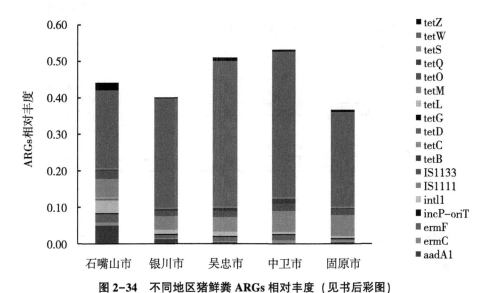

图 2-34　不同地区猪鲜粪 ARGs 相对丰度（见书后彩图）

三、畜禽粪便中 ARGs 和 MGEs 对土壤的影响

如图 2-35，不论是肉牛粪、奶牛粪还是羊粪的厩土 ARGs 和 MGEs 的检出率均高于对应未污染土。说明抗性基因的检出与畜禽养殖关系密切，且粪便中携带的 ARGs 会在土壤中累积，污染土壤。

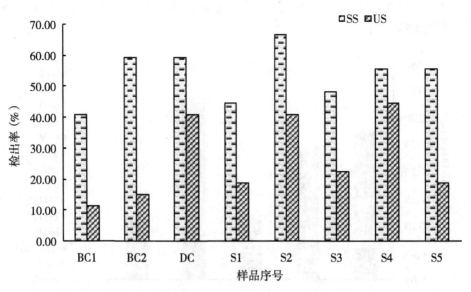

图 2-35　同一养殖范围内厩土与未污染土 ARGs 检出率（%, _n_=8）

注：BC、DC、S 分别为肉牛粪、奶牛粪、羊粪，SS 和 US 分别为厩土和未污染土。

如图 2-36，可以发现除 S2 和 S4 两组样品外，其余厩土各 ARGs 和 MGEs 的种类比未污染土丰富，S2 和 S4 两组样品中的差异主要是 MGEs 的相对丰度较大造成的。同一组样品中，厩土检测到的 ARGs、MGEs 相对丰度之和分别是其对应未污染土的 1.06~144.68 倍、0.10~109.76 倍。

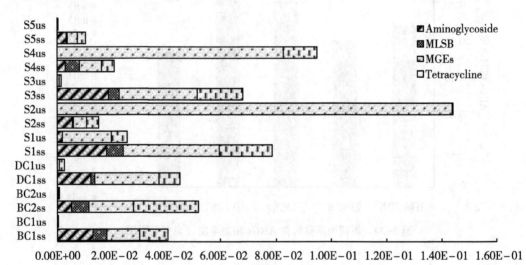

图 2-36　同一养殖环境中厩土与未污染土中 ARGs 和 MGEs 相对丰度对比

四、抗生素抗性基因与重金属和可移动元件的相关性分析

（一）抗生素抗性基因与重金属的相关性

大量研究表明，抗性基因与重金属之间存在的正相关性，这对 ARGs 的诱导和激发有一定作用，有利于细菌在受污染环境中的生存，在一定程度上促进了抗性基因在环境中的传播（Wu D 等，2015）。重金属在环境中不容易被降解，因此，重金属对 ARGs 有持久性选择压力。本实验通过对所有样品分析，发现 ARGs 与 Cu 和 Zn 的相关性较高，tetM 与 Cu 和 Zn 的相关性分别为 0.53 和 0.62（$P<0.01$），这与其他研究成果一致（张宁等，2018；Ji X 等，2012）。tetW 与 Pb、Cd、Cr 和 As 负相关，相关性分别为 -0.48、-0.51、-0.42 和 -0.54。

（二）抗生素抗性基因与可移动元件的相关性

吴韵斐等（2019）提出抗性基因丰度与 MGEs 丰度存在显著相关性，表明 MGEs 对 ARGs 的水平转移、传播和富集具有重要作用。本研究中质粒 incP-oriT 与 tetG、tetM 和 tetW 的相关性分别为 0.59、-0.47 和 -0.46（$P<0.01$）；整合子 intl1 与 tetB、tetC、tetG、tetM 和 tetZ 的相关性分别为 0.43、0.41、0.63、0.45 和 0.67（$P<0.01$），这与闫书海等（2013）的研究结果一致，表明整合子在 ARGs 传播过程中起到重要作用；IS1111 与 tetM 和 tetW 的相关性分别为 -0.43 和 -0.47（$P<0.01$）；IS1133 与 tetB、tetC 和 tetG 的相关性分别为 0.46、0.43 和 0.49（$P<0.01$）。

另外，不同畜禽粪便中 MGEs 和 ARGs 的相关性差别较大。肉牛粪中 aadA1 与 tetG 和 tetZ 的相关性分别为 0.65 和 0.69（$P<0.01$），intl1 与 tetG 和 tetZ 的相关性分别为 0.61 和 0.72（$P<0.01$），IS1133 与 tetC 和 tetG 的相关性分别为 0.45 和 0.55（$P<0.01$）。奶牛粪中 aadA1 与 tetZ 的相关性为 0.43（$P=0.02$）；intl1 与 tetZ 的相关性为 0.48（$P<0.01$）；IS1111 与 tetG 和 tetZ 的相关性均为 0.62（$P<0.01$）。蛋鸡粪中 aadA1 与 ermF、tetB、tetC、tetG、tetO 和 tetPB 的相关性分别为 0.61、0.61、0.60、-0.66、0.42 和 0.63；tetO 和 tetW 均与 aadA1、incP-oriT、intl1 和 IS1133 显著负相关（$R>0.5$，$P<0.01$）。肉鸡粪中 aadA1 与 ermF、tetB、tetC、tetG 的相关性分别为 0.50、0.59、0.83、0.75 和 0.76（$P<0.01$）；incP-oriT 和 IS1133 与 tetO、tetQ、tetS 和 tetW 显著负相关。猪粪中 aadA1 与 tetB、tetC、tetG、tetW 和 tetZ 的相关性分别为 0.73、0.73、0.79、-0.52 和 0.48（$P<0.01$）；intl1 与 tetG 和 tetZ 的相关性分别为 0.68 和 0.77（$P<0.01$）。羊粪中 aadA1 与 tetG 和 tetZ 的相关性分别为 0.67 和 0.63（$P<0.01$）；incP-oriT 与 tetG、tetO 和 tetW 的相关性分别为 0.67、0.52 和 0.53（$P<0.01$）。

五、小结

1. 畜禽粪便中 ARGs 和 MGEs 的检出差异显著

本实验中检出了 20 种 ARGs 和 6 种 MGEs，检出程度各异，大部分检出率在 70% 以上，其中 aadA1、ermF、intl1、tetW 等的检出率在 90% 以上；ARGs 和 MGEs 在各畜禽粪便中的检出率差异也比较显著，大部分 ARGs 和 MGEs 在鸡粪和猪粪中的检出率比牛

粪和羊粪中的高。

2. 各畜禽粪便 ARGs 的相对丰度在一定程度上受养殖规模的影响

蛋鸡粪中 ARGs 的相对丰度表现为规模化养殖<养殖园区<养殖散户，肉鸡粪中的 ARGs 的相对丰度表现为养殖园区>规模化养殖>养殖散户，而奶牛粪、肉牛粪、羊粪和猪粪中的 ARGs 的相对丰度均表现为规模化>养殖园区>养殖散户。不同养殖规模间的相对丰度差值不同，如规模化养殖的羊粪中 ARGs 的相对丰度比养殖散户的高 0.13；养殖园区的肉鸡粪 ARGs 的相对丰度比养殖散户的高 0.50；其他畜禽粪便各规模之间的差值较小。

3. ARGs 多样性分析

经 PCoA 分析，ARGs 多样性主要受畜禽种类的影响，养殖规模和养殖地区对 ARGs 的影响较小。鸡粪和猪粪之间的 ARGs 差异较小，奶牛粪和鸡、猪粪之间的 ARGs 差异较大。

4. ARGs 和 MGEs 的相对丰度地区差异较小

同一养殖动物的粪便中 ARGs 和 MGEs 的相对丰度在不同地区之间有明显差别，主要受 aadA1、ermC、ermF、tetM 和 tetW 等的影响。

5. 畜禽粪便中的 ARGs 和 MGEs 会对土壤造成污染

对同一养殖动物养殖场地的厩土和未污染进行分析，发现厩土中 ARGs 和 MGEs 的检出率或相对丰度均比未污染土高，说明粪便中的 ARGs 和 MGEs 会在土壤中存留，若不加以防控，会对养殖周边的土壤造成污染。

6. 重金属和 MGEs 会对 ARGs 的水平转移、传播和富集具有重要作用

重金属和 MGEs 会对 ARGs 的水平转移、传播和富集具有重要作用。本研究结果与其他研究结果比较一致。ARGs 与 Cu 和 Zn 呈显著正相关，与部分 MGEs 也具有相关性，如 incP-oriT、intI1 和 IS1133 等。

参考文献

薄录吉，李彦，等，2018. 我国规模化养猪场粪便重金属污染特征与农用风险评价 [J]. 农业机械学报，49（1）：258-267.

单英杰，章明奎，2012. 不同来源畜禽粪的养分和污染物组成 [J]. 中国生态农业学报，20（1）：80-86.

耿维，胡林，崔建宇，等，2013. 中国区域畜禽粪便能源潜力及总量控制研究 [J]. 农业工程学报，29（1）：171-179.

国家环境保护总局自然生态保护司，2000. 全国规模化畜禽养殖业污染情况调查及防治对策 [M]. 北京：中国环境科学出版社.

国家质量监督检验检疫总局，2002. GB 18877—2002，有机——无机复混肥料国家标准 [S]. 北京：中国标准出版社.

侯彦林，李红英，赵慧明，2009. 中国农田氮肥面源污染估算方法及其实证：Ⅳ各类型区污染程度和趋势 [J]. 农业环境科学学报, 28 (7): 1341-1345.

黄福义, 李虎, 韦蓓, 等, 2014. 长期施用猪粪水稻土抗生素抗性基因污染研究 [J]. 环境科学, 35 (10): 3869-3873.

景栋林, 陈希萍, 于辉, 等, 2012. 佛山市畜禽粪便排放量与农田负荷量分析 [J]. 生态与农村环境学报, 28 (1): 108-111.

李林海, 2018. 畜禽粪便中的主要养分和重金属含量分析 [J]. 南方农业, 12 (23): 126-128.

李书田, 刘荣乐, 2006. 国内外关于有机肥料中重金属安全限量标准的现状与分析 [J]. 农业环境科学学报 (S2): 777-782.

宁夏回族自治区统计局, 国家统计局宁夏调查总队, 2017. 宁夏统计年鉴 2017 [S]. 北京: 中国统计出版社.

潘寻, 韩哲, 贲伟伟, 2013. 山东省规模化猪场猪粪及配合饲料中重金属含量研究 [J]. 农业环境科学学报, 32 (1): 160-165.

彭里, 王定勇, 2004. 重庆市畜禽粪便年排放量的估算研究 [J]. 农业工程学报, 20 (1): 288-292.

裘亦书, 詹起林, 2014. 上海市规模化畜禽场粪污的污染负荷及其环境风险评价 [J]. 环境影响评价, 5: 58-61.

沈根祥, 汪雅谷, 袁大伟, 1994. 上海市郊农田畜禽粪便负荷量及其警报与分级 [J]. 上海农业学报 (S1): 6-11.

孙继成, 关故章, 何家海, 等, 2014. 潜江市农田畜禽粪便的污染负荷及其预警分析 [J]. 安徽农学通报, 6: 115-117.

王方浩, 马文奇, 窦争霞, 等, 2006. 中国畜禽粪便产生量估算及环境效应 [J]. 中国环境科学 (5): 614-617.

王亚娟, 刘小鹏, 2015. 宁夏农地畜禽粪便负荷及环境风险评价 [J]. 干旱区资源与环境, 29 (8): 115-119.

魏复盛, 陈静生, 吴燕玉, 1990. 中国土壤元素背景值 [M]. 北京: 中国环境科学出版社.

吴韵斐, 何义亮, 袁其懿, 等, 2019-04-09. 水源型水库抗生素抗性基因赋存特征研究 [J/OL]. 环境科学学报. https://doi.org/10.13671/j.hjkxxb.2019.0013.

武兰芳, 欧阳竹, 谢小立, 2011. 不同种养结合区农田系统氮磷平衡分析 [J]. 自然资源学报, 26 (6): 943-954.

武淑霞, 刘宏斌, 黄宏坤, 等, 2018. 我国畜禽养殖粪污产生量及其资源化分析 [J]. 中国工程科学, 20 (5): 103-111.

闫书海, 2013. 畜禽养殖废水/粪便中典型抗药基因的调查研究 [D]. 杭州: 浙江大学.

阎波杰, 赵春江, 潘瑜春, 等, 2010. 大兴区农用地畜禽粪便氮负荷估算及污染风险评价 [J]. 环境科学, 2: 437-443.

姚升, 王光宇, 2016. 基于分区视角的畜禽养殖粪便农田负荷量估算及预警分析

[J]. 华中农业大学学报（社会科学版）（1）：72-84.

张宁，李淼，刘翔，2018. 土壤中抗生素抗性基因的分布及迁移转化 [J]. 中国环境科学，38（7）：2609-2617.

张田，卜美东，耿维，2012. 中国畜禽粪便污染现状及产沼气潜力 [J]. 生态学杂志（5）：1241-1249.

张绪美，董元华，王辉，等，2007. 江苏省畜禽粪便污染现状及其风险评价 [J]. 中国土壤与肥料（4）：12-15.

张绪美，董元华，王辉，等，2007. 中国畜禽养殖结构及其粪便 N 污染负荷特征分析 [J]. 环境科学，28（2）：1311-1318.

中华人民共和国农业部，2012. NY525—2012，有机肥料 [S]. 北京：中国农业出版社.

朱建春，李荣华，张增强，等，2013. 陕西规模化猪场猪粪与饲料重金属含量研究 [J]. 农业机械学报，44（11）：98-104.

朱兆良，2006. 推荐氮肥适宜施用量的方法论刍议 [J]. 植物营养与肥料学报（1）：1-4.

Ji X, Shen Q, Liu F, et al., 2012. Antibiotic resistance gene abundances associated with antibiotics and heavy metals in animal manures and agricultural soils adjacent to feedlots in Shanghai, China [J]. Journal of Hazardous Materials, 235：178-185.

Li Y, Xiong X, Chun Y L, et al., 2010. Cadmium in animal production and its potential hazard on Beijing and Fuxin farmLands [J]. Journal of Hazardous Materials, 177（1-3）：475-480.

Mu Q, Li J, Sun Y, et al., 2015. Occurrence of sulfonamide-, tetracycline-, plasmid-mediated quinolone-and macrolide-resistance genes in livestock feedlots in Northern China [J]. Environmental Science and Pollution Research, 22（9）：6932-6940.

Wu D, Huang Z, Yang K, et al., 2015. Relationships between antibiotics and antibiotic resistance gene levels in municipal solid waste leachates in Shanghai, China [J]. Environmental Science & Technology, 49（7）：4122-4128.

Zhao L, Dong Y H, Wang H, 2010. Residues of veterinary antibiotics in manures from feedlot livestock in eight provinces of China [J]. Science of the Total Environment, 408（5）：1069-1075.

Zhu Y G, Johnson T A, Su J Q, et al., 2013. Diverse and abundant antibiotic resistance genes in Chinese swine farms [J]. Proceedings of the National Academy of Sciences, 110（9）：3435-3440.

第三章　宁夏畜禽养殖粪污土地承载力

随着人口数量的增加以及人们生活水平的提高，人们的消费结构也随之改变，谷物的消费比例不断减少，畜禽产品消费比例不断增加，畜禽产品的需求量持续提高。人们消费结构的改变带动了畜禽养殖业的发展，我国的畜禽养殖总数连续多年居于世界首位，畜牧业已经成为国民经济重要组成部分，肉、蛋、奶类等主要畜禽产品均以每年10%以上的速度增长，不但拓宽了农民增收的渠道，也满足了城乡居民对于农副产品的需求（刘晓永等，2018）。随着我国畜禽养殖业不断向区域化、产业化、集约化方向推进，规模化畜禽养殖业的比例逐年加大，环境污染问题更为突出。宁夏回族自治区畜禽养殖产业是活跃农业农村经济的主要产业，畜禽养殖污染已成为宁夏农村污染的重要原因之一（宁夏回族自治区统计局，2018）。畜禽养殖业的不断发展，所带来的环境污染问题也日益突出。畜禽粪尿中含有大量的 N、P、K 和有机物，这些污染物如果未经处理直接排放到江河、湖泊和地下水中会造成水体的富营养化，大量藻类在水中繁殖，水中溶解氧下降，给环境造成威胁（耿维等，2013）。畜禽养殖粪污的任意排放是诱发农村面源污染的主要原因，有研究表明，地表水中的氮和磷元素超标的主要原因是由农业面源污染造成，农业面源污染导致的地下水硝酸盐超标问题也曾引起广泛关注。排入土壤的畜禽粪便污染物若超过土壤自身的净化能力同样会造成土壤环境的破坏。畜禽粪便中含有大量的金属元素，这些元素进入土壤会改变土壤自身的性能，影响农作物的品质，降低粮食作物产量，严重时会造成土壤中产生大量的亚硝酸盐等有毒有害物质，引起土壤板结和盐碱化（张绪美等，2007）。此外，渗入土壤中的有毒有害物质会随着雨水的冲刷作用渗入浅层地下水。根据现有资料统计，我国目前畜禽养殖业每年约产生30 亿 t 粪污，且大多分布在我国的农村和城镇周围，如果不采取有效的治理措施，畜禽养殖业所带来的污染会制约农村和农业的可持续发展，而且威胁生态安全以及广大人民群众的健康（田宜水等，2012）。

近年来，我国的畜禽养殖业不断向区域化、产业化、集约化方向推进，规模化畜禽养殖业的比例逐年加大。与传统的家庭畜禽养殖业发展相比，规模化畜禽养殖数量大、污染物产生量大且不易处理，因此，对生态环境产生很大影响，污染问题更为突出。我国政府为了加大规模化养殖业污染治理力度，于 2005 年 12 月颁布了《关于落实科学发展观加强环境保护的决定》，这一管理办法的提出有利于我国畜禽养殖业的发展，对于发展节水与生态农业起了强有力的推动作用（史瑞祥等，2017）。翌年 10 月，国家环境保护总局出台了《国家农村小康环保行动计划》，把规模化养殖场和养殖小区作为主要整治重心，将农业污染源纳入污染物总量减排体系（耿维等，2013）。2017 年我国相继出台了三项畜禽养殖污染防治草案，分别为《畜禽养殖产地环境评价规范》《畜禽养殖场（小区）环境监察工作指南（试行）》和《畜禽养殖业污染防治技术政策》，并在之后的两年里印发了《全国畜禽养殖污染防治"十二五"规划》。2018年国家出台了《畜禽规模养殖污染防治条例》，为促进畜牧业的可持续发展推出更有效的措施（王志国等，2019）。

基于上述的背景，如何加强对区域种植和养殖结构的合理规划与科学管理，使区域农业发展能够实现种与养的合理搭配、协调发展，减少农业污染，促进农业绿色发展，就显得十分重要和迫切。采用氮养分平衡法对宁夏畜禽养殖环境承载力进行评价，进而可以科学的规划区域种植与养殖结构，保障区域内的畜禽粪便等资源能得到有效利用，实现区域内种植与养殖结构的协调发展，减少农业污染，建立区域种养结合畜禽养殖环境承载力评价研究的理论体系，为宁夏种养结合的合理搭配提供量化的、科学的、客观的判断依据。

第一节　畜禽养殖土地承载力理论与测算依据

一、承载力概念

"承载力"原本是用于工程地质领域，指地基的强度对建筑物负重的能力，现在已演变为对发展的限制程度进行描述的最常用概念之一。随着人口的增长和环境的恶化，生态学家将这一概念引入到生态学中。英国学者 Malthus 在19世纪初期出版了《人口原理》一书，开启了承载力理论的研究（李书田等，2009）。20世纪初期，帕克和伯吉斯第一次提出了承载力这一概念，即"某一特定环境条件下（主要指生存空间、营养物质、阳光等生态因子的组合），某种个体存在数量的最高极限"（丁伟等，2009）。研究角度不同所产生的承载力的理论和概念也不相同。1980年后，承载力研究进一步深入，从水资源承载力研究扩展到土地资源承载力研究及环境承载力研究等领域。时至今日，承载力这一概念的应用更加广泛，已经延伸到农业、环境等多个领域。诺贝尔奖获得者阿罗在20世纪发表了环境承载力与经济增长的文章，让环境承载力这一理论得到了更广泛地关注（王亚娟等，2015）。

（一）土地承载力

"土地承载力"这一概念最早是美国学者 William 于20世纪40年代提出的，他认为所谓土地承载力也称作土地生产潜力，即单位面积土地能给人们提供粮食、居住、衣着等物质的生产潜力（Ou Y H 等，2015）。我国对于土地承载力的研究开始于20世纪80年代初，学者宋健第一次以土地承载力的角度研究我国目前在现有的耕地、草原、水域面积条件下所能承载的人口数量以及畜禽养殖总量（刘晓永等，2018）。20世纪90年代后期，学术界对于土地承载力的研究日渐深入，学者们开始将土地承载能力扩展到更宽的领域（王志国等，2019）。中国科学院将土地承载力的概念定义为在未来可预见的时间内，以可预见的技术、经济和社会发展水平及与此相适应的物质生活水准为依据，一个国家或地区利用其自身的土地资源所能持续稳定供养的人口数量（郭冬生等，2012）。

（二）生态承载力

生态承载力这一理论研究开始于 20 世纪 90 年代。用生态系统承载力的角度研究不同类型农业作物生产力以及限制因子潜力，对于生态承载力的阐述不同的学者有不同的定义，一些学者在对生态承载力下定义是主要立足于生态环境恶化角度考虑自然环境的承载力（朱建春等，2014），还有一些学者则从生态足迹角度阐述生态承载力这一概念，但是以往的理论研究都是从生态环境所能容纳人类经济活动能力的角度出发。目前对于生态承载力理论阐述比较全面的主要是从生态系统整体性出发，认为生态承载力是生态系统的自我维持、自我调节能力，资源与环境子系统的供容能力及其可维持的社会经济活动强度和具有一定生活水平的人口数量（黎运红，2015）。这个概念的提出丰富和扩展了生态承载力这一理论研究的内容，得到了众多学者的认可，具有很深的影响力。

（三）环境承载力

从 20 世纪初环境承载力概念提出，环境承载力理论随着环境问题的变化也经历不断发展的过程，但是目前关于环境承载力仍没有形成统一的理论体系（奚雅静等，2019）。环境承载力理论主要在资源供给、环境纳污、生态服务等方面突出其内涵。根据相关研究认为，环境承载力理论指在维持区域生态环境不发生不利变化的前提下，该区域生态环境系统对人类社会经济活动支持能力的阈值，同时强调，环境承载力除了具有资源供给能力和环境纳污能力之外，还具有生态服务能力等（刘晓利等，2005）。环境承载力理论认为环境承载力大小决定于环境系统自身的自然条件，会受到社会技术进步、环境保护投入力度、资源跨境调配能力以及人类生态环境建设等方面的影响（奚雅静等，2019）。目前国内外对于环境承载力内容的研究主要侧重于对于承载力的研究，其中包括对承载力概念的研究，承载力指标体系的研究及承载力的量化和评价方法研究等。通过研究在一定的环境下所能承载的有限目标的量来分析其环境承载力（Lynch D H 等，2005）。研究环境承载力的最终目的是对承载力进行量化，以数值的形式对研究区环境承载力进行分析和评价。以建立指标体系为核心，应用相关模型对研究目标的环境承载力进行量化，通过具体的数值对研究区环境结构、承载的能力作出分析从而对区域内环境的治理和发展提供依据（Janvier C 等，2007）。

（四）畜禽养殖环境承载力

目前对畜禽养殖环境承载力还没有形成统一的定义，畜禽养殖环境承载力是指在区域生态环境不发生恶性变化的条件下，该区域生态环境能支持的畜禽养殖能力，在保证社会生态环境安全的条件下，社会环境对畜禽养殖的承载能力（刘增兵等，2018）。畜禽养殖环境承载力（ECCLP）是指为了实现畜牧业健康发展与生态环境保护的双赢目标，在一定的区域范围内，基于当前的生态环境、社会发展状况及养殖技术条件，在保障区域生态环境不遭受污染的条件下，区域生态环境所能支撑的最大畜禽养殖数量（宋大利等，2018）。畜禽养殖环境承载力和人口、土地、生态、环境等的承载力的定义一样，对其的定义离不开"能力""程度""阀值""容量"等角度，畜禽养殖环境承载力是应对当前规模化养殖引起畜禽粪便乱排放对环境造成严重污染的条件下而提出来的（董红敏等，2011）。一些学者认为畜禽养殖环境承载力是指在某一时期，某种环境状态下在维持区域环境系统结构不发生质的改变，区域环境功能不朝恶性方向转变的条件下该区域的环境系统对畜禽养殖这一经济活动的支持能力（Yang X M 等，2008）。还有一些学者认为畜禽环境承载力就是在一定区域内所能消纳的畜禽粪便的量（赵俊伟等，2016）。所谓畜禽环境承载力是指某区域在现有的生态环境及养殖规模条件下，所能承载的畜禽养殖数量。

二、畜禽养殖环境承载力测算原则

（一）科学性原则

畜禽养殖环境承载力的评价包括评价方法的选择、评价指标的构建、评价结果分析等过程，在整个分析过程中要保持科学性和严谨性。具体来说，要采取科学的方法来评价畜禽养殖环境承载力，如果选择的评价方法不够科学会造成评价结果不准确，最终可能会对区域种养结合协调发展提供错误的对策建议（路国彬等，2016）。畜禽养殖是在一个复杂的社会环境中进行的，影响畜禽养殖环境承载力的因素比较复杂、涉及多个方面的因素，在评价指标选择上，要采用科学的方法进行指标的选择，否则会造成评价结果不够准确（史瑞祥等，2017）。在评价结果分析上，要保持科学的分析态度，提高评价准确性。

（二）客观性原则

对畜禽养殖环境承载力进行评价，要保持客观态度，尽量减少主观因素的干扰，提高评价结果的准确性。目前评价畜禽养殖环境承载力的方法包括养分平衡法、复种指数法、系统分析法、层次分析法、超效率数据包络分析法等（田宜水等，2012）。在这些方法中，有些方法以定性分析为主，有些方法以定量分析为主，在实际分析中要以定量分析为主，尽量减少主观因素的影响。由于影响区域畜禽养殖环境承载力的因素非常多，包括资源状况、社会环境、畜禽养殖和环境状况等各方面的指标（张绪美等，2007）。在这些指标中，有些指标能以客观的量化数值表示，有些指标主要是基于主观的判断结果，为此，在指标选择上，要选择能客观量化的指标，提高评估结果的准确性。

（三）系统性原则

畜禽养殖是在一个区域复杂的生态系统中进行的，影响畜禽养殖环境承载力的因素包括资源状况、社会环境、畜禽养殖等各方面因素。为此，对畜禽养殖环境承载力进行评价，要从系统性、整体性、全面性的角度出发，所选取的指标要能够体现资源状况、社会环境、畜禽养殖等各个方面内容（田宜水等，2012）。如果选择的指标不能很好地反映出畜禽养殖环境承载力的内容，会造成评价结果出现偏差等问题。同时，要根据研究内容确定评价指标，评价指标体不能选择与评价内容无关的指标，否则没有解释意义。

三、畜禽废弃物承载力测算方法

目前，对于环境承载力评价的方法主要有养分平衡法、复种指数法、系统分析法、层次分析法、超效率数据包络分析法等，第一类主要法涉及系数的确定与计算，最终得出畜禽养殖环境承载力，将其概括为系数分析法，包括养分平衡法、复种指数法；第二类分析法通过明确各个因素指标与畜禽养殖环境承载力之间的关系，建立数学模型，再评价畜禽养殖环境承载力，将其概括为因素分析法，主要有系统分析法、层次分析法、超效率数据包络分析法等（王亚娟等，2015）。

（一）系数分析法

1　复种指数法

目前采用复种指数法（MCIM）来评价区域畜禽环境承载力的相关研究比较少，国内研究者在评估农业生态系统平衡中提出用复种指数法对畜禽环境承载力进行估算，计算公式为：

$$A = S/(4 \times P) \tag{3-1}$$

式中，A 为畜禽养殖环境承载力；S 为农作物播种面积；P 为复种指数；4 为转换系数，该系数主要借鉴 20 世纪初联邦德国在单位耕地面积最大的畜禽养殖量的规定，即每公顷耕地面积的合理畜禽承载力不得超过 4 头牛单位。

2. 养分平衡法

养分平衡法（NBM）的理论依据主要基于物质平衡循环和物质平衡理论，通过对区域内氮、磷、钾等元素的各个输入项和输出项进行量化计算，考察氮、磷、钾等元素的盈余或缺损的情况，从而可以判断区域内的畜禽环境承载能力。畜禽粪便和尿液含有的大量的氮、磷、钾等元素，可供农作物生长需要，在农作物生长中，氮、磷、钾等元素是影响农作物产量的关键因素。养分平衡法在实际应用中，根据考虑区域农田内氮、磷、钾等元素的各个输入项和输出项的不同，存在几种区别的计算模型。

（1）氮养分平衡法（NNBM）来评价畜禽养殖环境承载力状况，计算模型如下：

$$A = k \times N \times P/M \tag{3-2}$$

式中，A 为单位面积农田的畜禽养殖环境承载力（头/hm²）；k 为有机肥的利用效率；N 为每公顷农作物每季度生长对氮或磷养分的需求量（kg/hm²）；P 为区域内的复种指数，即农作物的总播种面积除以其占用耕地面积；M 为每头畜禽每年产生畜禽粪便中氮或磷养分含量（kg/头）。

（2）《畜禽粪便农田利用环境影响评价标准》中的相关公式基础上，对氮平衡计算公式进行适当调整，其计算模型如下：

$$A = (KY - 2.25ct)(1 - u)bp(1 - f) \tag{3-3}$$

式中，A 为单位耕地面积的畜禽养殖环境承载力［头/hm²（猪当量）］；K 为单位产量农作物需从土壤中吸收的氮养分量（kg/kg）；Y 为单位耕地面积农作物的产量（kg/hm²）；2.25 为土壤养分的"换算系数"；c 为在不施用任何肥料土壤中氮元素的测定值（g/kg）；t 为土壤养分校正系数；u 为化肥施用量占总施肥量的百分比（%）；b 为每头猪当量排放氮系数（kg/头）；p 为畜禽粪便利用率；f 为畜禽粪便损失率，包括畜禽粪便收集过程的损失率以及进入土壤前各种处理措施造成的损失率。

（二）系数分析法的比较及选择

在理论上，复种指数法实际上是"产草量/家畜日食量"法的简便计算，同时，该计算公式中存在的唯一系数借鉴了 20 世纪初联邦德国在单位耕地面积最大的畜禽养殖量的规定，即每公顷耕地面积的合理畜禽承载力不得超过 4 头牛单位，一般来说，不同地区的合理畜禽养殖承载力是不一样的，如果都使用相同的系数，会造成结果误差很大。基于此，本研究不采用该方法对畜禽养殖环境承载力进行评价。相比养分平衡法，不同地区的作物产量不同、化肥施用量不同、秸秆还田量不同、土壤初始肥力不同等因素不同也不导致畜禽养殖环境承载力不同，该方法更加能适应不同地区，评价结果更加准确。在方法上，这两种方法都以定量分析为主，可以避免一些主观因素的影响。在适用范围上，复种指数法只适用于进行区域种养平衡粗略的判断，而养分平衡法的适应范围不限，小到一块农田，大到全国范围都可以通过养分平衡法评价畜禽养殖环境承载力。在数据收集上，复种指数法需要收集数据很少，而养分平衡法需要收集大量相关数据。在实际操作运用上，复种指数法需要计算比较少，使用操作比较容易，而养分平衡法需要确定比较多的系数，使用操作比较复杂。总之畜禽承载力的计算方法有多种方法，为推进畜禽粪污资源化利用，优化调整畜牧业区域布局，促进农牧结合、种养循环农业发展，原农业部制定的《畜禽粪污土地承载力测算技术指南》，为定量评估畜禽粪污土地承载力提供了计算标准（牟高峰等，2016）。

（三）畜禽粪污土地承载力测算

1. 土地可承纳的粪肥氮（磷）总量

根据作物种类、产量，计算区域内所有作物需氮（磷）总量。

根据土壤肥力，确定作物需氮（磷）总量中的需要施肥供给的比例。

根据区域内作物生产中粪肥养分投入占总施肥养分投入的比例，以及粪肥中的氮（磷）当季利用率系数，计算该区域内土地可承纳的来自粪肥供给的氮（磷）总量。

土地承载力核算以畜禽粪肥氮养分供给和植物氮养分需求为基础进行核算，对于设施蔬菜等作物为主或土壤本底值磷含量较高的特殊区域或农用地，应以磷为基础进行测算。

2. 畜禽粪污氮（磷）养分供给量

根据养殖畜禽种类和存栏量，通过粪便排泄的氮（磷）排泄系数，计算各类畜禽通过粪便排泄的氮（磷）总量。

根据各畜禽粪污的收集方式、处置工艺等数据参数，计算各类畜禽粪污中实际可利用的氮（磷）量。

根据各畜禽粪污中实际可利用的氮（磷）数量，求和得出区域内所有畜禽粪污中实际可供给的氮（磷）总量。

3. 单位猪当量粪肥养分供给量

猪当量指用于比较不同畜禽氮（磷）排泄量的度量单位。1 头猪为 1 个猪当量。1 个猪当量的氮排泄量为 11kg，磷排泄量为 1.65kg。根据各种畜禽通过粪便排泄的氮磷养分量，折算成以猪为单位的换算系数，主要畜禽按存栏量折算：100 头猪相当于 15 头奶牛、30 头肉牛、250 只羊、2 500 只家禽，其他畜禽可以按照相近的系数进行折算，计算获得区域以猪当量计总的存栏量。将根据上述步骤计算得到的区域内畜禽粪污氮（磷）养分供给总量除以该区域以猪当量计总的存栏量，获得单位猪当量的粪肥养分供给量。

4. 土地可承纳的粪肥氮（磷）总量

依据《畜禽粪便还田技术规范》（GB/T 25246—2010），根据典型区域统计的各类粮食作物、果树蔬菜、大田经济作物（棉花和花生等）、人工牧草总产量和人工林地的总种植面积，单位产量（单位面积）所需投入的氮（磷）养分量，得到区域内植物总氮（磷）养分需求，计算公式如下：

$$A_{n,i} = \sum \left(P_{r,i} \times Q_i \times 10^{-2} \right) + \sum \left(A_{t,i} \times Q_i \times 10^{-3} \right) \tag{3-4}$$

式中，$A_{n,i}$ 为区域内植物氮（磷）养分需求总量，t/年。

$P_{r,i}$ 为区域内第 j 种作物（人工牧草）总产量，t/年。

Q_i 为区域内第 i 种作物的 100kg 收获物需氮（磷）量，kg。

$A_{t,j}$ 为区域内第 j 种人工林地总的种植面积，hm^2。

Q_i 为区域内第 i 种人工林地的单位面积年生长量所需要吸收的氮（磷）养分量，kg/hm^2。

根据不同土壤肥力下作物氮（磷）总养分需求量中需要施肥的比例、粪肥施用的比例和粪肥当季利用效率，测算区域内植物粪肥养分需求量，计算公式如下：

$$A_{n,m} = \frac{A_{n,i} \times EP \times MP}{MR} \tag{3-5}$$

式中，$A_{n,m}$ 为区域内植物粪肥养分需求量，t/年。

$A_{n,i}$ 为区域内植物氮磷肥养分需求量，t/年。

FP 为作物总养分需求中施肥供给养分占比，%。根据《畜禽粪便还田技术规范》（GB/T 25246—2010），施肥养分占养分需求比例，与施肥创造产量占作物总产量比例一致。

MP 为农田施肥管理中，畜禽粪肥养分需求量占施肥养分总量的比例，%。

MR 为粪肥当季利用率，%。不同区域的粪肥占肥料比例可根据当地实际情况确定，粪肥氮素当季利用率取值范围为 25%~30%，磷素当季利用率取值范围为 30%~35%。

区域内畜禽粪污养分产生量等于各类畜禽存栏量乘以不同畜禽年氮（磷）排泄量，求和得畜禽粪污总养分产生量，计算公式如下：

$$Q_{r,p} = \sum Q_{r,p,i} = \sum AP_{r,i} \times MP_{r,i} \times 365 \times 10^{-6} \tag{3-6}$$

式中，$Q_{r,p}$ 为区域内畜禽粪便养分产生量，t/年。

$Q_{r,p,i}$ 为区域内第 i 种畜禽粪便养分产生量，t/年。

$AP_{r,i}$ 为区域内第 i 种动物年均存栏量，头（只）。

$MP_{r,i}$ 为第 i 种动物粪便中氮磷的日产生量，g/（d·头）。

优先采用当地数据。

区域内畜禽粪污养分收集量等于畜禽粪污养分产生量乘以不同收集方式比例，再乘以该种收集方式的氮（磷）养分收集率，求和得总养分收集量，计算公式如下：

$$Q_{r,C} = \sum Q_{r,C,i} = \sum \sum Q_{r,p,i} \times PC_{i,j} \times PL_j \tag{3-7}$$

式中，$Q_{r,C}$ 为区域内畜禽粪污养分收集量，t/年。

$Q_{r,C,i}$ 为区域内第 i 种畜禽粪污养分收集量，t/年。

$Q_{r,p,i}$ 为区域内第 i 种畜禽粪污养分产生量，t/年。

$PC_{i,j}$ 为区域内第 i 种动物在第 j 种清粪方式所占比例，%。该比例根据调研获得。

PL_j 为第 j 种清粪方式氮（磷）养分收集率，%。

区域内畜禽粪肥养分供给量等于畜禽粪污养分收集量乘以不同处理方式比例，再乘以该处理方式的养分留存率，求和得区域内畜禽粪肥总养分供给量，计算公式如下：

$$Q_{r,Tr} = \sum Q_{r,Tr,i} = \sum \sum Q_{r,c,i} \times PC_{i,k} \times PL_k \tag{3-8}$$

式中，$Q_{r,Tr}$ 为区域内畜禽粪污处理后养分供给量，t/年。

$Q_{r,Tr,i}$ 为区域内第 i 种畜禽粪污处理后养分供给量，t/年。

$PC_{i,k}$ 为区域内第 i 种动物在第 k 种处理方式所占比例，%。

PL_k 为第 k 种处理方式氮（磷）养分留存率，%。优先采用当地数据。

单位猪当量养分供给量等于区域总的粪肥养分供给量除以折算成猪当量的区域畜禽总存栏量，计算公式如下：

$$NS_{r,a} = \frac{Q_{r,Tr} \times 1\ 000}{A} \tag{3-9}$$

式中，$NS_{r,a}$ 为单位猪当量粪肥养分供给量，kg/（猪当量·年）。

$Q_{r,Tr}$ 为区域内畜禽粪污总养分供给量，t/年。

A 为区域内饲养的各种动物根据猪当量换算系数，折算成猪当量的饲养总量，猪当量。

区域畜禽粪污土地承载力等于区域植物总的粪肥养分需求量除以单位猪当量粪肥养分供给量，计算得到区域理论最大养殖量（以猪当量计），计算公式如下：

$$R = \frac{NU_{r,m}}{NS_{r,a}} \tag{3-10}$$

式中，R 为区域畜禽以作物粪肥养分需求为基础的最大养殖量，猪当量。

$NU_{r,m}$ 为区域内植物粪肥养分需求量，kg/年。

$NS_{r,a}$ 为猪当量粪肥养分供给量，kg/（猪当量·年）。

区域畜禽粪污土地承载力指数等于区域各种动物实际存栏量（以猪当量计）与区域畜禽最大养殖量（以猪当量计）之间的比值，计算公式如下：

$$i = \frac{A}{R} \tag{3-11}$$

式中，I 为区域畜禽粪污土地承载力指数。

A 为区域内饲养的各种动物根据猪当量换算系数，折算成猪当量的饲养总量，猪当量。

R 为区域畜禽以作物粪肥养分需求为基础的最大养殖量，猪当量。

当 $I>1$ 时，表明该区域畜禽养殖量超载，需要调减养殖量；当 $I<1$ 时，表明该区域畜禽养殖不超载。

第二节　宁夏畜禽养殖粪便数量及分布特征

粪尿作为畜禽养殖的主要副产物，伴随着畜禽养殖业规模化、集约化和产业化发展呈现出资源量大、集中处理难度大、成本高的特点。我国畜禽养殖业每年产生的畜禽粪尿因超过50%得不到合理利用造成了资源的浪费和环境的污染，部分地区由于畜禽粪尿土地超载造成了大气、水体和土壤污染等问题。据第一次全国污染源普查统计表明，农业源污染物排放中畜禽粪便 COD_{cr}、总氮、总磷分别占农业污染源产生量的96%、38%、65%，且在全国污染物总产生量中的占比不断上升（辉咸，2018）。畜禽粪尿中含有大量的有机质、氮、磷、钾以及植物生长所需的其他营养元素，若合理规划，充分利用，能够达到有效缓解畜禽粪尿造成的污染和节约资源的双重作用。作物生产中由于化肥的长期过量施用造成土壤有机质含量下降、结构恶化、肥料利用率下降，进而引起土壤肥力和农田生产力下降已成为不争的事实。大量研究结果表明，畜禽粪尿作为良好的有机肥源还田后能有效改善土壤物理结构、微生物群落，提高土壤肥力、促进作物生长，提高肥料利用效率（姜利红等，2017）。化肥配施一定比例的有机肥有益于提高土壤有机质，恢复退化土壤肥力，提高土壤微生物生物量和土壤养分供应强度，是化肥减少施用量的有效方法，而且在降低土壤 N_2O 排放系数和强度、调控健康土壤微生物区系、减缓土传病害等方面效果显著（宁建凤等，2011）。刘增兵等研究表明在单施化肥基础上增施一定比例有机肥提升了土壤酶活性和土壤养分供应能力，且有机肥替代无机肥的比例越高，土壤中养分含量越高（刘增兵等，2018）。郑亮等在湖南长沙典型红壤性上研究表明，猪粪与化肥合理配施在维持水稻产量和土壤无机氮水平的同时有效提高了土壤微生物量碳和生物量氮，有效提高了土壤肥力（郑亮等，2014）。有机肥替代部分化肥在提高土壤肥力的同时可以有效降低化肥氮磷径流损失率，谢勇等研究明确了有机肥与化肥配施后农田氮、磷素径流损失显著降低了17.5%和25.0%。与单施化肥相比，随有机肥配施量增加氮流失量显著降低，高量有机肥处理总氮、硝态氮和铵态氮流失量分别降低了53.4%、58.2%和56.0%（谢勇等，2018）。

从农业畜禽粪尿养分资源高效利用和控制畜禽粪尿产生环境污染角度来看，畜禽粪尿养分替代部分化肥减少化肥投入是今后发展的必然趋势。2015年原农业部印发了《全国农业可持续发展规划（2015—2030年）》，强调到2030年养殖废弃物基本实现综合利用。近年来，宁夏持续推进落实化肥使用量零增长行动方案，强调农业生产从追求产量和依赖资源消耗的粗放经营转向数量质量效应并重的方向转变，从根本上破解农业生态环境和资源条件的制约（姜利红等，2017）。因此，估算宁夏畜禽粪尿养分资源量，评价区域粪尿养分替代化肥潜力是减少区域污染、实现农业可持续发展的前提。前人对宁夏引黄灌区畜禽粪尿量进行了估算，并对畜禽粪尿中 BOD_5、COD_{Cr}、NH_3-N、总磷、总氮污染特征进行了分析，对宁夏单位面积耕地的粪尿负荷预警角度进行了分析（丁伟等，2009）。

一、研究区自然概况

宁夏回族自治区是中国五大少数民族自治区之一，全国最大的回族聚居区。位于中国西部的黄河上游，东邻陕西省，西、北部接内蒙古自治区，西南、南部和东南部与甘肃省相连；界介于北纬 35°14′—39°23′，东经 104°17′—107°39′。疆域轮廓南北长、东西短，呈十字形，总面积 6.64 万 km²，深居西北内陆。属典型的大陆性半湿润半干旱气候，雨季多集中在 6—9 月，具有冬寒长，夏暑短，雨雪稀少，气候干燥，风大沙多，南寒北暖等特点（杨亚丽等，2019）。根据自然地理特征和农牧业生产格局可将全区划分为北部引黄灌区、中部干旱带和南部丘陵山区。北部引黄灌区以银川平原和卫宁平原为主，年平均降水量在 200mm 左右，受黄河灌溉之利，北部农业发达，植被丰茂（崔勇等，2019）。中部干旱带多为缓坡丘陵和山间盆地，年降水量在 200~350mm，植被以典型荒漠化草原和退化干草原为主。南部丘陵山区是黄土高原的一部分，年平均降水量在 350~600mm，为宁夏主要的雨养农业区。

二、数据来源与研究方法

畜禽养殖数量、耕地面积数据均来源于《宁夏统计年鉴2018》公布的统计资料，畜禽养殖数量包括宁夏 5 个市（包括县/地级市/区共 20 个）的肉牛、奶牛、生猪、羊、家禽的年末存栏数数据（宁夏回族自治区统计局，2018）。所用到的参数来自国内外的文献资料并结合实际情况，包括畜禽的饲养期、畜禽粪便日排泄系数、畜禽粪尿中氮磷钾养分含量等。不同区域作物养分需求量来源《宁夏测土配方施肥技术》涉及的主要农作物为水稻、小麦、玉米（马玉兰，2008）。饲养周期小于 1 年的蛋鸡饲养周期按照 210d、肉鸡按 55d、生猪 199d。平均饲养周期大于 1 年的家畜，饲养周期按 365d 计算。畜禽饲养周期、畜禽排泄系数、粪尿氮磷钾养分含量及收集系数见表 3-1。畜禽粪便氮磷钾可向参考刘晓利等的研究，粪尿氮素养分的 15% 挥发损失，22% 进入水体污染环境，13% 堆置废弃，50% 还田利用。牛粪尿还田比例 30%，进入环境 70%；生猪粪尿还田比例 65%，进入环境 35%；羊粪尿还田比例 33%，进入环境 67%；家禽粪还田比例 45%，进入环境 55%。

通过畜禽养殖数量、畜禽饲养周期与粪尿排泄系数的关系得到，其计算公式如下：

$$Q_i = \sum_{j=1}^{s} N_{ij} \times T_i \times R_i \tag{3-12}$$

$$W(N) = Q_j \times N_j \tag{3-13}$$

$$W(P_2O_5) = Q_j \times P_j \tag{3-14}$$

$$W(K_2O) = Q_j \times K_j \tag{3-15}$$

式中，Q_i 为第 i 个县（地级市/区）年粪（尿）产生量；N_{ij} 为县（地级市/区）的第 j 类畜禽当年存栏量；T_i 为第 j 类动物饲养期；R_i 为第 j 类动物排泄系数；$W(N)$ 为畜禽粪尿中氮素（N）养分资源量；Q_j 为第 j 类动物年粪尿产生量；N_j 为第 j 类动物粪尿中氮素养分含量；$W(P_2O_5)$ 为畜禽粪尿中磷素（P_2O_5）养分资源量；P_j 为第 j 类动物粪尿中磷素养分含量；$W(K_2O)$ 为畜禽粪尿中钾素（K_2O）养分资源量；K_j 为第

j 类动物粪尿中钾素养分含量。i=1，2，3，…，20；j=1，2，3，4，5。

三、宁夏畜禽养殖废弃物数量及其分布

（一）宁夏畜禽粪尿数量及其养分资源量

宁夏畜禽粪尿数量为 2 217.96 万 t（表 3-1），粪尿数量以肉牛最大，其次为奶牛，分别占总量的 36.6%、34.04%，二者占畜禽粪尿总量的 70.64%，其他畜禽粪尿数量占 29.36%。从畜禽粪尿养分资源量来看，养分资源总量为 29.01 万 t，其中 N、P_2O_5 和 K_2O 养分资源量分别为 11.89 万 t、5.18 万 t 和 11.93 万 t，粪尿总养分量以羊最大，其次为肉牛和奶牛，分别占总量的 36.29%、31.2% 和 27.44%，猪和家禽养分量占 5.08%。粪尿单质养分资源量以羊的氮和磷养分数量最高，分别占单质养分总量的 40.68%（N）和 39.63%（P_2O_5），钾养分数量以肉牛最高，占单质养分总量的 22.4%（K_2O）。

表 3-1　宁夏畜禽粪尿数量、所含养分资源量及其在全部资源量的占比（2016 年）

畜禽种类	粪尿资源总量		粪尿养分资源量							
	粪尿数量（万 t）	百分比（%）	N（万 t）	百分比（%）	P_2O_5（万 t）	百分比（%）	K_2O（万 t）	百分比（%）	总养分（万 t）	百分比（%）
肉牛	811.70	36.60	3.41	28.70	1.31	25.27	4.33	22.40	9.05	31.20
奶牛	755.09	34.04	3.10	26.09	1.33	25.62	3.53	18.26	7.96	27.44
猪	96.06	4.33	0.35	2.92	0.30	5.80	0.26	1.36	0.91	3.14
羊	529.92	23.89	4.84	40.68	2.05	39.63	3.63	18.81	10.53	36.29
家禽	25.20	1.14	0.19	1.61	0.19	3.68	0.18	0.93	0.56	1.94
总计	2 217.96	100.00	11.89	100.00	5.18	100.00	11.93	100.00	29.01	100.00

（二）宁夏畜禽粪便资源的结构特征

从畜禽粪便来源结构来看（图 3-1），宁夏畜禽粪便资源主要由牛粪构成，奶牛、肉牛粪便资源量分别为 440.38 万 t、386.88 万 t，占全区畜禽粪便资源总量的 42.42%、37.27%，平均贡献率为 39.85%。其次是羊粪，为 184.41 万 t，占全区畜禽粪便总量的 17.8%。而猪及家禽等畜禽的粪便产生量相对较少，二者合计占比仅为 25.4%。可见，牛粪便对宁夏全区畜禽粪便资源总量的贡献最大，其次是羊粪便，二者的年度产生量直接决定了宁夏全区畜禽粪便的资源潜力和发展趋势。宁夏奶牛和肉牛的饲养量占主要优势，饲养期长且排泄系数较大，故排泄量最高。因此，宁夏在畜禽排泄物管理方面，应以牛粪为主，同时兼顾羊粪排泄。

（三）宁夏畜禽粪尿资源区域分布特征

从宁夏不同区域畜禽粪尿数量及其养分资源分布来看，宁夏 5 市 20 个县区的粪尿数量及其养分资源分布各地区差异较大（表 3-2），吴忠市和固原市粪尿数量和养分资源量最多，粪尿数量分别占全区总量的 34.72% 和 26.21%，养分资源量分别占全区总

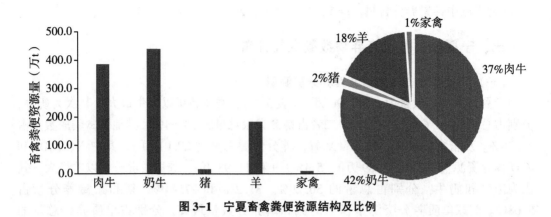

图 3-1 宁夏畜禽粪便资源结构及比例

量的 10.12% 和 7.29%。其次是银川市、中卫市和石嘴山市，粪尿数量分别占全区总量的 19.08%、13.79% 和 6.72%，养分资源量分别占全区总量的 5.22%、4.28% 和 2.11%。从县区角度来看，利通区的畜禽粪尿数量最高，达到 344.6 万 t，养分资源量为 3.92 万 t，分别占全区的 15.54% 和 13.51%。2016 年县区畜禽数量及养分资源量占前三位的是利通区、西吉县和银川市所辖三区，畜禽粪尿数量大于 300 万 t 的县区有 1 个，100 万~200 万 t 的县区有 9 个，小于 100 万 t 的县区有 11 个，其中，大武口区仅为 6.72 万 t，占全区总量的 0.28%。

表 3-2 宁夏不同地区畜禽粪尿资源分布（2016 年）

地区	粪尿资源量		粪尿养分资源量								排名
	粪便尿量（万 t）	百分比（%）	N（万 t）	百分比（%）	P_2O_5（万 t）	百分比（%）	K_2O（万 t）	百分比（%）	总养分（万 t）	百分比（%）	
银川市	423.17	19.08	2.09	17.58	0.98	18.92	2.15	18.02	5.22	17.99	III
三区	143.27	6.46	0.63	5.30	0.28	5.41	0.69	5.78	1.60	5.52	3
永宁县	84.82	3.82	0.46	3.87	0.25	4.83	0.47	3.94	1.18	4.07	13
贺兰县	116.07	5.23	0.53	4.46	0.24	4.63	0.57	4.78	1.35	4.65	7
灵武市	79.15	3.57	0.47	3.95	0.21	4.05	0.42	3.52	1.10	3.79	15
石嘴山市	149.03	6.72	0.89	7.49	0.38	7.34	0.83	6.96	2.11	7.27	V
大武口区	6.22	0.28	0.03	0.25	0.02	0.39	0.03	0.25	0.08	0.28	20
惠农区	61.12	2.76	0.35	2.94	0.15	2.90	0.33	2.77	0.83	2.86	18
平罗县	81.69	3.68	0.51	4.29	0.22	4.25	0.47	3.94	1.20	4.14	14
吴忠市	758.69	34.21	4.21	35.41	1.83	35.33	4.08	34.20	10.12	34.88	I
利通区	344.60	15.54	1.56	13.12	0.66	12.74	1.70	14.25	3.92	13.51	1
红寺堡区	59.03	2.66	0.39	3.28	0.16	3.09	0.36	3.02	0.91	3.14	19
盐池县	103.35	4.66	0.84	7.06	0.37	7.14	0.65	5.45	1.86	6.41	10

（续表）

| 地区 | 粪尿资源量 | | 粪尿养分资源量 | | | | | | | | | 排名 |
	粪便尿量（万t）	百分比（%）	N（万t）	百分比（%）	P₂O₅（万t）	百分比（%）	K₂O（万t）	百分比（%）	总养分（万t）	百分比（%）	
同心县	113.88	5.13	0.76	6.39	0.32	6.18	0.69	5.78	1.77	6.10	9
青铜峡市	137.85	6.22	0.66	5.55	0.31	5.98	0.68	5.70	1.66	5.72	4
固原市	501.00	26.21	2.90	24.39	1.19	22.97	3.19	26.74	7.29	25.13	II
原州区	131.76	5.94	0.70	5.89	0.29	5.60	0.74	6.20	1.73	5.96	5
西吉县	177.64	8.01	0.91	7.65	0.37	7.14	0.98	8.21	2.27	7.82	2
隆德县	67.48	3.04	0.30	2.52	0.13	2.51	0.35	2.93	0.78	2.69	17
泾源县	78.79	3.55	0.35	2.94	0.14	2.70	0.43	3.60	0.91	3.14	16
彭阳县	125.59	5.66	0.64	5.38	0.26	5.02	0.69	5.78	1.60	5.52	6
中卫市	305.93	13.79	1.79	15.05	0.80	15.44	1.68	14.08	4.28	14.75	IV
沙坡头区	91.78	4.14	0.49	4.12	0.23	4.44	0.47	3.94	1.19	4.10	12
中宁县	98.72	4.45	0.54	4.54	0.25	4.83	0.51	4.27	1.31	4.52	11
海原县	115.42	5.20	0.76	6.39	0.32	6.18	0.70	5.87	1.78	6.14	8
全区总计	2217.96	100.00	11.89	100.00	5.18	100.00	11.93	100.00	29.01	100.00	

（四）宁夏畜禽粪尿中氮素养分去向

表3-3与表3-4显示的结果是宁夏不同畜禽种类粪尿中氮素养分去向，宁夏全区畜禽粪尿中的氮素养分回田利用量仅为5.94万t，1.78万t氮素养分挥发损失，2.62万t氮素进入水体污染环境，1.55万t氮素堆置废弃，分别占还田量的30.0%、44.1%和26.1%。畜禽粪尿挥发损失和进入水体的氮素养分以羊的最大，其次为肉牛，家禽最低。从不同区域来看畜禽粪尿中氮素养分去向如表3-5所示，畜禽粪尿中氮素回田量占前三位的是吴忠市、固原市和银川市分别为4.21万t、2.90万t和2.09万t，石嘴山市氮素回田量最小，仅为0.89万t。从县区角度分析，利通区、西吉县、银川市所辖三区氮素回田量占前三位，大武口区最低，仅为0.03万t。

表3-3 宁夏不同种类畜禽粪尿中氮的去向（2016年） （万t）

畜禽种类	N	回田	挥发损失	进入水体	堆置废弃
肉牛	3.41	1.71	0.51	0.75	0.44
奶牛	3.10	1.55	0.47	0.68	0.40
猪	0.35	0.17	0.05	0.08	0.05
羊	4.84	2.42	0.73	1.06	0.63
家禽	0.19	0.10	0.03	0.04	0.02
总计	11.89	5.94	1.78	2.62	1.55

表 3-4　宁夏不同区域粪尿中氮素去向（2016 年）　　　（万 t）

地区	N	回田	挥发损失	进入水体	堆置废弃
银川市	2.09	1.05	0.31	0.46	0.27
三区	0.63	0.32	0.09	0.14	0.08
永宁县	0.46	0.23	0.07	0.10	0.06
贺兰县	0.53	0.27	0.08	0.12	0.07
灵武市	0.47	0.23	0.07	0.10	0.06
石嘴山市	0.89	0.44	0.13	0.20	0.12
大武口区	0.03	0.02	0.00	0.01	0.00
惠农区	0.35	0.18	0.05	0.08	0.05
平罗县	0.51	0.25	0.08	0.11	0.07
吴忠市	4.21	2.11	0.63	0.93	0.55
利通区	1.56	0.78	0.23	0.34	0.20
红寺堡区	0.39	0.20	0.06	0.09	0.05
盐池县	0.84	0.42	0.13	0.18	0.11
同心县	0.76	0.38	0.11	0.17	0.10
青铜峡市	0.66	0.33	0.10	0.15	0.09
固原市	2.90	1.45	0.44	0.64	0.38
原州区	0.70	0.35	0.10	0.15	0.09
西吉县	0.91	0.46	0.14	0.20	0.12
隆德县	0.30	0.15	0.05	0.07	0.04
泾源县	0.35	0.18	0.05	0.08	0.05
彭阳县	0.64	0.32	0.10	0.14	0.08
中卫市	1.79	0.90	0.27	0.39	0.23
沙坡头区	0.49	0.24	0.07	0.11	0.06
中宁县	0.54	0.27	0.08	0.12	0.07
海原县	0.76	0.38	0.11	0.17	0.10
全区总计	11.89	5.94	1.78	2.62	1.55

（五）宁夏畜禽粪尿中磷和钾素养分去向

宁夏畜禽粪尿中磷和钾素回田量和进入环境总量如表 3-5 所示，其中回田量分别为 1.75 万 t 和 4.84 万 t，分别占畜禽粪尿 P_2O_5、K_2O 总量的 33.78% 和 40.57%，进入环境的磷和钾素分别为 3.43 万 t 和 7.09 万 t。宁夏不同畜禽种类粪尿中磷的还田量以羊最高，回田量为 0.68 万 t，其次是奶牛，分别占畜禽粪尿磷素养分总量的 7.72% 和 7.53%，进入环境的磷素同样以羊和奶牛粪尿磷为主，分别为 1.38 万 t 和 0.93 万 t。钾的回田量最高的为肉牛，回田量为 1.3 万 t，其次为羊为 1.2 万 t，分别占畜禽粪尿中钾素养分的 10.9% 和 10.1%，进入环境的钾素以肉牛和奶牛的粪尿钾为最高，分别为

3.03 万 t 和 2.74 万 t。宁夏不同区域畜禽粪尿磷和钾的去向如表 3-6 所示，磷和钾还田量最高的均为吴忠市，分别为 0.6 万 t 和 1.29 万 t，其次是固原市。磷和钾进入环境中数量最高的均为吴忠市，分别为 1.22 万 t 和 2.78 万 t。

表 3-5　宁夏不同畜禽粪尿中 P_2O_5、K_2O 的去向

畜禽种类	粪尿 P_2O_5、K_2O 去向		粪尿 P_2O_5				粪尿 K_2O			
	回田比例（%）	进入环境比例（%）	回田量（万 t）	百分比（%）	进入环境（万 t）	百分比（%）	回田量（万 t）	百分比（%）	进入环境（万 t）	百分比（%）
肉牛	30.00	70.00	0.39	22.46	0.92	26.71	1.30	26.82	3.03	42.72
奶牛	30.00	70.00	0.40	22.77	0.93	27.08	1.06	21.87	2.47	34.84
猪	65.00	35.00	0.20	11.16	0.11	3.06	0.17	3.52	0.09	1.29
羊	33.00	67.00	0.68	38.74	1.38	40.09	1.20	24.78	2.43	34.34
家禽	45.00	55.00	0.09	4.91	0.10	3.06	0.08	1.68	0.10	1.40
总计	40.60	59.40	1.75	100.0	3.43	100.00	4.84	100.00	7.09	100.00

表 3-6　宁夏不同区域粪尿中磷和钾去向（2016 年）

地区	P_2O_5（万 t）	K_2O（万 t）	P_2O_5 回田量（万 t）	百分比（%）	P_2O_5 进入环境（万 t）	百分比（%）	K_2O 回田量（万 t）	百分比（%）	K_2O 进入环境（万 t）	百分比（%）
银川市	0.98	2.15	0.34	19.51	0.64	18.59	0.69	18.25	1.46	17.94
三区	0.28	0.69	0.09	5.15	0.19	5.46	0.21	5.64	0.48	5.88
永宁县	0.25	0.47	0.09	5.32	0.15	4.51	0.16	4.19	0.31	3.82
贺兰县	0.24	0.57	0.08	4.48	0.16	4.70	0.18	4.71	0.40	4.86
灵武市	0.21	0.42	0.08	4.58	0.13	3.92	0.14	3.72	0.27	3.38
石嘴山市	0.38	0.83	0.13	7.37	0.27	7.43	0.27	7.03	0.57	6.96
大武口区	0.02	0.03	0.01	0.36	0.01	0.27	0.01	0.28	0.02	0.24
惠农区	0.15	0.33	0.05	2.82	0.11	2.95	0.11	2.76	0.23	2.78
平罗县	0.22	0.47	0.07	4.19	0.14	4.21	0.15	3.99	0.32	3.93
吴忠市	1.83	4.08	0.60	34.39	1.22	35.64	1.29	33.97	2.78	34.27
利通区	0.66	1.70	0.21	11.71	0.46	13.39	0.52	13.57	1.18	14.52
红寺堡区	0.16	0.36	0.05	3.05	0.11	3.18	0.11	2.99	0.24	2.98
盐池县	0.37	0.65	0.13	7.35	0.24	6.99	0.22	5.77	0.43	5.31
同心县	0.32	0.69	0.10	5.82	0.21	6.21	0.22	5.79	0.47	5.81
青铜峡市	0.31	0.68	0.11	6.45	0.20	5.86	0.22	5.85	0.46	5.65
固原市	1.19	3.19	0.39	22.37	0.80	23.28	1.00	26.21	2.20	27.02
原州区	0.29	0.74	0.10	5.53	0.19	5.68	0.23	6.10	0.50	6.21
西吉县	0.37	0.98	0.12	6.96	0.25	7.30	0.31	8.08	0.68	8.33

（续表）

地区	P_2O_5（万 t）	K_2O（万 t）	P_2O_5回田量（万 t）	百分比（%）	P_2O_5进入环境（万 t）	百分比（%）	K_2O回田量（万 t）	百分比（%）	K_2O进入环境（万 t）	百分比（%）
隆德县	0.13	0.35	0.04	2.52	0.08	2.39	0.11	2.93	0.24	2.97
泾源县	0.14	0.43	0.04	2.39	0.09	2.76	0.13	3.38	0.30	3.65
彭阳县	0.26	0.69	0.09	4.97	0.18	5.14	0.22	5.71	0.48	5.86
中卫市	0.80	1.68	0.29	16.37	0.52	15.07	0.55	14.55	1.12	13.82
沙坡头区	0.23	0.47	0.08	4.84	0.15	4.25	0.16	4.12	0.31	3.85
中宁县	0.25	0.51	0.10	5.58	0.16	4.58	0.18	4.60	0.34	4.15
海原县	0.32	0.70	0.10	5.96	0.21	6.25	0.22	5.83	0.47	5.83
全区总计	5.18	11.93	1.75	100.00	3.43	100.00	3.81	100.00	8.12	100.00

（六）畜禽粪尿及养分资源量准确估算

准确估算畜禽粪尿及其养分资源数量是其合理利用的前提，目前国内学者在畜禽粪尿总量估算常用的方法是采用当年畜禽存栏数量（或出栏数量）、畜禽粪尿排泄系数和养殖周期进行估算，耿维等、郭冬生等和刘晓永等均对2010年我国畜禽粪尿总量进行估算，分别为22.35亿t、45.0亿t和42.34亿t，耿维的研究与后两者差异较大（耿维等，2013；郭冬生等，2012；刘晓永等，2018）。宋大利等认为2015年我国畜禽粪尿数量为31.6亿t，畜禽粪尿中氮（N）、磷（P_2O_5）、钾（K_2O）养分资源总量分别为1 478.0万t、901.0万t和1 453.9万t，王志国等则认为2015年中国畜禽粪尿排放总量为23.99亿t，氮（N）、磷（P_2O_5）、钾（K_2O）养分分别为1 278.50万t、366.16万t、928.44万t，畜禽粪尿数量前者是后者的1.32倍，其氮磷钾养分数量相应提高（宋大利等，2018；王志国等，2019）。类似的研究结果还有很多，估算结果均存在一些偏差，造成结果差异较大的原因是畜禽种类的选取、排放系数的差异以及饲养周期选择的差别。但无论存在多少差异，均较好地反映了目前我国畜禽粪尿总量及养分资源量较大。本研究参考了以上研究中的参数，对宁夏畜禽粪尿及其养分资源进行了估算，2016年畜禽粪尿数量为2 217.96万t，N、P_2O_5和K_2O养分资源量分别为11.89万t、5.18万t和11.93万t，其中吴忠市粪尿数量和养分资源量最高，研究结果明确了宁夏畜禽粪尿及其养分资源总量及其分布，为宁夏畜禽粪尿资源合理利用提供了理论依据。

（七）畜禽粪尿养分资源管理

畜禽粪尿养分资源的再利用是种养结合产业链的重要环节，作为有机肥的重要肥源，还田后将有效减少化肥的投入，耿维等估算2010年畜禽粪便可提供总氮1 900万t，总磷400万t，占当年氮磷肥消费量的79%和50%（耿维等，2013）。宋大利等认为2015年我国畜禽粪尿中氮素养分含量可折合为3 213.0万t尿素，占我国当年氮肥消费的62.6%（宋大利等，2018），黎运红等研究认为2013年我国畜禽粪便氮磷钾养分资源相当于当年农业氮、磷、钾肥施用量的48.26%、37.51%、123.38%（黎运红等，2015）。2016年宁夏畜禽粪尿数量养分资源总量为29.01万t，其中N、P_2O_5和

K$_2$O 养分资源量分别为 11.89 万 t、5.18 万 t 和 11.93 万 t，分别占全国的 0.8%、50.57%、8.2%。占当年宁夏化肥氮、磷、钾总量的 42.2%、33.8%、194.9%。2016 年宁夏全区畜禽粪尿中的氮素养分回田利用量仅为 5.94 万 t，挥发损失 1.78 万 t，进入水体污染环境 2.62 万 t，堆置废弃 1.55 万 t。畜禽粪尿中磷钾素回田量分别为 1.75 万 t 和 4.84 万 t，进入环境量分别为 3.43 万 t 和 7.09 万 t。由此看出宁夏畜禽粪尿养分资源量较大，加强畜禽粪尿资源的利用能够实现农田化肥减施，可以降低环境污染，提高畜禽粪尿的资源利用率。

四、结论

2016 年宁夏畜禽粪尿数量 2 217.96 万 t，粪尿数量以肉牛最大，其次为奶牛，分别占总量的 36.6%、34.04%，二者占畜禽粪尿总量的 70.64%，其他畜禽粪尿数量占29.36%。吴忠市和固原市粪尿数量占前两位，分别占全区总量的 34.72% 和 26.21%。2016 年宁夏畜禽粪尿养分资源总量为 29.01 万 t，其中 N、P$_2$O$_5$ 和 K$_2$O 养分资源量分别为 11.89 万 t、5.18 万 t 和 11.93 万 t，粪尿总养分量以羊最大，其次为肉牛和奶牛，分别占总量的 36.29%、31.2% 和 27.44%，猪和家禽养分量占 5.08%。吴忠市和固原市畜禽粪尿养分资源量分别占全区总量的 10.12% 和 7.29%。2016 年宁夏全区畜禽粪尿中的氮素养分回田利用量仅为 5.94 万 t，畜禽粪尿中氮素回田量占前三位的是吴忠市、固原市和银川市分别为 4.21 万 t、2.90 万 t 和 2.09 万 t。畜禽粪尿中磷和钾素回田量分别为 1.75 万 t 和 4.84 万 t。将畜禽粪尿全量还田 N、P$_2$O$_5$、K$_2$O 输入量分别为10.11 万 t、5.18 万 t 和 11.93 万 t，全区氮磷钾化肥替代率分别为 51.8%、65.5% 和413.4%。宁夏畜禽粪尿回田是实现化肥减施增效的有效措施，具有广阔的利用空间。

第三节　宁夏畜禽养殖土地承载力评价

畜禽粪尿是畜禽养殖过程中产生的副产物，随着畜禽养殖规模的不断扩大，每年将产生大量的畜禽粪尿，若没有足够的土地承载消纳而作为农业面源污染的重要来源成为世界普遍关注的问题。2017 年国务院办公厅印发《关于加快推进畜禽养殖废弃物资源化利用的意见》指出，到 2020 年全国畜禽粪污综合利用率要达到 75% 以上。可见，如何提高畜禽粪污综合利用率已经成为迫切需要解决的问题，亟需开辟畜禽粪便资源化利用新途径。畜禽粪便是生态系统中 COD、BOD、N 和 P 污染的主要来源。近年来，宁夏畜禽养殖方式发生了较大变化，以前的农户散养逐渐被养殖专业户和大、中型畜禽养殖场所替代，难以保证周边有充足的土地来消纳养殖废弃物，加大了对环境的潜在污染，以地定畜、种养结合等方法成为畜禽养殖污染研究的热点之一（段晓红等，2019）。种养结合模式不仅可以减少畜禽粪便污染，还能提高土壤肥力。宁夏畜禽养殖对周围地下水体形成的潜在威胁远大于工业、生活污染，但缺乏对各地差异以及对环境影响的定量研究。基于等标污染负荷法计算了宁夏各地区的畜禽养殖水体负荷污染指数，对各地区畜禽粪尿耕地污染负荷情况进行衡量与评估，为宁夏畜禽养殖与生态环境的协调发展提供理论指导。

一、数据来源与研究方法

（一）数据来源

本研究选取《宁夏统计年鉴 2017》中宁夏 5 个市、20 个县/地级市/区的奶牛、肉牛、猪、羊、家禽养殖存栏数据、耕地面积数据。水资源数据总量数据来源于《2017 年宁夏水资源公报》包括地表水和地下水数据。

（二）研究方法

1. 畜禽粪尿产生量

目前对于畜禽的排污系数有不同的意见，本研究采用的猪、牛、羊、家禽的排污系数均参考《第一次全国污染源普查畜禽养殖业源产排污系数手册》具体数据见表 3-7。畜禽粪尿量的计算公式为：畜禽粪尿量＝∑饲养量×日排污系数×饲养周期。生猪的饲养周期确定为 199d，用出栏量作为饲养量，奶牛、肉牛、羊的饲养周期为 365d，取年末存栏量作为饲养量，家禽的饲养周期为 210d，取年末存栏量作为饲养量。

2. 畜禽粪尿耕地承载及风险评价

畜禽粪尿耕地负荷指区域单位面积承载的畜禽粪尿量，用来衡量区域养殖规模是否合理（孙茜等，2015）。由于不同类型的畜禽粪便，其肥效养分差异很大，故其农田消纳量差异也很大，因此将各种粪尿统一成猪粪当量，然后叠加成猪粪总量。各畜禽换算成猪粪当量的换算系数为猪粪 1.00、猪尿 0.50、牛粪 0.69、牛尿 1.23、羊粪 1.23、家禽粪 2.51。将畜禽粪尿猪粪当量的耕地负荷除以农田有机肥理论最大适宜施肥量，其比值即为区域畜禽粪尿负荷量承受程度的警报值 r，它间接反映各地区畜禽粪尿耕地负荷承受程度。r 值越大，畜禽粪尿对环境造成的污染威胁性越大，环境对畜禽粪尿负荷量的承载能力越小。从环境风险的角度考虑，一般以 $30t/hm^2$ 为最大理论适宜量。计算公式为：

①畜禽粪尿耕地负荷量：$q=Q/S=\sum X \cdot T/S$ (3-16)

式中，Q 为年度粪尿养分总量（万 t）；S 为耕地面积（万 hm^2）；X 为各类畜禽粪尿量（万 t）；T 为猪粪当量换算系数。

②警报值计算公式为：$r=q/p$ (3-17)

式中，q 为畜禽粪便负荷量（t/hm^2）；p 为有机肥最大理论适宜施用量（t/hm^2）。

3. 水体等标承载负荷

等标承载负荷指把 i 污染物的排放量稀释到相应排放标准时所需的介质量，用以评价各污染源和各污染物的相对危害程度，是污染评价的常用指标，可以表达污染源本身潜在的污染水平。本研究的污染物包括全氮（TN）、全磷（TP）、化学需氧量（COD），其产生量根据畜禽粪尿总量和畜禽粪尿中污染物含量参数来确定。对于畜禽粪尿的流失率，宋大平等都是根据当地现实情况将各种畜禽粪尿流失率均按 30% 考虑，大多研究是把不同种类畜禽的粪尿流失率分开来考虑，畜禽污染物参数及流失率，具体数据见表 3-8。水资源总量为区域内降水形成的地表水和地下水总量。计算公式如下。

①i 污染物的等标排放量计算公式为：$Pi=ci/c0$ (3-18)

式中，P_i 为 i 污染物的等标排放量（m^3）；c_i 为 i 污染物流失量（t/年）；$c0$ 为污染物按 GB 3838—2002 Ⅲ类标准系列的阀浓度（COD 为 20mg/L，TN 为 1mg/L，TP 为 0.2mg/L）。

②畜禽粪便污染物产生量=年畜禽粪便量×畜禽粪便污染物参数。

③畜禽粪便污染物流失量=畜禽粪便污染物产生量×进入水体的流失率。

④某地区污染物的等标承载负荷指数=该地区污染物的等标排放量（P_i）/该地区水资源总量。

⑤某地区污染物的等标承载负荷比=某地区污染物的等标排放量（P_i）/某地区污染物的总等标排放量。当某种污染物的等标污染负荷比越大时，则说明该污染物的贡献率越大。

表 3-7 畜禽粪污日排污系数 ［kg/（头·d）或 kg/（羽·d）］

畜禽种类	生猪	奶牛	肉牛	养	家禽
粪便	1.18	33.01	13.87	0.87	0.09
尿	3.18	17.98	9.15	0.87	
饲养天数（d）	199.0	365.0	365.0	365.0	210.0

表 3-8 畜禽粪便污染物参数及水体流失率

指标	各类畜禽污染物参数（kg/t）					各类畜禽污染物进入水体的流失率（%）				
	COD_{cr}	BOD_5	TN	NH_4^+-N	TP	COD_{cr}	BOD_5	TN	NH_4^+-N	TP
猪粪	52	57	5.88	3.10	3.41	5.58	6.14	5.34	3.04	5.25
猪尿	9	5	3.3	1.40	0.52	50	50	50	50	50
牛粪	31	24.5	4.37	1.70	1.18	6.16	4.87	5.68	2.22	5.5
牛尿	6.0	4	8	3.50	0.4	50	50	50	50	50
羊粪	4.63	4.1	7.5	0.80	2.6	5.5	6.7	5.3	4.1	5.2
家禽粪	45	47.9	9.8	4.80	5.4	8.59	6.78	8.47	4.15	8.42

二、宁夏各地区畜禽粪尿耕地承载现状

（一）宁夏各地区畜禽粪尿总量

为了准确评估畜禽粪便对环境的影响，首先对畜禽粪便的产生量进行估算。畜禽粪便的总量取决于畜禽饲养量、排泄系数和饲养周期。由表 3-9 和表 3-10 可知 2016 年宁夏畜禽粪尿排放总量为 1 769.5 万 t，其中粪便 1 046.3 万 t，尿 723.2 万 t。牛粪尿产生量最高，奶牛和肉牛粪尿总量为 1 322.3 万 t，占畜禽粪污排放总量的 74.7%，其余畜禽粪便排放量所占比例由大到小依次为羊（20.8%）>猪（3.4%）>家禽（1.0%）。从地区分布来看，吴忠市的畜禽粪尿排放量最大，为 617.7 万 t，占宁夏全区的 34.9%，

由于吴忠市奶牛养殖规模不断扩大，奶牛粪尿占该市畜禽粪尿总量的54.5%。其余地区畜禽粪便排放量所占比例由大到小依次为固原市（25.3%）>银川市（20.1%）>中卫市（13.4%）>石嘴山市（6.6%）。从县域地区分布来看吴忠市利通区畜禽粪尿量最高为299.7万t，占全区总量的16.9%。大武口区畜禽粪尿总量最低，仅为4.9万t。近年来宁夏畜禽养殖规模逐渐增大，部分地区畜禽粪尿基数大且缺乏足够的耕地来容纳，增加了畜禽粪尿中污染物流失到环境的风险。

（二）畜禽粪尿污染耕地承载量

不同畜禽粪便的养分含量和农田施用量不尽相同，农田畜禽粪便负荷值会偏离实际，将不同种类畜禽粪便换算成猪粪当量，其负荷量能直观地反映区域的畜禽粪便产生密度。2016年宁夏畜禽粪便猪粪当量为1 484.3万t，畜禽粪便负荷量为11.5t/（$hm^2 \cdot a$），银川市的猪粪当量耕地负荷量最高，是全区负荷量的1.96倍，中卫市负荷量最低。从县区角度来看，吴忠市利通区耕地负荷量最高达到了85.9t/（$hm^2 \cdot a$），是全区耕地负荷量的7.47倍，中卫市海原县耕地负荷量最低。

（三）畜禽粪尿耕地承载预警分析

农田畜禽粪便负荷量不能全面衡量畜禽粪便是否过载以及是否对环境造成威胁，对宁夏畜禽粪便负荷量承受程度进行了预警与分级分析结果如表3-10所示，2016年宁夏畜禽粪便耕地负荷预警值为0.38，为I级，说明宁夏农田环境对畜禽粪便负荷量普遍承受程度较高，全区畜禽粪尿污染程度在空间分布上呈现不均匀分布，对各市的预警值进行计算可知，石嘴山、中卫、固原市畜禽粪便农田负荷预警值小于0.4，为I级，对环境暂无威胁，银川、吴忠畜禽粪便农田负荷预警值在0.4~0.7范围内，为II级，对环境稍有威胁，其中银川市预警值为0.75高于吴忠市。从县区角度分析，污染最严重的吴忠市利通区畜禽粪便农田承载量对环境有很严重威胁，预警值为2.86，预警级别为VI级，固原市泾源县农田畜禽粪便承载量预警值为1.05预警级别为IV级，对环境有较严重威胁。警报值级别达到III级的为银川市所辖三区、青铜峡市，对环境构成污染威胁。警报值级别达到II级的有永宁县、贺兰县、灵武市、隆德县，对环境稍构成污染威胁，其余县区警报值级别达到I级对环境没有威胁。由此可看出应当对银川市三区两县一市、吴忠市利通区、固原市泾源县的农田畜禽粪便总量加以控制。

表3-9 畜禽粪便负荷预警级别

预警值	级别	构成的环境威胁
≤0.4	I	无
0.4~0.7	II	稍有
0.7~1.0	III	有
1.0~1.5	IV	较严重
1.5~2.5	V	严重
>2.5	VI	很严重

表 3-10　宁夏各地区畜禽粪尿产生量及耕地负荷预警分析

地区	畜禽粪尿产生量（万 t）						猪粪当量（万 t）	猪粪当量耕地负荷量 $[t/(hm^2 \cdot a)]$	预警值（r）	预警级别	对环境的威胁程度
	肉牛	奶牛	猪	羊	禽类	总计					
银川市	55.8	230.4	13.3	42.0	13.75	355.2	317.1	22.5	0.75	II	稍有
银川三区	14.4	100.7	2.8	5.6	0.82	124.2	108.6	27.8	0.93	III	有
永宁县	23.9	23.5	1.9	9.3	10.95	69.5	72.8	20.9	0.70	II	稍有
贺兰县	11.4	78.2	1.6	7.0	1.98	100.2	88.8	20.5	0.68	II	稍有
灵武市	6.1	28.1	7.0	20.2	0.0	61.4	47.1	19.7	0.66	II	稍有
石嘴山市	32.4	42.1	3.7	38.0	0.63	116.9	93.5	10.4	0.35	I	无
大武口区	1.3	2	0.8	0.7	0.17	4.9	4.2	7.8	0.26	I	无
惠农区	6.4	28.5	1.0	13.8	0.05	49.7	40.1	18.0	0.60	II	稍有
平罗县	24.8	11.5	1.9	23.6	0.4	62.3	49.2	7.8	0.26	I	无
吴忠市	113.6	336.9	13.7	149.3	4.23	617.7	508.9	14.4	0.48	II	稍有
利通区	32.4	246.2	1.1	19.6	0.38	299.7	259.7	85.9	2.86	VI	很严重
红寺堡区	22.7	0.2	0.7	20.2	0.01	43.8	33.6	8.2	0.27	I	无
盐池县	1.2	9.9	4.8	57.9	0.06	73.8	48.5	4.7	0.16	I	无
同心县	42.8	1.5	0.4	40.1	0.0	84.7	64.9	4.7	0.16	I	无
青铜峡市	14.5	79.1	6.8	11.5	3.78	115.7	102.3	26.4	0.88	III	有
固原市	367.4	0.9	12.4	65.8	1.25	447.8	384.2	9.4	0.31	I	无
原州区	76.2	0.7	2.7	20.3	0.95	100.9	85.9	8.3	0.28	I	无
西吉县	109.3	0.0	3.4	23.5	0.15	136.4	115.0	7.1	0.24	I	无
隆德县	46.2	0.0	3.1	2.7	0.15	52.2	45.8	12.5	0.42	II	稍有
泾源县	58.9	0.0	0.2	2.8	0.0	61.9	55.1	31.6	1.05	IV	较严重
彭阳县	76.9	0.0	2.9	16.5	0.0	96.3	81.6	9.8	0.33	I	无
中卫市	72.8	70.2	16.8	73.7	2.82	236.3	189.7	6.3	0.21	I	无
沙坡头区	9.2	41.9	6.2	15.3	1.64	74.2	62.0	8.4	0.28	I	无
中宁县	21.2	24.9	9.7	19.4	0.75	76	60.8	9.0	0.30	I	无
海原县	42.5	3.4	0.9	39	0.43	86.2	66.9	4.1	0.14	I	无
全区	642.1	680.2	59.8	368.8	18.45	1769.5	1484.3	11.5	0.38	I	无

（四）畜禽粪便污染物环境承载

宁夏畜禽粪便的污染物环境承载量如表 3-11 所示，畜禽粪便的 COD_{Cr}、BOD_5、TN、TP、NH_4-N 总产生量分别为 32.37 万 t、781.24 万 t、9.56 万 t、3.58 万 t 和 1.93 万 t，其中吴忠市畜禽粪便污染物排放量最高，占全区的 39.0%，其次是中卫市和固原市，分别占 19.0% 和 17.9%。从污染物角度分析，BOD_5 占污染物总量的 94.3%，吴忠市和中卫市是宁夏的主要养殖区域，BOD_5 污染物占全区的 39.4% 和 19.4%。COD_{Cr} 污染物占总量的 3.9%，吴忠市和固原市分别占全区 COD_{Cr} 总量的 33.6% 和 25.7%。这些污染物极易引起水体的富营养化，污染水体环境，并会对周围环境及人体健康造成威胁。

表 3-11　宁夏畜禽养殖污染物环境承载量　　　　　　　　　　　（万 t）

地区	COD_{Cr}	BOD_5	TN	NH_4^+-N	TP	污染物承载总量
银川市	7.90	88.01	2.11	0.85	0.48	99.34
银川市三区	2.68	11.73	0.70	0.28	0.12	15.52
永宁县	2.07	20.13	0.53	0.22	0.17	23.13
贺兰县	2.20	14.72	0.58	0.23	0.11	17.85
灵武市	0.94	41.44	0.30	0.10	0.07	42.85
石嘴山市	1.84	78.17	0.60	0.20	0.13	80.93
大武口区	0.10	1.38	0.03	0.01	0.01	1.53
惠农区	0.82	28.32	0.25	0.09	0.05	29.54
平罗县	0.91	48.48	0.31	0.10	0.07	49.88
吴忠市	10.87	307.46	3.26	1.19	0.66	323.44
利通区	6.25	40.79	1.66	0.67	0.28	49.65
红寺堡区	0.54	41.48	0.21	0.06	0.05	42.35
盐池县	0.48	118.70	0.30	0.06	0.09	119.63
同心县	1.03	82.26	0.41	0.12	0.09	83.92
青铜峡市	2.57	24.24	0.68	0.27	0.15	27.91
固原市	8.28	135.91	2.46	0.95	0.44	148.04
原州区	1.81	41.98	0.55	0.21	0.11	44.66
西吉县	2.44	48.46	0.74	0.28	0.13	52.06
隆德县	1.06	5.60	0.29	0.12	0.05	7.12
泾源县	1.25	5.86	0.35	0.14	0.06	7.66
彭阳县	1.72	34.00	0.52	0.20	0.09	36.53
中卫市	3.86	151.75	1.22	0.43	0.28	157.53
沙坡头区	1.43	31.63	0.40	0.15	0.09	33.71
中宁县	1.31	40.04	0.39	0.14	0.09	41.97
海原县	1.12	80.08	0.42	0.13	0.10	81.86
总计	32.37	781.24	9.56	3.58	1.93	828.67

（五）宁夏各地区畜禽养殖水体污染承载

近年来随着畜禽养殖的增加，大量畜禽粪尿的不合理排放，造成了部分水体的污染。经计算，宁夏畜禽养殖粪尿中主要污染物的流失量、等标排放量、等标污染负荷比如表 3-12 所示。宁夏 COD_{cr}、BOD_5、TN、NH_4^+-N 和 TP 流失量总计达 56.72 万 t，其中 BOD 流失量较多，占总量的 93.2%，其次是 COD 流失量占 6.04%，TN 流失量占 0.53%；TP 流失量最少，仅占 0.16%。COD_{cr}、BOD_5、TN、NH_4^+-N 和 TP 5 种污染物的等标排放量总计为 141.78×$10^3 m^3$，BOD_5 的等标排放量最高，占 93.2%，其次是 TP 占 3.2%，COD 的等标排放量占 1.2%。NH_4^+-N 等标排放量最低，仅占 0.3%。说明宁夏水体的主要污染物是 BOD_5 和 TP，而 COD 和 NH_4^+-N 相对较少。吴忠市地处宁夏的引黄灌区，污染物等标排放量最高达 55.5×$10^3 m^3$，占全区的 39.1%，其次是中卫市，占 19.04%，石嘴山市最低占全区的 9.7%（图 3-2、图 3-3）。

表 3-12　宁夏畜禽粪便水体污染物承载量

地区	流失量（×10^3t/年）					污染物的等标排放量（×$10^3 m^3$）					等标污染承载比例（%）
	COD_{cr}	BOD_5	TN	NH_4^+-N	TP	COD_{cr}	BOD_5	TN	NH_4^+-N	TP	
银川市	7.72	60.50	0.66	0.11	0.22	0.39	15.13	0.66	0.11	1.08	12.24
银川市三区	2.80	8.60	0.20	0.03	0.06	0.14	2.15	0.20	0.03	0.28	1.98
永宁县	1.61	13.50	0.18	0.04	0.08	0.08	3.37	0.18	0.04	0.38	2.86
贺兰县	2.21	10.40	0.17	0.03	0.05	0.11	2.59	0.17	0.03	0.26	2.23
灵武市	1.10	28.10	0.10	0.01	0.03	0.06	7.02	0.10	0.01	0.16	5.18
石嘴山市	1.95	52.90	0.20	0.03	0.06	0.10	13.22	0.20	0.03	0.30	9.77
大武口区	0.12	1.00	0.01	0.00	0.00	0.01	0.24	0.01	0.00	0.02	0.19
惠农区	0.86	19.20	0.08	0.01	0.02	0.04	4.80	0.08	0.01	0.12	3.57
平罗县	0.97	32.70	0.11	0.01	0.03	0.05	8.18	0.11	0.01	0.17	6.01
吴忠市	11.30	208.90	1.05	0.15	0.31	0.57	52.22	1.06	0.15	1.56	39.18
利通区	6.49	29.00	0.49	0.07	0.13	0.33	7.26	0.49	0.07	0.66	6.21
红寺堡区	0.59	28.00	0.08	0.01	0.02	0.03	6.99	0.08	0.01	0.12	5.09
盐池县	0.53	79.70	0.14	0.01	0.05	0.03	19.92	0.14	0.01	0.23	14.34
同心县	1.10	55.40	0.15	0.02	0.05	0.06	13.84	0.15	0.02	0.22	10.08
青铜峡市	2.59	16.80	0.21	0.03	0.07	0.13	4.20	0.21	0.03	0.34	3.46
固原市	9.27	93.70	0.70	0.10	0.20	0.46	23.43	0.70	0.10	1.00	18.12
原州区	1.98	28.70	0.17	0.02	0.05	0.10	7.17	0.17	0.02	0.25	5.43
西吉县	2.74	33.30	0.21	0.03	0.06	0.14	8.32	0.21	0.03	0.31	6.35
隆德县	1.22	4.10	0.08	0.01	0.02	0.06	1.03	0.08	0.01	0.11	0.91

（续表）

地区	流失量（×10³ t/年）					污染物的等标排放量（×10³ m³）					等标污染承载比例（%）
	COD_cr	BOD_5	TN	NH_4^+-N	TP	COD_cr	BOD_5	TN	NH_4^+-N	TP	
泾源县	1.39	4.30	0.09	0.01	0.03	0.07	1.08	0.09	0.01	0.13	0.98
彭阳县	1.94	23.40	0.15	0.02	0.04	0.10	5.84	0.15	0.02	0.21	4.46
中卫市	4.21	102.80	0.41	0.06	0.13	0.21	25.69	0.41	0.06	0.64	19.05
沙坡头区	1.51	21.50	0.13	0.02	0.04	0.08	5.39	0.13	0.02	0.21	4.11
中宁县	1.52	27.20	0.13	0.02	0.04	0.08	6.81	0.13	0.02	0.20	5.10
海原县	1.18	54.00	0.15	0.02	0.05	0.06	13.49	0.15	0.02	0.23	9.84
全区总计	34.29	528.60	2.99	0.43	0.90	1.71	132.15	2.99	0.43	4.50	100.00

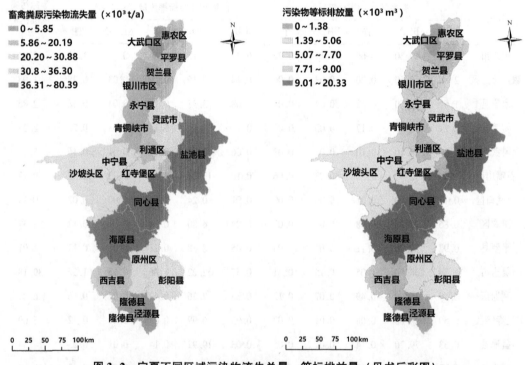

图3-2　宁夏不同区域污染物流失总量、等标排放量（见书后彩图）

（六）基于畜禽粪便养分平衡承载评价

畜禽养殖粪尿副产物中含有大量的有机质和无机养分，若无合理的利用措施不仅造成大量养分资源的浪费，同时造成环境污染物，畜禽粪尿还田回用是改善土壤结构、培肥土壤和减少化学肥料施用的有效途径（宇万太等，2005）。根据《宁夏统计年鉴2018》各区域不同作物种植面积和宁夏测土配方施肥提出的各区域不同作物最佳施用量（表3-13），计算可得到各区域的作物养分需求量。将畜禽粪尿不同比例还田替代化

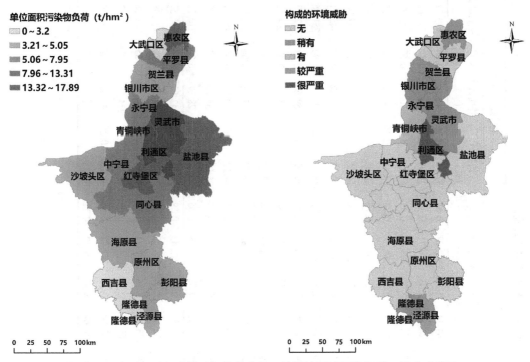

图 3-3 宁夏不同区域耕地污染负荷及环境污染风险预警级别（见书后彩图）

肥比例结果如表 3-14 所示，将畜禽粪尿全量还田 N、P_2O_5、K_2O 输入量分别为 10.11 万 t（除去 15% 的氮素养分挥发损失）、5.18 万 t 和 11.93 万 t，引黄灌区、中部干旱区和南部雨养区化肥氮的替代率为 20.15% ~ 133.72%、23.49% ~ 61.93%，24.99% ~ 205.20%；化肥磷的替代率为 28.22% ~ 191.94%、28.07% ~ 80.38% 和 27.31% ~ 224.58%；化肥钾的替代率为 145.11% ~ 1251.96%、110.26% ~ 255.17% 和 173.38% ~ 2165.52%。分析宁夏不同区域畜禽粪尿全量回田，发现氮肥减施量最高的均为中部干旱区，P_2O_5、K_2O 减施率最高的均为南部雨养区。

表 3-13 不同区域不同作物最佳施肥量

作物	引黄灌区			中部干旱区			南部山区		
	N	P_2O_5	K_2O	N	P_2O_5	K_2O	N	P_2O_5	K_2O
水稻	282.5	110.0	43.0	0.0	0.0	0.0	0.0	0.0	0.0
小麦	370.5	133.5	59.3	313.5	108.0	53.3	313.5	108.0	53.3
玉米	453.0	153.0	58.5	540.0	195.0	111.0	272.0	127.5	9.5
大豆	80.5	72.0	50.0	80.5	72.0	50.0	80.5	72.0	50.0
马铃薯	0.0	0.0	0.0	301.5	133.5	70.5	317.0	141.5	72.0
向日葵	289.5	132.0	94.5	243.0	109.5	66.0	206.5	93.5	49.5

表 3-14　不同比例畜禽粪尿回田的养分可替代化肥养分施用量的百分比

区域	县区	50%粪尿回田						75%粪尿回田						100%粪尿回田					
		N（万t）	替代比例（%）	P_2O_5（万t）	替代比例（%）	K_2O（万t）	替代比例（%）	N（万t）	替代比例（%）	P_2O_5（万t）	替代比例（%）	K_2O（万t）	替代比例（%）	N（万t）	替代比例（%）	P_2O_5（万t）	替代比例（%）	K_2O（万t）	替代比例（%）
引黄灌区	三区	0.27	28.80	0.14	42.10	0.35	265.39	0.40	43.20	0.21	63.14	0.52	398.08	0.54	57.60	0.28	84.19	0.69	530.77
	永宁县	0.20	14.98	0.12	26.78	0.23	125.81	0.29	22.46	0.19	40.18	0.35	188.71	0.39	29.95	0.25	53.57	0.47	251.61
	贺兰县	0.23	24.40	0.12	35.03	0.29	205.89	0.34	36.60	0.18	52.55	0.43	308.83	0.45	48.80	0.24	70.07	0.57	411.78
	灵武市	0.20	27.21	0.11	40.34	0.21	189.63	0.30	40.82	0.16	60.51	0.31	284.44	0.40	54.42	0.21	80.68	0.42	379.25
	大武口区	0.01	11.49	0.01	19.59	0.02	92.47	0.02	17.23	0.01	29.38	0.02	138.71	0.03	22.98	0.02	39.18	0.03	184.94
	惠农区	0.15	27.12	0.08	38.38	0.17	188.69	0.22	40.69	0.11	57.57	0.25	283.03	0.30	54.25	0.15	76.76	0.33	377.38
	平罗县	0.22	10.07	0.11	14.11	0.24	72.56	0.32	15.11	0.16	21.16	0.35	108.83	0.43	20.15	0.22	28.22	0.47	145.11
	利通区	0.66	66.86	0.33	95.97	0.85	625.98	1.00	100.29	0.50	143.95	1.27	938.97	1.33	133.72	0.66	191.94	1.70	1251.96
	青铜峡市	0.28	19.51	0.16	29.84	0.34	156.26	0.42	29.26	0.24	44.76	0.51	234.40	0.56	39.02	0.31	59.68	0.68	312.53
	沙坡头区	0.21	24.41	0.12	37.60	0.23	182.26	0.31	36.62	0.17	56.39	0.35	273.39	0.42	48.83	0.23	75.19	0.47	364.52
	中宁县	0.23	14.50	0.13	22.97	0.26	112.66	0.35	21.74	0.19	34.45	0.38	168.98	0.46	28.99	0.25	45.94	0.51	225.31
中部旱区	红寺堡区	0.17	18.12	0.08	23.68	0.18	90.55	0.25	27.18	0.12	35.52	0.27	135.82	0.33	36.24	0.16	47.37	0.36	181.09
	盐池县	0.36	30.97	0.18	40.41	0.33	127.58	0.53	46.45	0.28	60.62	0.49	191.38	0.71	61.93	0.37	80.83	0.65	255.17
	同心县	0.32	13.04	0.16	16.84	0.35	65.88	0.49	19.55	0.24	25.26	0.52	98.82	0.65	26.07	0.32	33.69	0.69	131.77
	海原县	0.32	11.74	0.16	14.03	0.35	55.13	0.49	17.62	0.24	21.05	0.52	82.69	0.65	23.49	0.32	28.07	0.70	110.26
南部雨养区	原州区	0.30	18.97	0.15	21.00	0.37	142.29	0.45	28.46	0.22	31.51	0.55	213.43	0.59	37.94	0.29	42.01	0.74	284.57
	西吉县	0.39	12.50	0.19	13.66	0.49	86.69	0.58	18.75	0.28	20.48	0.74	130.03	0.77	24.99	0.37	27.31	0.98	173.38
	隆德县	0.13	20.26	0.06	22.21	0.18	171.89	0.19	30.38	0.09	33.32	0.26	257.84	0.26	40.51	0.13	44.42	0.35	343.78
	泾源县	0.15	102.60	0.07	112.29	0.21	1082.76	0.22	153.90	0.10	168.44	0.32	1624.14	0.30	205.20	0.14	224.58	0.43	2165.52
	彭阳县	0.27	19.12	0.13	20.67	0.35	184.84	0.41	28.68	0.20	31.00	0.52	277.27	0.55	38.23	0.26	41.33	0.69	369.69
	全区总计	5.05	19.63	2.59	25.78	5.97	134.08	7.58	29.44	3.89	38.67	8.95	201.12	10.11	39.25	5.18	51.56	11.93	268.16

将畜禽粪便肥料化，并作为有机肥养分进行农田回用可以减少养分损失，是其资源化利用的主要途径。东北的中长期定位试验明确了猪粪肥中养分具有较强的残效叠加作用。李江涛等认为，长期施用畜禽粪尿能够增加土壤活性有机碳含量，改善土壤理化性质（李江涛等，2010）。通过畜禽粪尿不同还田比例和作物所需氮磷钾养分量计算畜禽粪尿的氮、磷、钾化肥替代率。我国畜禽粪尿全量还田其氮磷钾养分分别占化肥用量的37.3%、87.6%和65.9%。赵俊伟等认为青岛市畜禽粪便能够完全实现肥料化利用，则畜禽粪便中养分的化肥替代率达60%以上（赵俊伟等，2016）。路国彬等利用模型估算了畜禽粪肥替代化肥潜力，认为2014年我国畜禽粪肥可替代化肥的比例为38.30%、52.00%和86.77%（路国彬等，2016）。马凡凡认为50%猪粪有机肥替代化肥能够兼顾水稻高产稳产，同时有效降低水稻农田氮素径流流失量和流失率（马凡凡等，2019）。将宁夏畜禽粪尿全量还田，N、P_2O_5、K_2O 输入量分别为10.11万t、5.18万t和11.93万t，引黄灌区、中部干旱区和南部雨养区作物化肥氮的替代率平均为49.0%、36.9%和69.4%；化肥磷的替代率为73.2%、47.5%和75.9%；化肥钾的替代率为403.2%、169.6%和667.4%。全区氮磷钾化肥替代率分别为51.8%、65.5%和413.4%，均高于全国平均水平。

（七）基于畜禽粪便资源的能源承载评价

畜禽粪便是发酵生产沼气的重要来源（张海成等，2012）。从表3-15可知，宁夏畜禽粪便年产沼气6.372亿 m^3，按1 m^3 沼气可替代0.714kg标准煤计算，可折标准煤45.5万t，其中奶牛粪便产沼气量最高，达到2.25亿 m^3，折算标准煤16.0万t，其次是肉牛粪便，产沼气量1.97亿 m^3，折算标准煤14.1万t，牛粪资源能源化比例占总量的66.2%，羊粪资源能源化比例为29.5%，猪粪和家禽粪便资源能源化比例仅占4.2%。可见，宁夏畜禽粪便资源的能源潜力非常可观，沼气资源开发潜力巨大。

表3-15　宁夏畜禽粪便资源能源化潜力

粪便类型	产沼气 （亿 m^3）	折算标准煤 （万t）	所占比例（%）
肉牛粪	1.97	14.10	31.0
奶牛粪	2.25	16.00	35.2
猪粪	0.12	0.90	1.90
羊粪	1.88	13.40	29.5
禽粪	0.15	1.10	2.30
总量	6.37	45.50	100.0

宁夏不同市区畜禽粪便（牛粪、羊粪、猪粪和家禽粪）能源化分布如表3-16所示，吴忠市畜禽粪便年产沼气量最高为2.31亿 m^3，折算为天然气和标准煤分别为1.39亿 m^3 和16.51万t，畜禽粪便能源化占全区的36.3%，按照标准煤计算可替代工业综合能源年消耗煤当量的2.6%。固原市禽粪便年产沼气量最高为1.51亿 m^3，折算为天然气和标准煤分别为0.91亿 m^3 和10.79万t，畜禽粪便能源化占全区的36.3%，按照标

准煤计算可替代工业综合能源年消耗煤当量的 13.58%。由于固原市工业发展消耗煤炭当量较低，因此畜禽粪便年产沼气量较低的情况下，替代工业综合能源消耗煤炭当量的比例仍然较高。银川市畜禽粪便年产沼气量为 1.19 亿 m^3，由于工业综合能源消耗煤当量较高，替代比例仅为 0.33%，石嘴山市和中卫市畜禽粪便年产沼气量折算为标准煤替代工业综合能源消耗煤当量为 1.47%。

表 3-16　宁夏畜禽粪便能源化分布

地区	年产沼气（亿 m^3）	折算标准煤（万 t）	工业综合能源消耗标准煤当量（万 t）	代替占比例（%）
银川市	1.19	8.51	2 603.88	0.33
石嘴山市	0.45	3.21	1 085.54	0.30
吴忠市	2.31	16.51	634.36	2.60
固原市	1.51	10.79	79.49	13.58
中卫市	0.91	6.48	551.89	1.17
全区总计	6.37	45.50	4 955.31	0.92

三、小结

宁夏畜禽粪尿排放总量为 1 769.5 万 t，其中粪便 1 046.3 万 t，尿 723.2 万 t。牛粪尿产生量最高，奶牛和肉牛粪尿总量为 1 322.3 万 t，占畜禽粪污排放总量的 74.7%，其余畜禽粪便排放量所占比例由大到小依次为羊（20.8%）>猪（3.4%）>家禽（1.0%）。吴忠市的畜禽粪尿排放量最大，为 617.7 万 t，占宁夏全区的 34.9%，从县域地区分布来看吴忠市利通区畜禽粪尿量最高为 299.7 万 t，占全区总量的 16.9%。大武口区畜禽粪尿总量最低，仅为 4.9 万 t。宁夏畜禽粪便承载量为 11.5t/（$hm^2 \cdot a$），银川市的猪粪当量耕地承载量最高，是宁夏平均承载量的 1.96 倍，中卫市承载量最低。从县区角度来看，吴忠市利通区耕地承载量最高达到了 85.9t/（$hm^2 \cdot a$），是宁夏耕地承载量的 7.47 倍，中卫市海原县耕地承载量最低。

宁夏 COD_{cr}、BOD_5、TN、NH_4^+-N 和 TP 流失量总计达 56.72 万 t，其中 BOD 流失量较多，占总量的 93.2%，其次是 COD 流失量占 6.04%，TN 流失量占 0.53%；TP 流失量最少，仅占 0.16%。COD_{cr}、BOD_5、TN、NH_4^+-N 和 TP 5 种污染物的等标排放量总计为 141.78×$10^3 m^3$，BOD_5 的等标排放量最高，占 93.2%，其次是 TP 占 3.2%，COD 的等标排放量占 1.2%。NH_4^+-N 等标排放量最低，仅占 0.3%。宁夏水体的主要污染物是 BOD_5 和 TP，而 COD 和 NH_4^+-N 相对较少。吴忠市地处宁夏的引黄灌区，污染物等标排放量最高达 55.5×$10^3 m^3$，占全区的 39.1%，其次是中卫市，占 19.04%，石嘴山市最低占全区的 9.7%。

宁夏畜禽粪便耕地承载预警值为 0.38，为 I 级，农田环境对畜禽粪便承载量普遍承受程度较高，全区畜禽粪尿污染程度在空间分布上呈现不均匀分布，石嘴山、中卫、固原市畜禽粪便农田承载预警值小于 0.4，为 I 级对环境暂无威胁，银川、吴忠畜禽粪便农田负荷预警值在 0.4~0.7 范围内, 为 II 级, 对环境稍有威胁。从县区角度分析, 污染最严重的吴忠市利通区畜禽粪便农田承载量对环境有很严重威胁, 预警值为 2.86, 预警级别为 VI 级, 固原市泾源县农田畜禽粪便承载量预警值为 1.05 预警级别为 IV 级, 对环境有较严重威胁。

宁夏全区畜禽粪尿中的氮素养分回田利用量仅为 5.94 万 t, 畜禽粪尿中氮素回田量占前三位的是吴忠市、固原市和银川市分别为 4.21 万 t、2.90 万 t 和 2.09 万 t。畜禽粪尿中磷和钾素回田量分别为 1.75 万 t 和 4.84 万 t。将畜禽粪尿全量还田 N、P_2O_5、K_2O 输入量分别为 10.11 万 t、5.18 万 t 和 11.93 万 t, 全区氮磷钾化肥替代率分别为 51.8%、65.5% 和 413.4%。宁夏畜禽粪尿回田是实现化肥减施增效的有效措施, 具有广阔的利用空间。

宁夏畜禽粪便资源产沼气的总潜力约 6.372 亿 m^3, 折算为标准煤 45.5 万 t。牛粪能源化潜力达 66.2%, 羊粪 29.5%, 猪粪和家禽粪仅占 4.2%。2016 年吴忠市、固原市、银川市畜禽粪便年产沼气量分别为 2.31 亿 m^3、1.51 亿 m^3、1.19 亿 m^3, 折算为标准煤分别为和 16.51 万 t、10.79 万 t 和 8.51 万 t, 替代 2016 年宁夏工业综合能源消耗标准煤当量比例为 2.6%、13.58% 和 0.33%。

第四节　基于畜禽粪便承载力的种养循环分析

一、概念界定

(一) 种养结合

种养结合 (CPB) 指种植业产生的秸秆为养殖业提供饲料来源, 养殖业产生的畜禽粪便为种植业提供有机肥料来源, 实现物质和能量在种植业与养殖业之间进行转换循环, 促进区域内农作物秸秆和畜禽粪便的资源化利用。种养结合通过将畜禽粪便堆肥还田, 可减少农田化肥的施用量, 能实现区域内畜禽粪便资源化利用, 促进农业绿色发展 (隋斌等, 2018)。畜禽粪便中含有大量的氮、磷、钾等多种营养元素, 这些营养元素是植物生长需要的关键元素之一, 畜禽粪便经处理后制作有机肥进行还田利用, 可以改善土壤质量, 提高作物品质和产量 (韩玥, 2018)。农作物秸秆含有较多的粗纤维、粗蛋白质和粗脂肪等, 通过切短、粉碎、浸泡、微生物发酵等方法可制成优质粗纤维发酵饲料, 可替代部分养殖饲料, 可以降低养殖成本, 实现区域秸秆的资源化利用 (崔明等, 2008)。虽然种养结合可使畜禽粪便施入农田, 提高土壤肥力, 降低化肥使用, 同时, 秸秆可以当作饲料使用, 降低养殖成本。但是, 目前我国养殖业与种植业存在严重脱节现象, 在种植业比较发的地区, 种植对有机肥的需求量大, 而区域内的畜禽粪便供应量不足, 农田施用大量化肥, 容易造成土壤板结等问题; 而在养殖业发达地区, 由于种植规模比较小而养殖规模比较大, 导致畜禽粪便过量、无序地施入农田, 使得农田畜禽粪便的施入量严重超出农田的畜禽粪便消纳能力, 会造成土壤养分过量问题, 使土壤的保存养分能力迅速减弱, 过量养分会径流和下渗进入河流、地下水等, 造成水环境污染问题。为此，发展种养结合要注重区域种养的平衡，使种植与养殖协调发展（高旺盛，2008）。

（二）种养平衡

目前关于种养平衡还没有明确的定义，有研究认为种养平衡是指在种植业与养殖业之间，为了实现畜牧业发展与生态环境保护的双赢，根据环境承载力科学估算区域畜禽养殖最大饲养量，并依此调整种养结构，使区域的作物播种面积与畜禽养殖数量之间达到平衡（隋斌等，2018）。规模化养殖会产生大量畜禽粪便，需要足够数量的配套耕地来消纳畜禽粪便，否则会对周围环境造成严重危害。区域畜禽养殖污染的主要原因是区域种植业和养殖业的不匹配，造成区域内没有足够的耕地来消纳畜禽粪便。实现土地畜禽粪便消纳能力与养殖场粪污排放量之间的平衡，能有效解决畜禽环境污染问题（习斌等，2015）。根据上述的研究，本研究对种养平衡的定义为，在区域发展种养结合中，养殖场周边有足够数量的耕地来消纳畜禽粪便，所有畜禽粪便实现区域内就地消纳，不存在畜禽粪便跨区域流动问题，同时，农作物秸秆能用于养殖，在整个区域内实现种植业与养殖业的协调发展，达到种养业健康发展与生态环境保护双赢的目标。种养平衡能使种植业产出的畜禽粪便能替代种植业的一部分化肥，降低化肥的施用，降低农业污染。种养平衡的发展思路是"以地定养、以养促种、养殖污水原地处理、就近种植消纳"，立足现有的农业生产条件和产业基础，统筹种植、养殖规模，通过科学规划与合理布局种植与养殖结构，促进农牧结合、种养循环，保障区域农作物秸秆、畜禽粪便等资源得到有效利用，减少农业污染，实现农业绿色发展。

二、宁夏种养结合循环农业发展潜力分析

从宁夏畜禽粪污资源入手评价宁夏种养结合循环农业的发展潜力，具体各指标的估算方法如下：畜牧业畜禽粪便排放量估算：畜禽粪便分为粪便和尿液两部分，具体参数和公式如下。

$$S = \sum_{j=1}^{n} Hi \times Ti \times Di \qquad (3\text{-}19)$$

式中，S 是粪污总量，Hi 是 i 类禽畜的养殖数量，Ti 是 i 类禽畜个体的日排泄量，Di 是养殖天数。具体计算参考表 3-17 和表 3-18。

表 3-17　畜禽平均饲养天数对照

指标	猪	牛	羊
平均饲养天数（d）	156.46	200.87	195.92

表 3-18　畜禽排泄量对照

指标		牛	猪	羊
日排泄量（kg）	粪	34	6	1.5
	尿	34	15	2

（一）宁夏种养结合循环农业发展障碍分析

为确定制约宁夏种养结合循环农业发展的障碍因素，本研究综合考虑宁夏整体的农业经济状况，笔者将从以下三类七个指标进行相关分析。

第一类，经济发展指标，用来判断宁夏经济水平高低，包括宁夏人均 GDP、宁夏粮食人均产量、宁夏第一产业年增加值；

第二类，资源环境损耗指标，用来判断宁夏农业环境的损耗程度，由于数据收集的局限性，本研究单以化肥使用量作为评判宁夏农业环境损耗程度的指标；

第三类，可再利用资源指标，用来判断循环农业发展潜力高低，包括秸秆资源量、粪污资源量、年沼气产量。

本部分研究所需原始数据是"十二五规划"（Misselbrook T H 等，2012）以来所统计的数据，即 2011—2017 年的相关数据。具体数据见表 3-19 至表 3-22。对障碍因素的计算采用障碍因素诊断法。

表 3-19　2011—2017 年宁夏人均 GDP　　　　　　　（元）

指标	2011 年	2012 年	2013 年	2014 年	2015 年	2016 年	2017 年
人均 GDP	33 043	36 394	39 613	41 434	43 805	47 194	50 765

表 3-20　2011—2017 年宁夏第一产业年增加值　　（万元）

指标	2011 年	2012 年	2013 年	2014 年	2015 年	2016 年	2017 年
增加值	1 839 129	1 991 571	2 221 794	2 295 743	2 507 294	2 556 665	2 662 745

表 3-21　2011—2017 年宁夏粪污资源量　　　　　（万 t）

指标	2011 年	2012 年	2013 年	2014 年	2015 年	2016 年	2017 年
粪污资源量	180.86	186.73	173.65	207.80	165.28	171.34	223.20

表 3-22　2011—2017 年宁夏年沼气产量　　　　　（万 t）

指标	2011 年	2012 年	2013 年	2014 年
沼气产量	142 962.39	151 614.48	147 448.28	152 644.44
指标	2015 年	2016 年	2017 年	
沼气产量	149 675.50	148 292.18	147 780.52	

注：计算方法见前文。

障碍因素诊断法计算方法如下。

1. 障碍度计算公式

$$Mj = Wj \times Vj / \sum_{j=1}^{n} Wj \times Vj \times 100\% \qquad (3-20)$$

式中，Mj 是障碍度；Wj 是因子贡献度，即权重；Vj 是指标偏离度，其中因子贡献度需要通过建立评价体系来获得，指标偏离度的计算方法为：$1-Pj$。

2. 因子贡献度，即权重的确定

第一步，对指标进行标准化处理。

$Xij=$（原数据–最小值）/（最大值–最小值）

第二步，计算第 j 项指标下第 i 个样本值占该指标的比重。

$Pj=Xij/\sum_{j=1}^{n}Xij$；$i=1$，2，$3\cdots n$；$j=1$，2，$3\cdots m$；

第三步，计算第 j 项指标的熵值。

$ej=-K\times\sum_{i=1}^{n}Pij\times\ln(Pij)$；$j=1,2,3\cdots m$；$K=1/\ln(n)$

第四步，计算信息熵冗余度（差异）。

$dj=1-ej$；$j=1$，2，$3\cdots m$

第五步，计算各项指标的权重。

$$Wj=dj/\sum_{j=1}^{n}dj$$

（二）宁夏种养结合区域模式选择思路

本研究区域种养结合循环农业模式选择基于以下两个要点：第一，该模式所涉及产业在当地农业生产中所占的比例大小；第二，该产业在当地农业生产中的社会基础如何；其中，产业规模的判断可以通过当地该产业的种植面积或产量占整个地区的比例来判断；社会基础可以从该地区的自然环境、产业的社会影响度、土地状况、人口状况、经济发展状况等多方面进行综合考虑。

因此，模式选择思路采用比重分析法，分析各农业区域整体的种养情况和产业规模大小，以确定该区域农牧结合循环农业的大框架；再结合当地具体情况分析比较各区域各产业的综合生产效率的高低，并且结合特色农产品情况来选择具体的区域模式。

三、宁夏种养结合循环农业发展潜力结果分析

如前文所述计算方法，得出表 3-23 和表 3-24 相关数据。

表 3-23　2017 年宁夏农牧业生产规模表

指标	稻谷	小麦	玉米	豆类	胡麻籽	油料	薯类	牛	猪	羊
数量	688 500	378 200	2 148 728	173 000	29 929	69 443	29 929	118.33	81.04	506.59

表 3-24　2017 年宁夏秸秆、粪污、潜力沼气一览表

指标	猪粪	牛粪	羊粪
原料数量（t）	2 662 698.86	16 162 884.03	3 473 788.95
产气潜力（$\times10^9 m^3$）	0.223 666 704	0.969 773 041 8	0.468 961 508

由表 3-24 可以看到宁夏 2017 年的秸秆和粪便产沼气潜力总值达到 $2.96\times10^9 m^2$，根据燃烧测算，每立方米沼气的燃烧值相当于 0.71kg 的标准煤，那么 2017 年宁夏所产

沼气相当于 $2.1×10^6t$ 的标准煤。按照煤炭价格 600 元/t 计算，其经济价值为 $1.2×10^9$ 元。

从宁夏生态效益方面考虑的话，每立方米的沼气产热相当于约 3kg 的木材，那么宁夏 2017 年产的沼气量相当于 $8.88×10^6t$ 的木柴。中国的木材体积质量比为 $1.57t/m^3$，树木生长速度年均为 $3.6m^3/hm^2$，相当于损毁 1 571 125hm^2 的林地，因此产沼气潜力对宁夏生态效益贡献是巨大的。

（一）宁夏种养结合循环农业发展障碍结果分析

1. 各障碍因素权重计算

如前文所述计算方法，宁夏种养结合循环农业发展的各障碍因素权重见表 3-25。

表 3-25　宁夏种养结合循环农业各指标权重

分类指标（B）	指标方向	单项指标（C）	权重
B1 经济社会发展指标	正方向	C1 人均 GDP	0. 145 179
		C2 第一产业增加值	0. 139 127
		C3 人均粮食产量	0. 142 439
B2 资源环境损耗指标	逆方向	C4 化肥使用量	0. 091 893
B3 可再利用资源指标	正方向	C5 粪污资源量	0. 228 714 32
		C6 秸秆资源量	0. 146 326 06
		C7 沼气年产量	0. 106 322 179

2. 障碍度测算

根据表 3-26 所得各障碍因素的权重，测算出宁夏 2011—2017 年障碍因素排名（表 3-27）。

表 3-26　宁夏种养结合循环农业各指标障碍度

指标	C1	C2	C3	C4	C5	C6	C7
百分比	19. 24%	12. 01%	13. 52%	6. 51%	12. 41%	27. 76%	8. 55%

表 3-27　宁夏农牧结合循环农业障碍因素排名

指标	1	2	3	4	5	6	7
阻碍因素	C5	C6	C1	C3	C2	C7	C4
障碍度	12. 41%	27. 76%	19. 24%	13. 52%	12. 01%	27. 76%	8. 55%

由表 3-27 可知，宁夏 2011—2017 年以来种养结合循环农业发展的障碍因素依次为粪污资源量、秸秆资源量、人均 GDP、人均粮食产量、第一产业增加、沼气年产量、化肥使用量，其中可再利用资源障碍，占比约 49%，经济发展因素障碍，占比约 45%，资源环境损耗障碍，占比约为 14%，由此可见，宁夏种养结合循环农业发展的最大障碍是可再利用资源障碍，因此宁夏要加快发展可再利用资源，推进宁夏农业产业化经营，力争在"十三五"规划结束后，能够大幅度提高农产品加工业经济效益。

（二）宁夏种养结合循环农业主要框架模式分析

宁夏为加快构建循环型农业产业体系，决定在农业领域加快推动资源利用节约化、生产过程清洁化、产业链接循环化、废物处理资源化，形成农、林、牧多产业共生的循环型农业生产方式，规模化养殖场养殖粪污综合利用率达到90%以上。截至目前，宁夏发展的两种典型的框架模式。

1. 立体复合型模式

该模式利用自然界中各种生物的特点，使处于不同生态位的生物类群在区域种植或养殖中各得其所、相得益彰、互惠互利，其可以有效地缓解宁夏水资源短缺的问题，该种模式主要有三种：第一种是种植复合型，如农作物的套种、轮作等；第二种是养殖复合型，不仅可以提高经济效益，还可以净化水质，使生态效益和经济效益相结合；第三种是种养复合型，将种植业和养殖业有机匹配起来，因地制宜，形成多种多样的模式。

2. 以畜禽粪污处理利用为核心的循环模式

该模式是将畜禽粪污进行无害化处理和资源化利用，根据固体和液体是否分离，分为固液混合处理利用模式和固液分相处理利用模式，无形中增加了能量的利用率。通过种养结合、就地消纳、粪污加工处理等技术的应用，实现了饲草料自给、粪污资源化利用，破解了制约奶产业发展的瓶颈，解决了农业资源的开发利用与周边环境保护之间的矛盾问题。

参考文献

陈伟，周波，束怀瑞，2013. 生物炭和有机肥处理对平邑甜茶根系和土壤微生物群落功能多样性的影响 [J]. 中国农业科学，46（18）：3850-3856.

崔明，赵立欣，田宜水，等，2008. 中国主要农作物秸秆资源能源化利用分析评价 [J]. 农业工程学报，24（12）：291-296.

崔勇，马自清，田恩平，2019. 20年来宁夏中南部山区农业生产发展分析 [J]. 作物杂志（2）：28-38.

第一次全国污染源普查资料编纂委员会，2011. 污染源普查产排污系数手册 [M]. 北京：中国环境科学出版社.

丁伟，额尔和花，王天新，2009. 宁夏黄灌区畜禽粪便排放量估算及对环境影响判断 [J]. 宁夏农林科技（2）：54-56.

董红敏，朱志平，黄宏坤，等，2011. 畜禽养殖业产污系数和排污系数计算方法 [J]. 农业工程学报，27（1）：303-308.

段晓红，杜婉君，李宏广，2019. 浅谈宁夏回族自治区循环农业中畜禽粪便的资源化利用 [J]. 饲料博览（10）：49-51.

高旺盛，2008. 我国循环农业的原理、模式与技术途径：中国农学会耕作制度分会2008年会暨全国现代农作制度发展学术研讨会 [Z]. 中国辽宁沈阳，5.

耿维，胡林，崔建宇，等，2013. 中国区域畜禽粪便能源潜力及总量控制研究 [J]. 农业工程学报，29（1）：171-179.

郭冬生，彭小兰，龚群辉，等，2012. 畜禽粪便污染与治理利用方法研究进展 [J]. 浙江农业学报，24（6）：1164-1170.

韩玥，2018. 安徽省农牧结合循环农业模式选择研究 [D]. 合肥：安徽农业大学.

姜利红，谭力彰，田昌，等，2017. 不同施肥对双季稻田径流氮磷流失特征的影响 [J]. 水土保持学报，31（6）：33-38，45.

黎运红，2015. 畜禽粪便资源化利用潜力研究 [D]. 武汉：华中农业大学.

李江涛，钟晓兰，张斌，等，2010. 长期施用畜禽粪便对土壤孔隙结构特征的影响 [J]. 水土保持学报，24（6）：137-140.

李书田，刘荣乐，陕红，2009. 我国主要畜禽粪便养分含量及变化分析 [J]. 农业环境科学学报，28（1）：179-184.

刘晓利，许俊香，王方浩，等，2005. 我国畜禽粪便中氮素养分资源及其分布状况 [J]. 河北农业大学学报，28（5）：27-32.

刘晓永，李书田，2018. 中国畜禽粪尿养分资源及其还田的时空分布特征 [J]. 农业工程学报，34（4）：1-14.

刘增兵，束爱萍，刘光荣，等，2018. 有机肥替代化肥对双季稻产量和土壤养分的影响 [J]. 江西农业学报，30（11）：35-39.

路国彬，王夏晖，2016. 基于养分平衡的有机肥替代化肥潜力估算 [J]. 中国猪业，11（11）：15-18.

马凡凡，邢素林，甘曼琴，等，2019. 有机肥替代化肥对水稻产量、土壤肥力及农田氮磷流失的影响 [J]. 作物杂志（5）：89-96.

马玉兰，2008. 宁夏测土配方施肥技术 [M]. 银川：宁夏人民出版社.

牟高峰，2016. 宁夏"十三五"草畜产业发展的思考 [J]. 中国畜牧业（2）：31-32.

宁建凤，徐培智，杨少海，等，2011. 有机无机肥配施对菜地土壤氮素径流流失的影响 [J]. 水土保持学报，25（3）：17-21.

宁夏回族自治区统计局，2018. 宁夏统计年鉴2018 [M]. 北京：中国统计出版社.

史瑞祥，薛科社，周振亚，2017. 基于耕地消纳的畜禽粪便环境承载力分析——以安康市为例 [J]. 中国农业资源与区划（6）：55-62.

宋大利，侯胜鹏，王秀斌，等，2018. 中国畜禽粪尿中养分资源数量及利用潜力 [J]. 植物营养与肥料学报，24（5）：1131-1148.

隋斌，孟海波，沈玉君，等，2018. 丹麦畜禽粪肥利用对中国种养结合循环农业发展的启示 [J]. 农业工程学报，34（12）：1-7.

孙茜，张捍卫，张小虎，2015. 河南省资源环境承载力测度及障碍因素诊断 [J]. 干旱与资源与环境，29（7）：34-38.

田宜水，2012. 中国规模化养殖场畜禽粪便资源沼气生产潜力评价 [J]. 农业工程学报，28（8）：230-234.

王亚娟，刘小鹏，2015. 宁夏农地畜禽粪便负荷及环境风险评价 [J]. 干旱区资源与环境，29（8）：115-119.

王志国，李辉信，岳明灿，等，2019. 中国畜禽粪尿资源及其替代化肥潜力分析 [J]. 中国农学通报，35（26）：121-128.

奚雅静，刘东阳，汪俊玉，等，2019. 有机肥部分替代化肥对温室番茄土壤 N_2O 排放的影响 [J]. 中国农业科学，52（20）：3625-3636.

习斌，翟丽梅，刘申，等，2015. 有机无机肥配施对玉米产量及土壤氮磷淋溶的影响 [J]. 植物营养与肥料学报（2）：326-335.

谢勇，赵易艺，张玉平，等，2018. 南方丘陵地区生物黑炭和有机肥配施化肥的应用研究 [J]. 水土保持学报，32（4）：197-203，215.

杨亚丽，王建英，猴晓辉，等，2019. 宁夏旅游气候舒适度时空特征分析 [J]. 宁夏大学学报（自然科学版），40（1）：1-7.

宇万太，关焱，李建东，等，2005. 氮和磷在饲养-堆腐环中的循环率及有机肥料养分利用率 [J]. 应用生态学报，16（8）：1563-1565.

张海成，张婷婷，郭燕，2012. 中国农业废弃物沼气化资源潜力评价 [J]. 干旱地区农业研究，30（6）：195-199.

张绪美，董元华，王辉，等，2007. 中国畜禽养殖结构及其粪便 N 污染负荷特征分析 [J]. 环境科学，28（6）：1311-1318.

赵俊伟，尹昌斌，2016. 青岛市畜禽粪便排放量与肥料化利用潜力分析 [J]. 中国农业资源与区划（7）：108-115.

郑亮，沈健林，邹冬生，等，2014. 猪粪化肥配施对双季稻稻田土壤活性碳氮含量及水稻产量的影响 [J]. 农业现代化研究（5）：633-639.

朱建春，张增强，樊志民，等，2014. 中国畜禽粪便的能源潜力与氮磷耕地负荷及总量控制 [J]. 农业环境科学学报，33（3）：435-445.

Janvier C, Villeneuve F, Alabouvette C, et al., 2007. Soil health through soil disease suppression: Which strategy from descriptors to indicators [J]. Soil Biology & Biochemistry, 39（1）：1-23.

Lynch D H, Voroney R P, Warman R P, 2005. Soil physical properties and organic matter fractions under forages receiving composts manure or fertilizer [J]. Compost Science and Utilization, 13：252-261.

Misselbrook T H, Menzi H, Cordovil C, 2012. Preface-Recycling of organic residues to agriculture: Agronomic and environmental impacts [J]. Agriculture Ecosystems & Environment, 160（10）：1-2.

Ou Y H, Xu Y C, Shen Q R, 2009. Effect of combined use of organic and inorganic nitrogen fertilizer on rice yield and nitrogen use efficiency. Jiangsu Journal of Agricultural Sciences, 25（1）：106-111（in Chinese）.

Yang X M, Xu Y C, Huang Q W, et al., 2008. Organic-link fertilizers and its relation to sustainable development of agriculture and protection of eco-environment [J]. Acta Pedologica Sinica, 45（5）：925-932.

第四章 固体粪便资源化高效利用

第一节 功能型微生物菌株分离筛选与发酵促腐菌剂研发

一、功能微生物菌株分离筛选与发酵促腐菌剂研发

(一) 促生功能菌剂的优选

1. 材料与方法

以产 IAA 和促进根系发育为指标，进行了促生功能菌剂的优选，优选了 15 株适于生物菌剂/肥料生产的高效功能微生物菌株。

通过 IAA 产量（表 4-1）、水培实验和生菜盆栽比选，优选具有较高产 IAA 活性、且可显著提高植株生物量（与培养基对照相比）的高效菌株，包括枯草芽孢杆菌 BY25、SQ6、BJCP-2、BJCP-4、FJ-2、SX-1 和 SX-4，解淀粉芽孢杆菌 TS、FY-2、BJCP3 等 10 株细菌，黑曲霉 JS-2、淡紫拟青霉 S-1、哈茨木霉 S-2、脐孢木霉 ISLSF-17、棘孢曲霉 ISP18。部分功能菌株已经送交专利保藏，并申请发明专利。

表 4-1　不同菌株的 IAA 产量　(mg/L)

指标	SQ-1	SQ-2	SQ-3	SQ-4	SQ-5	SQ-6	SQ-7
产量	5.86	4.48	6.81	6.67	8.00	11.10	7.14
指标	FY-1	FY-2	BJCP-1	BJCP-2	BJCP-3	BJCP-4	ISLSF-17
产量	5.97	10.55	6.81	6.67	10.60	11.10	15.33

2. 结果与分析

（1）优选促生功能菌剂对烟草根部生长的影响。结果显示（图 4-1，图 4-2）：①空白对照 C1 中烟草根部根毛较少，覆盖于局部的根毛较稀少；②长势较好的 C3、C5、C8 处理中的烟草根部根毛数量和长度显著增加；③根毛数量增多对植物吸收养分有促进作用，表明施用该处理的菌剂能够促进植株对养分的吸收。

（2）菌株的耐盐性分析。如图 4-3，图 4-4 所示，枯草芽孢杆菌 SX-1 和 SX-4、

图 4-1　不同菌株对烟草生长发育的影响（C1 为无菌剂等养分对照）

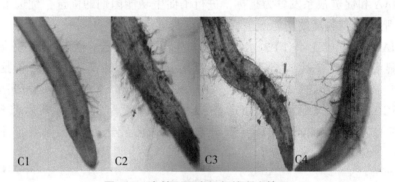

图 4-2　电镜下观察根部的发育情况

解淀粉芽孢杆菌 FY-2、BJCP3 具有良好的耐盐性，为后续开发生物有机无机肥奠定了基础。

①BJCP3 于 10% 的盐浓度下培养 24h 能够增殖 OD_{600} 至 2.796 后进入稳定期；②FY2 在 10% 的盐浓度下培养 24h 能够增殖 OD_{600} 至 2.696 后进入稳定期；③SXB1 在 10% 盐浓度下培养 48h 能够增殖 OD_{600} 至 3.384，在 15% 的盐浓度下培养 120h 能够增殖 OD_{600} 至 1.528；④SXB4 在 10% 盐浓度下培养 48h 能够增殖 OD_{600} 至 3.624，在 15% 的盐浓度下培养 120h 能够增殖 OD_{600} 至 1.502。

（二）功能微生物菌株筛选与复合微生物菌剂研发

1. 材料与方法

主要进行了适于中高温环境、酶活稳定的蛋白分解菌的优选及蛋白分解活性研究及增香菌株的优选。

（1）蛋白分解菌优选与研究。以豆粕为底物（畜禽饲料中主要的蛋白质来源），

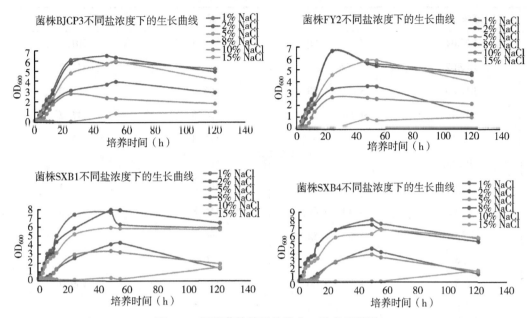

图4-3 不同菌株的耐盐能力（见书后彩图）

注：添加 14.6g/L NaCl 的 Na 盐物质的量为基准，添加相同物质的量的 K 盐、铵盐，考察了 FY2 的耐盐能力。

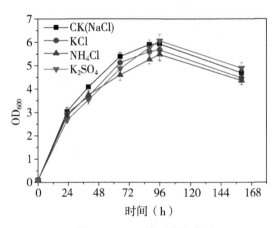

图4-4 FY2 的耐盐能力

通过不同温度下产酶活性比较，优选了 4 株适于中高温环境、酶活稳定的蛋白分解菌，用于后续堆肥发酵过程中植物蛋白的降解（表4-2）；对其中的蛋白分解菌 FYF-HM1 进行不同类型蛋白底物的水解能力和产物分析，底物包括酪蛋白、豆粕、菜籽饼和桐粕等。

表 4-2 不同菌株的蛋白酶活性

菌株名称	R/r	28℃酶活（U/mL）	55℃酶活（U/mL）
BLZB1	3.75（8.00）	96.3	101.4
BLZB2	（4.60）	107.4	117.2
BLZB3	3.33（4.33）	63.7	54.0
SJZB1	4.50（8.00）	101.5	115.2
SJZB2	2.83（4.67）	115.8	113.9
SJZB3	4.00	64.1	—
YJB1	5.40（3.64）	100.4	93.7
YJB2	5.50（3.00）	110.8	126.9
YJB5	4.00（1.82）	94.6	101.3
YJB6	4.00	50.2	—
YJB7	4.20（3.00）	111.1	109.0
ZLB1	4.71	73.2	—
FYB2	6.00（3.75）	108.6	106.6
FYB3	8.50（3.86）	99.5	105.3
FYB4	5.67（4.33）	98.1	103.0
FYB7	4.8（3.08）	102.5	106.6
BJCP2	4.30	56.3	—
FY1	7.00	68.7	—
FY2	5.00	63.7	—
SQ1	4.69	61.3	—
SQ6	4.46	18.8	—
SQBNK1	6.67	66.5	—
SQBNK2	4.52	67.0	—
ALSB1	4.03	52.0	—
FYFHM1	6.00	62.2	—
FYYB2	4.67	61.6	—

（2）菌株的筛选。筛选出 2 株产香酵母菌 YS1 和 YJM4；从沼液中分离获得 2 株光合菌（图 4-5）。

2. 结果与分析

（1）蛋白分解菌 FYFHM1 进行不同类型蛋白底物的水解能力和产物分析。结果显示该菌株对上述底物都表现出非常好的分解能力，不同的底物，氨基酸产物存在较大差

图4-5　光合细菌

异；同时，另外一株高效蛋白分解菌 BY25 的蛋白分解产物（图4-6）与 FYFHM1 存在较大差异，这为后续开发不同目的的氨基酸型有机肥奠定了基础。

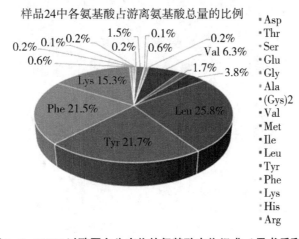

图4-6　BY25 以酪蛋白为底物的氨基酸产物组成（见书后彩图）

（2）功能性菌株的优选结果。筛选出的菌株为除臭增香菌株与光合菌株，后者经测序和 BLAST 比对，分别为 *Rhodopseudomonas oryzae*（相似性 99%）和 *Rhodopseudomonas palustris*（相似性 99%）。结果表明 YS1 具有良好的解油乳化能力，可在发酵过程中分泌表面活性剂物质，能够降解油脂产生香味。油分散实验显示：随着发酵时间的增加，清除圈越来越大，表明表面活性剂含量越来越高（图4-7）；随着发酵时间的增加，发酵液乳化层高度越来越高，表明表面活性剂含量越来越高（图4-8）。

二、发酵促腐菌剂的工厂化堆肥验证

对前期分离的两株高效蛋白分解菌 SJZB1 和产酸菌 EMRS1，进行了工厂化堆肥发酵实验和堆肥成品的盆栽肥效试验。

图 4-7 表面活性随发酵时间的变化：油分散实验

图 4-8 乳化能力随发酵时间的变化

（一）材料与方法

1. 堆肥的工厂化验证

以工厂现有菌剂为对照，进行了复合菌剂的工厂化堆肥验证，设三个处理（表 4-3），堆肥过程中动态取样。

表 4-3 复合菌剂工厂化堆肥验证

组别	处理与编号
鸡粪+填料	CK 1#
鸡粪+菌剂+填料（发酵期）	一次性加两菌剂 AB 2#
鸡粪+菌剂+填料（后熟期）	发酵期加入蛋白菌 B，后熟期加产酸菌 A 3#

2. 温室盆栽肥效试验

对上述试验获得的堆肥成品进行了肥效验证，并以堆体中取得的四个肥料样平行为处理平行进行试验，以期更为明确肥料效果。施肥分为高量施肥（2%）处理和低量施肥（1%）处理；不接种菌剂对照处理（CK），一次接种菌剂处理（2#），分次接种菌剂（3#）。

（二）结果与分析

1. 堆肥工厂化验证结果分析

一次发酵期温度变化如图 4-9 所示，堆肥至第 4 天时，一次性加两种菌剂（2#）的处理其堆体温度显著高于对照组（CK）2~3℃，各处理进行配对样本 T 检验后发现：2#处理（AB 同时在发酵前加入）温度显著高于 CK 和 3#处理（先 B 后 A），而 CK 与 3#处理之间温度变化无显著性差异。

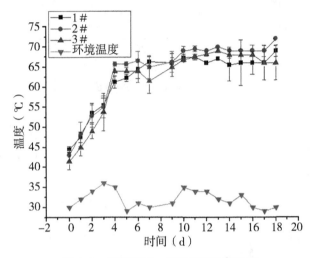

图4-9　不同处理一次发酵期温度变化

整个堆肥期的温度变化如图 4-10 所示，不同菌剂处理下温度变化与对照组相比差异显著，菌剂处理 2#和 3#在后熟期快速降温，且速率高于对照组，表明添加菌剂处理下堆肥升温和降温速度较快，有利于提升堆肥质量。

堆肥末期，接种菌剂处理下 pH 值与对照组相比显著降低（图 4-11），3#接菌处理的 pH 值（7.17）＜2#（7.29）＜CK（7.44），推测可能是由于微生物活跃产酸，致使较多小分子有机酸积累造成。

2. 细菌群落功能变化分析

采用 PICRUSt 方法对 16s rDNA 测序数据进行功能预测（Lai 等，2018；Langille 等，2013），得到 KEGG 3 个层级和 ko 的注释信息和相对丰度，选取 Level3 水平上丰度排名在前 35 位的功能根据其样品信息绘制热图并聚类（图 4-12）。

研究表明，初期甲烷代谢、丙氨酸、天冬氨酸、谷氨酸盐（酯）、氨基酸相关酶、氨基化合物生物合成、氨基糖、核糖及核酸等相关基因含量较高；而在高温期结束后，编码细胞进程及相应环境信息的功能，如孢子形成、糖酵解、丙酮酸代谢、固碳活动及分泌和转运等相关基因丰度提高，可能是由于该阶段温度、含水率及养分含量等环境条件变化较为显著，微生物为更好适应环境变化，多种细菌以形成孢子的形式存在于堆体

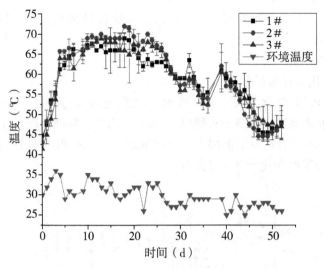

图 4-10 不同处理的温度变化

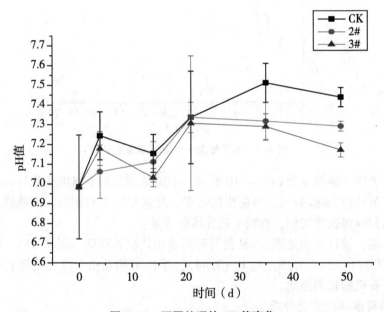

图 4-11 不同处理的 pH 值变化

注：其中 CK 为不接种菌剂对照处理，2#为一次接种菌剂处理，3#为分次接种菌剂处理。

中；而到了腐熟阶段，环境条件适宜细菌生长代谢活动，与有机体和代谢相关的基因（代谢精氨酸、脯氨酸、丁酸甲酯、脂肪酸、丙酸、缬氨酸、亮氨酸、异亮氨酸降解过程等）丰度提高，同时接种菌剂处理组中脂肪酸、氨基酸等代谢相关基因的丰度与 CK 相比具有显著性差异。

3. 温室盆栽肥效分析

结果如图 4-13 所示，在盆栽条件下，与对照组相比，单次和分次接种优选菌剂发

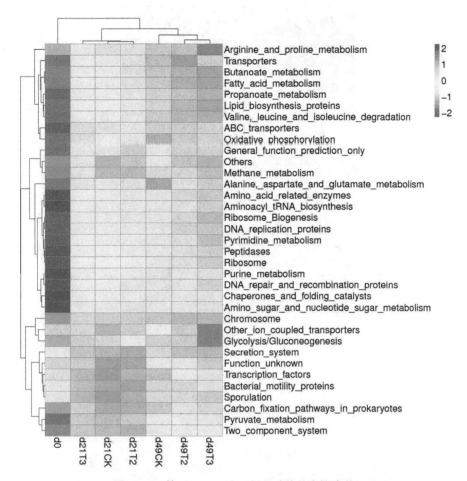

图 4-12 基于 Level3 水平样品功能信息聚类热图

注：其中 CK 为不接菌对照，T2 为一次接菌处理，T3 为分次接种菌剂处理，d0 表示第 0 天。

酵的有机肥分别可以提高生菜产量 2.64 倍和 1.8 倍。

此外，测定高量处理组（H）生菜品质相关的生理生化指标的结果表明，除 3# 堆肥处理施用后硝酸盐含量显著升高外，其他性质均无显著变化；施用接菌粪肥的处理中，可溶性糖含量呈现升高趋势，而可溶性蛋白及维生素 C 含量则呈下降趋势，但均无统计学显著性差异（图 4-14），说明 2# 处理（一次性接种菌剂）下堆肥产品产量显著增加且品质优良，优于分次接菌的堆肥产品。推测其原因为优选菌剂发酵有机肥中铵态氮、色氨酸组分等有效态氮含量较高。其次，一次性添加菌剂处理（2#）在生菜产量、品质等方面均优于分次接菌处理。

4. 发酵腐熟菌剂的工厂化应用

选出适于宁夏气候（冬季温度偏低）和顺宝物料特点（肉鸡粪为主）的高效促腐功能微生物菌群和有助于提升肥料肥效的菌株，初步构建了 4 个复合菌剂：蛋白分解菌剂 A、纤维素分解菌剂 B、解磷菌剂 C 及产酸除臭菌剂 D，并在堆肥厂进行工厂化堆肥菌剂扩繁和堆肥实验。结果表明，遴选的促腐菌剂组合可以有效提高堆肥升温速率，在

图 4-13　温室盆栽肥效

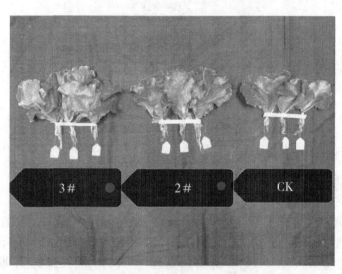

图 4-14　温室盆栽肥效显著性差异分析

　　注：其中 CK 为不接种菌剂对照处理，2#为一次接种菌剂处理，3#为分次接种菌剂处理；H 表示高量施肥（2%）处理，L 表示低量施肥（1%）处理，1、2、3 分别表示 CK、2#、3#处理组。

12 月的低温环境下堆肥进行至第 3 天时达到高温期，第 5 天温度超过 65℃，堆体温度最高可达到 70℃（环境温度低于 0℃），且基本无臭味和氨味。而常规堆体则需要堆肥 5d 以上到达高温期，堆体臭味和氨味浓烈，表明本菌剂环境温度低于 0℃ 的条件下能够快速启动，并且效果显著。

第二节　固体粪便堆肥发酵技术参数优化

一、功能菌剂引进筛选

（一）材料与方法

1. 试验地点与材料

本实验分为室内实验和室外实验，室内试验地点在宁夏大学农业资源与环境实验室，室外试验地点在宁夏顺宝现代农业股份有限公司生物有机肥厂。堆肥所用新鲜鸡粪、糠醛渣和菌剂由宁夏顺宝现代农业股份有限公司生物有机肥厂提供。菌剂基本性状及建议配比见表4-4。

表4-4　菌剂基本性状及建议配比

产地及品牌	固液态	颜色	气味	有效活菌数	建议与物料配比
内蒙古农业大学研发菌剂（无品牌）	固体粉末	米黄色	米糠味	$>200×10^8$ CFU/g	1∶1 000
内蒙古农业大学研发菌剂（无品牌）	液体	棕红色	果醋味	$>200×10^8$ CFU/mL	1∶1 000
江苏生物技术有限公司（绿科）	固体粉末	深灰色	淡淡的土味	$200×10^8$ CFU/g	1∶1 000
北京意科乐生态科技有限公司（意科乐）	液体	红褐色	果醋味	$10×10^8$ CFU/mL	1∶1 000

2. 试验设计

室内试验：将鸡粪与糠醛渣按7∶3（质量比）配比，充分混匀。取1 000g混合物置于6 900mL发酵装置内，插入温度计，用密封膜进行密封。

试验以不同除臭菌剂为主因子，设计9个处理，见表4-5。每处理3重复。

将密封后的发酵器置于37℃恒温箱内进行发酵。开始发酵后于第1天、第2天、第3天、第5天、第7天、第9天、第11天、第13天定时检测袋内 NH_3 和 H_2S 浓度。NH_3 气体每次吸收30min，H_2S 气体每次吸收10min。每天定时观测记录发酵温度、物料颜色、气味和松散度，温度达到60℃翻动一次，直到发酵腐熟完成。于发酵腐熟完成前和完成后进行腐熟度检测。

表4-5　室内试验设计

处理	菌剂添加情况
CK	无菌剂
T1	1‰内蒙古农业大学固体菌剂
T2	1‰内蒙古农业大学液体菌剂

（续表）

处理	菌剂添加情况
T3	1‰江苏绿科固体菌剂
T4	1‰北京意科乐液体菌剂
T5	0.5‰内蒙古农业大学固体菌剂+0.5‰内蒙古农业大学液体菌剂
T6	0.5‰内蒙古农业大学固体菌剂+0.5‰北京意科乐液体菌剂
T7	0.5‰内蒙古农业大学液体菌剂+0.5‰江苏绿科固体菌剂
T8	0.5‰江苏绿科固体菌剂+0.5‰北京意科乐液体菌剂

室外试验：依据室内试验数据对原有设计进行改进。将鸡粪与糠醛渣以 3：2 比例充分混匀，取 $2m^3$ 混合物置于通风良好的空场，按照试验设计添加不同菌剂。采用现有生产配比结合单因素多水平试验，设计 7 个处理，见表 4-6。

将菌剂与物料混匀，自然堆肥发酵，每天检测堆温和气温（TW），观察颜色和菌丝覆盖情况，隔 1d 检测堆肥产气，定期对每处理取 3 个样品，进行相关指标检测。温度每达到 60℃ 翻动一次，直到发酵腐熟完成。

表 4-6　场地试验设计

处理	菌剂添加情况
CK	无菌剂+无菌水 2L
T1	2.0kg 1.0‰的江苏绿科菌剂+无菌水 2L
T2	2L 1.5‰的北京意科乐菌剂
T3	2kg 1.0‰的内蒙古农业大学固体菌+2L 1.0‰的内蒙古农业大学液体菌
T4	2kg 1.0‰广东微元菌剂+无菌水 2L
T5	0.2kg 0.1‰的江苏绿科菌剂+无菌水 2L
T6	2kg 1.0‰的内蒙古农业大学固体菌+无菌水 2L
T7	1kg 内蒙古农业大学固体菌+1L 内蒙古农业大学液体菌+无菌水 1L

3. 测定项目

室内试验：鸡粪和糠醛渣的含水率采用烘干法测定，pH 值采用酸度计测定，有机质和全碳含量采用灼烧法测定，全氮采用凯氏蒸馏法。对堆肥发酵温度进行动态监测，采用温度计测量堆温。NH_3 含量测定采用纳氏试剂比色法，H_2S 含量测定采用亚甲基蓝比色法。于发酵结束前后，检测物料腐熟度，包括气味、颜色、菌丝覆盖率和松散度，进行种子发芽率试验。臭气浓度采用气味及颜色辨别法：0 级无臭，1 级臭味微弱，2 级臭味弱，3 级臭味明显，4 级臭味强，5 级臭味很强。

室外试验：堆温采用温度计测量法。每个物料堆中分散插入 3 个温度计，插入深度 25cm，于每日 10：00 和 16：00 观测、记录温度。全磷测定采用紫外分光光度法。全钾测定采用火焰光度法。脱氢酶测定采用 TTC 还原法。多酚氧化酶采用邻苯三酚比色法。

电导率采用电导率仪法。NH_3 含量、H_2S 含量、全氮、含水率、有机质、全碳、种子发芽指数、气味、颜色、松散度的测定方法同常规方法。菌丝覆盖率，依据料堆表层下 5~10cm 菌丝覆盖情况计算。

4. 数据分析与统计

本试验数据用 Microsoft Excel 2010 处理，制作图表。采用 SPSS 数据处理软件做方差分析；拟采用 LSD 法在 $P<0.05$ 水平上进行差异显著性检验。

（二）室内试验结果与分析

1. 发酵物料基本成分和基本性质

如表 4-7 所示，新鲜鸡粪含水率较高，达 68.91%，其中有机质含量较高，占干重 70.75%，碳氮比为 20.98。糠醛渣含水率较低，但有机质含量较高，占干重 71.75%，碳氮比高达 33.73。故堆肥发酵时，以鸡粪为主料，适当添加糠醛渣，配比为 3∶2 较为合适。

表 4-7　鸡粪和糠醛渣的基本性质

原料	含水率（%）	有机质（%）	C（%）	N（%）	C/N
鸡粪	68.91	70.75	42.00	2.02	20.98
糠醛渣	35.62	71.75	41.00	1.21	33.73

2. 吸收气体标准曲线的绘制

采用吸收法进行 NH_3 含量的测定，制成标准曲线如图 4-15。

回归方程：$y=0.025\,3x-0.040\,3$，$R^2=0.933\,9$。由此可知，该方程回归性较好，可用此方法进行 NH_3 含量的测定。

采用吸收法进行 H_2S 含量的测定，制成标准曲线如图 4-16。

回归方程：$y=0.063\,8x+0.017\,2$，$R^2=0.991\,4$。由此可知，该方程回归性较好，可用此方法进行 H_2S 含量的测定。

3. 不同菌剂对物料发酵温度的影响

不同处理下发酵温度变化如图 4-17 所示，在各菌剂处理中，T1 和 T2 处理的物料温度一直处于较高水平，于发酵第 4 天，温度显著提高。两处理均在第 11 天达到最高温度，分别为 55.67℃ 和 56.33℃，T8 处理升温快，于第 3 天升到最高温度 56.33℃，但后期温度较低。各菌剂处理的物料温度普遍低于 CK。CK 于第 15 天达到 61.33℃，随后快速降温至 50℃。

4. 不同菌剂对物料排放 NH_3 量的影响

由图 4-18 可知，以鸡粪和糠醛渣为物料的好氧堆肥发酵 NH_3 的排放主要集中于发酵前期，排放高峰位于发酵第 2 天至第 5 天，之后随着发酵时间的增加，NH_3 的排放量逐渐减少。第 13 天出现的排放波动，可能是由于向物料中喷施水，物料含水量增加引起微生物代谢增强所致。各菌剂处理中，氨气峰值低于 CK 的处理为 T1、T2 和 T4，分别于第 7 天、第 2 天和第 3 天达到氨气排放最高值，较 CK 氨气含量降低 11.76%、

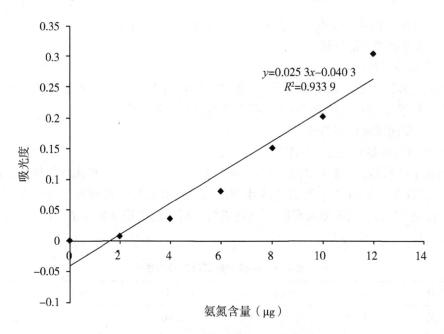

图 4-15 NH₃ 标准曲线和回归方程

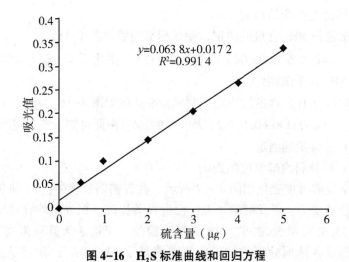

图 4-16 H₂S 标准曲线和回归方程

3. 75% 和 1. 39%。

5. 不同菌剂对物料排放 H_2S 量的影响

于 5 月 28 日、29 日和 30 日，即发酵堆制后第 2 天、第 3 天、第 4 天进行 H_2S 含量的检测，结果如图 4-19。鸡粪发酵释放 H_2S 很少，释放高峰为第 3 天，CK 处理释放量最高为 1. 20 μg，各菌剂处理的 H_2S 释放量均有所下降，T3 最少，其次是 T5。到第 4 天，未检测到 H_2S。

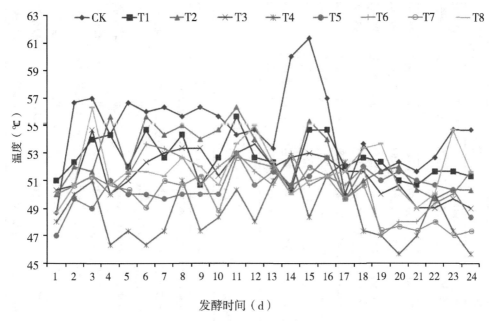

图 4-17　不同菌剂对物料发酵温度的影响

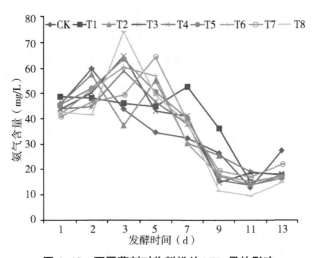

图 4-18　不同菌剂对物料排放 NH₃ 量的影响

6. 不同菌剂对物料腐熟度的影响

比较物料腐熟度各项指标如表 4-8、表 4-9 所示。随着发酵时间的增加，微生物生物量显著增加，物料由最初的深褐色转为浅褐色、黄褐色和灰褐色，后趋于黑褐色。培养第 5 天，大量菌丝体包裹物料颗粒，菌丝覆盖率为 20%。至第 11 天，菌丝覆盖率已达 75%~99%。此时，菌体繁殖迅速，正是分解物料的活动旺盛时期。至第 15 天，T1、T5 和 T7 的菌丝覆盖率较其他处理高，T4 的覆盖率最低。

表 4-8 不同菌剂对物料发酵颜色和菌丝覆盖率的影响

处理	第1天 颜色	第1天 菌丝覆盖率(%)	第3天 颜色	第3天 菌丝覆盖率(%)	第5天 颜色	第5天 菌丝覆盖率(%)	第7天 颜色	第7天 菌丝覆盖率(%)	第9天 颜色	第9天 菌丝覆盖率(%)	第11天 颜色	第11天 菌丝覆盖率(%)	第13天 颜色	第13天 菌丝覆盖率(%)	第15天 颜色	第15天 菌丝覆盖率(%)
CK	深褐色	0	深褐色	0	浅褐色	25	浅褐色	50~55	黄褐色	75~80	褐色	96~97	灰褐色	96~97	黑褐色	96~97
T1	深褐色	0	深褐色	0	浅褐色	20~25	浅褐色	50~55	黄褐色	75~80	褐色	97~98	灰褐色	97~98	黑褐色	97~98
T2	深褐色	0	深褐色	0	深褐色	20~25	灰褐色	45~50	黄褐色	75~80	黄褐色	95~97	褐色	95~97	灰褐色	95~97
T3	深褐色	0	深褐色	0	深褐色	20	灰褐色	45~50	浅褐色	70~75	黄褐色	95~96	褐色	95~96	灰褐色	95~96
T4	深褐色	0	深褐色	0	深褐色	20~25	灰褐色	25~30	浅褐色	50~55	黄褐色	80~85	褐色	93~94	灰褐色	93~94
T5	深褐色	0	深褐色	0	深褐色	20~25	浅褐色	45~55	浅褐色	75~80	黄褐色	97~98	灰褐色	97~98	黑褐色	97~98
T6	深褐色	0	深褐色	0	深褐色	20~25	灰褐色	30~35	浅褐色	45~50	黄褐色	75~80	褐色	94~95	灰褐色	94~95
T7	深褐色	0	深褐色	0	深褐色	20~30	灰褐色	50~55	浅褐色	75~80	黄褐色	96~99	褐色	96~99	灰褐色	96~99
T8	深褐色	0	深褐色	0	深褐色	20~25	浅褐色	55~65	浅褐色	75~80	褐色	96~97	灰褐色	96~97	黑褐色	96~97

表 4-9 不同菌剂对物料松散度的影响

处理	第1天	第3天	第5天	第7天	第9天	第11天	第13天	第15天
CK	黏稠	黏稠	黏稠	黏稠度降低	结块变硬	结成硬块,打碎呈小块状	不规则颗粒状	松散
T1	黏稠	黏稠	黏稠	黏稠度降低	结块变硬	结成硬块,打碎呈小块状	不规则颗粒状	松散
T2	黏稠	黏稠	黏稠	黏稠度降低	结块变硬	结成硬块,打碎呈小块状	小块状	较松散
T3	黏稠	黏稠	黏稠	黏稠度降低	结块变硬	结成硬块,打碎呈小块状	小块状	较松散
T4	黏稠	黏稠	黏稠	黏稠度降低	结块变硬	结成硬块,打碎呈小块状	小块状	较松散
T5	黏稠	黏稠	黏稠	黏稠度降低	结块变硬	结成硬块,打碎呈小块状	不规则颗粒状	松散
T6	黏稠	黏稠	黏稠	黏稠度降低	结块变硬	结成硬块,打碎呈小块状	小块状	较松散
T7	黏稠	黏稠	黏稠	黏稠度降低	结块变硬	结成硬块,打碎呈小块状	小块状	较松散
T8	黏稠	黏稠	黏稠	黏稠度降低	结块变硬	结成硬块,打碎呈小块状	不规则颗粒状	松散

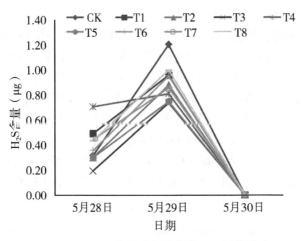

图4-19 不同菌剂对物料排放 H₂S 量的影响

新鲜物料物理性状较黏稠，自第 7 天其黏稠度开始明显下降。随着发酵时间的增加，黏稠度的降低，物料开始结块、变硬。为了促进发酵，使物料充分接触空气，将块状物料打碎呈小块状或颗粒状。至第 15 天，物料开始变得松散，并随着发酵时间的增加，松散度越高，其中，T1、T5、T8 和 CK 的物料较其他处理更为松散。

伴随发酵进程，各阶段不同处理的气味差异不显著。各处理第 1 天为 4 级，第 3~5 天为 5 级，第 7 天为 3 级，第 9 天、第 11 天为 2 级，第 13 天以后为 1 级。考虑到物料总量较少，人工嗅觉无法区分各处理的细微差别。

种子发芽试验结果如图 4-20，除 CK 发芽率最高外，T1 和 T4 处理的发芽率较高，分别为 28.33% 和 25%。考虑到室内试验时间较短，物料未彻底腐熟，故此结果表明，在添加菌剂各处理中，至发酵中期 T1 处理的物料腐熟较快。

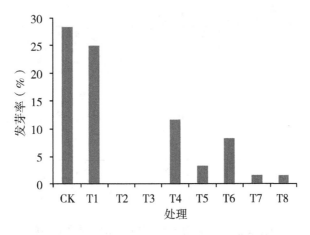

图4-20 不同处理物料的浸提液对种子发芽率的影响

（三）室外试验结果与分析

1. 不同菌剂对物料发酵温度的影响

鸡粪堆肥发酵期间，堆温一直高于气温，如图4-21、图4-22。10:00与16:00的堆温变化具有相似的趋势，但16:00的堆温变化幅度稍高于10:00。堆温受气候影响较大，7月24日暴雨，气温骤降，上下午气温仅为22℃和27℃，导致堆温持续下降，第2天出现发酵中期的最低温47.3℃和46℃。添加菌剂各处理的堆温与未添加菌剂的处理T0比较表现出差异，而T1和T2的堆温大多高于其他处理，且表现出升温快的特点，有利于物料的腐熟。10:00测温，T1第3天升到64.7℃，第11天达到最高温度69℃；T2第5天升到66.7℃，第8、第9天达到最高温度67.7℃；16:00测温，T1和T2于第4天分别升到64.3℃和69.3℃，第10天分别达到最高温度67.3℃和69.3℃。

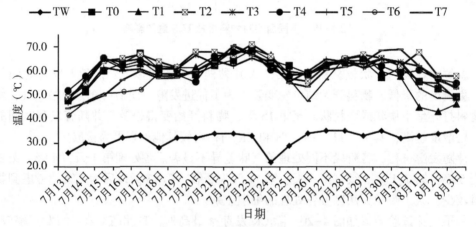

图4-21　不同菌剂对物料发酵10:00温度的影响

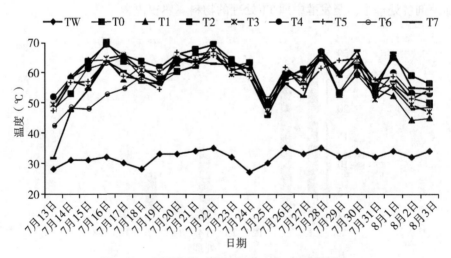

图4-22　不同菌剂对物料发酵16:00温度的影响

2. 不同菌剂对物料产 NH₃ 的影响

如图 4-23，不同处理对发酵物料产 NH₃ 的影响不同。发酵初期，堆温较低，微生物尚处于环境适应期，故氨气的产生较少。随着微生物的增殖，代谢增强，氨气产生量增加，于第 4 天各处理均出现氨气含量的第 1 个峰值，产氨量由高到低依次为：T5>T7>T4>T1>T2>T3>T0>T6。7 月 25 日，出现产氨的第 2 个峰值，T7 处理最高达38.98μg/mL。两处峰值均与降雨有关，7 月 17 日阵雨，7 月 24 日暴雨，由于湿度增加，温度适宜，大大促进了微生物的氨化作用，导致氨气排放量骤增，形成峰值。

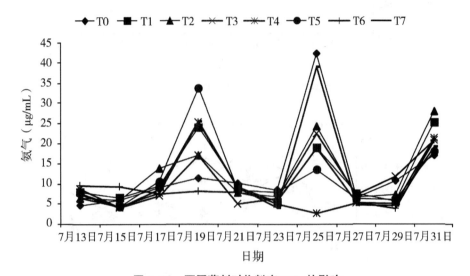

图 4-23　不同菌剂对物料产 NH₃ 的影响

3. 不同菌剂对物料 pH 值的影响

不同菌剂处理的料堆 pH 值具有显著差异，如图 4-24。在发酵前期，不同处理的pH 值表现差异较大，其中 T6 和 T7 的 pH 值较低，其他处理均在 7.20 以上。发酵第 3天，T7 处理的 pH 值快速升高，成为各处理中的最高值并保持至发酵结束。说明 T7 处理对鸡粪和糠醛渣堆肥物料的 pH 值调节效果最好。

4. 不同菌剂对物料全盐含量的影响

在鸡粪和糠醛渣好氧发酵过程中，全盐含量呈先升高再下降的趋势，如图 4-25。发酵第 5 天，T0、T1、T2、T3 和 T5 处理的全盐含量均达到各自的最高峰值，T4 和 T6 于第7 天达到峰值，而 T7 于第 10 天达到峰值。微生物代谢需要无机盐，故微生物堆肥发酵是分解盐的过程。随着堆温升高，微生物数量增加，代谢活性增强，无机盐被逐渐消耗，故全盐含量在发酵后期逐渐下降。发酵前期，全盐含量最高值和次高值出现在 T6 和 T5 处理中，分别达 4 793.98g/kg 和 4 756.25g/kg。峰值中，T1 全盐含量最少，为 3 979.80g/kg。至发酵末期，鸡粪中含盐量由低到高依次是：T3<T5≈T6<T2<T4<T1<T0<T7。

5. 不同菌剂对物料脱氢酶活性的影响

对等菌量的 T5、T6 和 T7 处理进行脱氢酶测定，不同处理物料的脱氢酶活性具有显著差异（图 4-26）。发酵初期脱氢酶活性较高，第 3 天的脱氢酶活性由高到低依次为

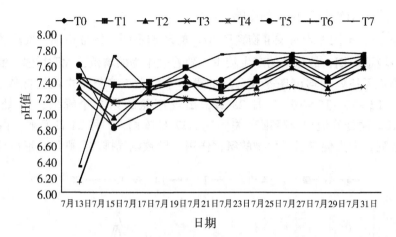

图4-24 不同菌剂对物料 pH 值的影响

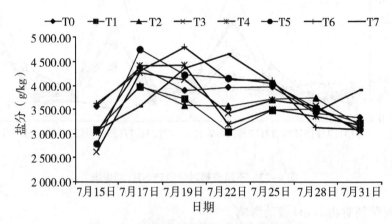

图4-25 不同菌剂对物料全盐含量的影响

T0>T5>T7>T6，添加菌剂的 T5 中酶活最高为 89.79μg/（g·h），至第 5 天各处理脱氢酶酶活迅速下降。发酵微生物氧化分解物料的过程以氧化还原反应为主，需要大量氧化脱氢酶。因此，在前期酶活较高。随着温度的进一步升高，堆肥进入高温期，物料降解转向依靠高温菌，大量中温菌的脱氢酶活性受到抑制，故脱氢酶总活性有所下降。3 个添加菌剂的处理中，T7 处理的脱氢酶活性较其他处理更高。

6. 不同菌剂对物料多酚氧化酶活性的影响

微生物的多酚氧化酶主要包括漆酶和酪氨酸酶。漆酶对氧化酚类或芳胺类等多种底物的氧化起催化作用，具有此酶的微生物可对含酚类毒物进行降解。酪氨酸酶则促使酪氨酸的降解。因此，多酚氧化酶的活性与功能微生物的代谢有关。

对等菌量的 T5、T6 和 T7 处理进行多酚氧化酶的测定，结果如图 4-27。T5 与 T0 处理具有相似性，均在第 3、第 7 天出现酶活峰值，T6 处理于第 3、第 18 天出现酶活峰值，T7 处理酶活一直较低，至第 18 天达到酶活的峰值。整个发酵期间，初期 T5 酶活最高为 1.87mg/（g·h），末期 T7 酶活最高为 1.81mg/（g·h）。这可能与菌剂中不同功能菌的代谢功能差异有关。

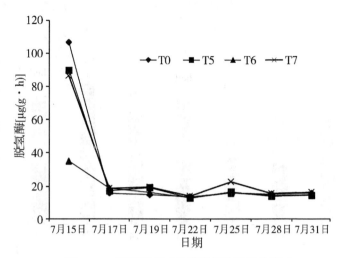

图 4-26　不同菌剂对物料脱氢酶活性的影响

7. 不同菌剂处理下物料的含水率

腐熟后，不同处理的物料含水率具有显著差异，如图 4-28。按含水率高低依次为：T7>T5>T6>T3>T4>T0>T1>T2。依据《有机肥料》（NY 525—2002），有机肥成品含水率应≤20.0%，故 T7 和 T5 处理的含水率较高，应延长堆放时间，减少含水量。

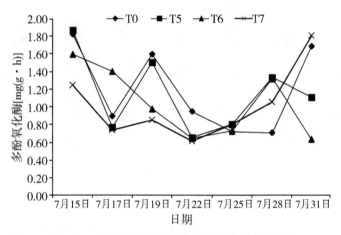

图 4-27　不同菌剂对物料多酚氧化酶活性的影响

8. 不同菌剂处理下物料的有机质含量

不同菌剂处理下，腐熟的物料有机质含量均符合生物有机肥国家标准，即≥30.0%，但各处理间具有显著差异，如图 4-29。按有机质含量高低依次为：T7>T2>T5>T3>T0>T4>T1>T6。生物有机肥中丰富的有机质是其肥效的重要保障之一，本研究中 T7 和 T2 处理的有机质含量最高，形成的有机肥较好。

9. 不同菌剂处理下物料的碳、氮、磷、钾含量

不同菌剂处理下，腐熟物料的总养分（$N+P_2O_5+K_2O$）含量均符合有机肥国家标准，即≥4.0%，但各处理间具有显著差异，如表 4-10。按总养分含量由高到低依次

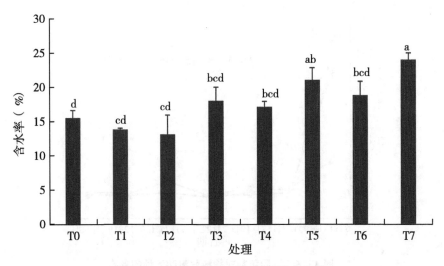

图4-28 不同菌剂处理下物料的含水率

注：不同字母表示差异显著，后同。

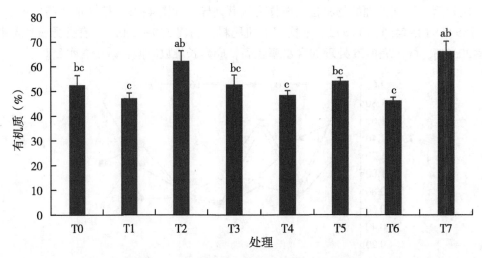

图4-29 不同菌剂处理下物料的有机质含量

为：T3>T7>T2>T5>T0>T4>T1>T6。生物有机肥中总养分是其肥效的重要保障之一，故T3和T7处理总养分含量最高，形成的有机肥较好。各处理的全碳含量也具有差异，其中T7处理最高，占25.55%，适当的碳含量有利于肥料发挥作用，尤其促进肥料中的微生物保持一定活性。

表4-10 不同处理下物料碳、氮、磷、钾的含量 （%）

处理	全碳	全氮	全磷	全钾	N+P_2O_5+K_2O
T0	22.72±1.53b	1.98±0.14d	5.52±0.21bc	4.53±0.10c	12.03
T1	22.3±1.65b	2.06±0.07c	5.39±0.39bc	4.26±0.24c	11.71
T2	23.47±2.11ab	2.36±0.05c	5.95±0.25ab	4.57±0.07c	12.87
T3	23.20±1.20ab	2.21±0.04bc	6.46±0.24a	5.38±0.24a	14.05

（续表）

处理	全碳	全氮	全磷	全钾	$N+P_2O_5+K_2O$
T4	20.38±0.34ab	1.64±0.19bc	5.640.19abc	4.53±0.22c	11.80
T5	20.03±1.63ab	2.05±0.11abc	5.520.06bc	4.76±0.10bc	12.33
T6	24.95±0.84ab	2.00±0.06abc	4.97±0.17c	4.26±0.22c	11.22
T7	25.55±2.04a	2.49±0.04a	5.59±0.39ab	5.30±0.24ab	13.73

10. 不同菌剂处理下物料的种子发芽指数

各处理物料的种子发芽指数具有一定差异，除 T0 较高外，其他无显著差异，如图 4-30。各菌剂处理的发芽指标最高和较高的分别是 T1 和 T3，但 T4 较 T0 显著降低，仅为 50.28%。

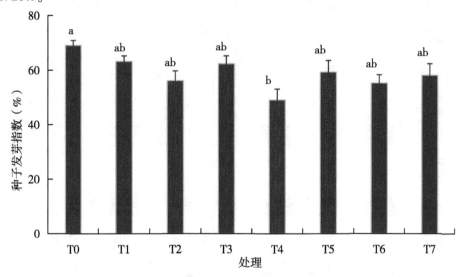

图 4-30 不同菌剂处理下物料的种子发芽指数

11. 不同菌剂处理下物料的物理性状

料堆颜色与菌丝生长情况见表 4-11。随着发酵时间的增加，微生物生物量显著增加，物料由最初的深褐色转为浅褐色、黄褐色和灰褐色，后趋于黑褐色，与室内试验相似。培养第 2 天，翻开料堆表层约 5cm，菌丝体包裹物料颗粒，菌丝覆盖率随着发酵天数增加而增多。第 3 天，除 T6 外，其他各处理的菌丝覆盖率已达 90%~97%。此时，菌体大量繁殖，正是微生物的生长繁殖旺期。随着发酵腐熟度的增加，至发酵后期第 16~17 天，各处理的菌丝覆盖率开始下降，至腐熟末期时，仅见少量菌丝掺杂在物料中间。发酵期间，每次翻堆对菌丝组织造成破坏，肉眼可见菌丝覆盖率立即下降。

料堆物理松散度如表 4-12。新鲜物料黏稠，自第 6 天黏稠度开始下降。随着发酵时间的增加，黏稠度逐渐降低。至第 9 天，物料堆开始变得疏松。经定期翻堆后，物料的松散度进一步增大。至第 15 天，大部分物料已变得松散，至后期腐熟度超高，松散度越高。在松散度上各处理间差异不显著。场地发酵空间开阔，不同处理的气味差异不显著。各处理第 1~2 天为 4 级，第 3~6 天为 5 级，第 7~9 天为 4 级，第 10~11 天为 3 级，第 12~16 天为 2 级，第 17 天以后为 1 级。

表 4-11　不同菌剂对物料发酵颜色和菌丝覆盖率的影响

处理	7月13日 颜色	7月13日 菌丝覆盖率(%)	7月14日 颜色	7月14日 菌丝覆盖率(%)	7月15日 颜色	7月15日 菌丝覆盖率(%)	7月16日 颜色	7月16日 菌丝覆盖率(%)	7月17日 颜色	7月17日 菌丝覆盖率(%)	7月18日 颜色	7月18日 菌丝覆盖率(%)	7月19日 颜色	7月19日 菌丝覆盖率(%)	7月20日 颜色	7月20日 菌丝覆盖率(%)	7月21日 颜色	7月21日 菌丝覆盖率(%)	7月22日 颜色	7月22日 菌丝覆盖率(%)	7月23日 颜色	7月23日 菌丝覆盖率(%)
T0	深褐色	0	深褐色	20	深褐色	95	深褐色	1	浅褐色	70	浅褐色	7	浅褐色	50	浅褐色	60	黄褐色	80	黄褐色	10	褐色	98
T1	深褐色	0	深褐色	15	深褐色	96	深褐色	2	浅褐色	65	浅褐色	5	浅褐色	50	浅褐色	60	黄褐色	80	黄褐色	15	褐色	98
T2	深褐色	0	深褐色	10	深褐色	96	深褐色	1	深褐色	90	深褐色	9	灰褐色	45	灰褐色	45	浅褐色	80	浅褐色	15	黄褐色	97
T3	深褐色	0	深褐色	5	深褐色	97	深褐色	5	深褐色	10	深褐色	10	灰褐色	45	灰褐色	50	浅褐色	70	浅褐色	20	黄褐色	95
T4	深褐色	0	深褐色	2	深褐色	94	深褐色	30	深褐色	90	深褐色	9	灰褐色	25	灰褐色	45	浅褐色	55	浅褐色	15	黄褐色	85
T5	深褐色	0	深褐色	3	深褐色	92	深褐色	25	深褐色	95	深褐色	15	浅褐色	50	浅褐色	50	浅褐色	75	浅褐色	25	褐色	98
T6	深褐色	0	深褐色	2	深褐色	5	深褐色	2	深褐色	15	深褐色	5	灰褐色	30	灰褐色	50	浅褐色	45	浅褐色	10	黄褐色	75
T7	深褐色	0	深褐色	3	深褐色	90	深褐色	1	深褐色	15	深褐色	5	灰褐色	55	灰褐色	70	浅褐色	75	浅褐色	25	黄褐色	99

处理	7月24日 颜色	7月24日 菌丝覆盖率(%)	7月25日 颜色	7月25日 菌丝覆盖率(%)	7月26日 颜色	7月26日 菌丝覆盖率(%)	7月27日 颜色	7月27日 菌丝覆盖率(%)	7月28日 颜色	7月28日 菌丝覆盖率(%)	7月29日 颜色	7月29日 菌丝覆盖率(%)	7月30日 颜色	7月30日 菌丝覆盖率(%)	7月31日 颜色	7月31日 菌丝覆盖率(%)	8月1日 颜色	8月1日 菌丝覆盖率(%)	8月2日 颜色	8月2日 菌丝覆盖率(%)	8月3日 颜色	8月3日 菌丝覆盖率(%)
T0	褐色	60	灰褐色	98	黑褐色	50	黑褐色	25	黑褐色	10	黑褐色	10	黑褐色	10	黑褐色	8	黑褐色	8	黑褐色	8
T1	褐色	60	灰褐色	98	黑褐色	45	黑褐色	20	黑褐色	10	黑褐色	15	黑褐色	10	黑褐色	8	黑褐色	8	黑褐色	8
T2	黄褐色	45	褐色	97	灰褐色	40	黑褐色	15	黑褐色	5	黑褐色	5	黑褐色	5	黑褐色	5	黑褐色	5	黑褐色	5
T3	黄褐色	50	褐色	95	灰褐色	50	黑褐色	25	黑褐色	15	黑褐色	5	黑褐色	5	黑褐色	5	黑褐色	5	黑褐色	5
T4	黄褐色	45	褐色	93	灰褐色	50	黑褐色	25	黑褐色	15	黑褐色	2	黑褐色	2	黑褐色	2	黑褐色	2	黑褐色	2
T5	褐色	50	灰褐色	98	黑褐色	45	黑褐色	20	黑褐色	15	黑褐色	2	黑褐色	3	黑褐色	3	黑褐色	3	黑褐色	3
T6	黄褐色	50	褐色	95	灰褐色	40	黑褐色	10	黑褐色	5	黑褐色	2	黑褐色	2	黑褐色	3	黑褐色	2	黑褐色	2
T7	黄褐色	70	褐色	99	灰褐色	45	黑褐色	15	黑褐色	10	黑褐色	3	黑褐色	3	黑褐色	3	黑褐色	3	黑褐色	3

表 4-12　不同菌剂对物料松散度的影响

处理	7月13日	7月14日	7月15日	7月16日	7月17日	7月18日	7月19日	7月20日	7月21日	7月22日
T0	黏稠	黏稠	黏稠	黏稠	黏稠	黏稠度降低	黏稠度降低	黏稠度降低	黏稠度降低，开始变得疏松	黏稠度降低，开始变得疏松
T1	黏稠	黏稠	黏稠	黏稠	黏稠	黏稠度降低	黏稠度降低	黏稠度降低	黏稠度降低，开始变得疏松	黏稠度降低，开始变得疏松
T2	黏稠	黏稠	黏稠	黏稠	黏稠	黏稠度降低	黏稠度降低	黏稠度降低	黏稠度降低，开始变得疏松	黏稠度降低，开始变得疏松
T3	黏稠	黏稠	黏稠	黏稠	黏稠	黏稠	黏稠度降低	黏稠度降低	黏稠度降低，开始变得疏松	黏稠度降低，开始变得疏松
T4	黏稠	黏稠	黏稠	黏稠	黏稠	黏稠度降低	黏稠度降低	黏稠度降低	黏稠度降低，开始变得疏松	黏稠度降低，开始变得疏松
T5	黏稠	黏稠	黏稠	黏稠	黏稠	黏稠度降低	黏稠度降低	黏稠度降低	黏稠度降低，开始变得疏松	黏稠度降低，开始变得疏松
T6	黏稠	黏稠	黏稠	黏稠	黏稠	黏稠	黏稠度降低	黏稠度降低	黏稠度降低，开始变得疏松	黏稠度降低，开始变得疏松
T7	黏稠	黏稠	黏稠	黏稠	黏稠	黏稠	黏稠度降低	黏稠度降低	黏稠度降低，开始变得疏松	黏稠度降低，开始变得疏松

处理	7月23日	7月24日	7月25日	7月26日	7月27日	7月28日	7月29日	7月30日	7月31日	8月1日	8月2日	8月3日
T0	开始变得松散	部分松散	大部分松散	相对松散	松散	松散	松散	松散	松散	松散	松散	松散
T1	开始变得松散	部分松散	大部分松散	相对松散	松散	松散	松散	松散	松散	松散	松散	松散
T2	开始变得松散	部分松散	大部分松散	相对松散	松散	松散	松散	松散	松散	松散	松散	松散
T3	开始变得松散	部分松散	大部分松散	相对松散	松散	松散	松散	松散	松散	松散	松散	松散
T4	开始变得松散	部分松散	大部分松散	相对松散	松散	松散	松散	松散	松散	松散	松散	松散
T5	开始变得松散	部分松散	大部分松散	相对松散	松散	松散	松散	松散	松散	松散	松散	松散
T6	开始变得松散	小部分松散	部分松散	大部分松散	松散	松散	松散	松散	松散	松散	松散	松散
T7	开始变得松散	小部分松散	部分松散	大部分松散	松散	松散	松散	松散	松散	松散	松散	松散

（四）结论

经室内试验和场地试验研究，内蒙古农业大学固体菌 NH_3 产生量较低。内蒙古农业大学固体菌剂配施液体菌剂对堆料 pH 值的调节效果最好，物料含盐量最低，脱氢酶和多酚氧化酶活性最高，有机质和总养分含量最高。但其含水率略高，可以通过延长堆放时间来降低含水量。综合评价，内蒙古农业大学的固体菌剂与液体菌剂配施应用于鸡粪和糠醛渣发酵最为适宜。

二、不同碳氮比功能菌剂引进筛选

（一）材料与方法

1. 菌株筛选

取 10g 新鲜样品（鸡粪）于三角瓶中，加入 90mL 无菌水，振荡混匀制成菌悬液。将 10mL 菌悬液加入 100mL 除氨菌液体选择培养基 [（NH_4）$_2$$SO_4$ 1g/L] 中，培养 5d 后，移取 10mL 到新的 100mL 选择培养基 [（NH_4）$_2$$SO_4$ 2g/L] 培养 5d，该浓度下每隔 5d 转到新的培养基，连续驯化一个月，得到富集菌液。取 1mL 富集的菌液通过梯度稀释平板法，将菌液接种到除氨菌固体选择培养基平板上，每梯度 3 次重复，于 30℃ 倒置培养 5d。获得 2 株培养基上生长良好的优势菌，选取单个菌落进行纯化获得纯培养，2 株菌株的形态特征见表 4-13。

表 4-13 分离、筛选自鸡粪的菌落形态特征

特征	JFCC1	JFCC2	JFCC3
形状	圆形	圆形	不规则形状
隆起度	中间凹起	中间凸起	扁平
表面形态	表面粗糙有圆圈	表面粗糙有褶皱	表面粗糙有褶皱
边缘	边缘有褶皱	边缘整齐	边缘整齐
光泽	表面无光泽	表面无光泽	表面无光泽
质地	脆性	脆性	脆性
颜色	乳白色	乳白色	乳白色
透明度	不透明	不透明	不透明

2. 拮抗实验

将顺宝新鲜鸡粪中分离出的 2 株高效除氨优势菌株，通过划线试验法研究两个菌株之间是否发生拮抗反应，将两个无拮抗反应的菌株进行组配，通过扩繁培养和营养配伍等技术研制成液体功能微生物菌剂 1 种，并进行后期的发酵试验。

3. 功能微生物菌剂的引进

从我国的河南、江苏、台湾引进 3 种优质高效鸡粪发酵除臭微生物菌剂。不同发酵菌剂基本性状及建议配比见表 4-14。

表 4-14　菌剂基本性状及建议配比

引自原产地	固液态	颜色	气味	有效活菌数	建议与物料配比
河南	固体粉末	浅黄色	无味	10×10^8 CFU/g	1：1 000
江苏	固体粉末	深灰色	淡淡的土味	20×10^8 CFU/g	1：1 000
台湾	液体	棕红色	果醋味	20×10^8 CFU/mL	1：1 000
资环所自主研发	液体	乳白色	无味	10×10^8 CFU/mL	1：1 000

4. 试验设计

（1）除臭发酵试验装置设计。堆肥装置为自制设计强制通风静态垛堆肥反应器，反应器由密闭反应器、顶部气体采集装置、筛板、空气泵、通气管和温度测定仪等组成，其中密闭反应器为圆柱体，容积约 100L，上接气体采集装置，底部接有多孔的筛板，密闭反应器的中间打有 1cm 的小孔，用于温度测定仪的探头插入装置内进行堆体物料温度的测定。筛板底部放置几根较短的空心 PE 管，既起到支撑筛板的作用，又保障了空气的流通。装置的底侧接有空气泵，空气泵以大约 60mL/min 的流量从筛板外侧通气孔向内强制通气，保证了空气通过筛板输入堆肥内部，每天上午、下午各充气 1h。密闭反应器顶部的气体采集装置外接橡胶管，并与气体收集瓶相连，瓶内装有一定浓度的硼酸，用于吸收一定时间内释放的氨气。

（2）有机物料碳氮配比试验设计。将鸡粪、糠醛渣、玉米秸秆等按一定的比例设置不同碳氮比的混合配料进行发酵，充分混匀装入密闭强制通风的发酵装置内进行配料发酵试验，共设 4 个碳氮 C/N 比处理，即 25：1、27：1、30：1、35：1。另外，针对每一个碳氮配比处理按照不同微生物菌剂设置 5 个处理，见表 4-15。配料水分控制在 65% 左右，各处理堆制 40d。

物料堆制期间，每天每隔 120min 用自动温度记录仪记录一次温度，分别于 0d、7d、14d、21d、28d 取发酵装置内气体样品进行 NH_3 气体产生情况测定。每处理 3 个重复，温度每达到 60℃ 翻动一次，直到发酵腐熟完成。于发酵结束后，检测物料腐熟度，包括有效活菌数、气味、颜色、含水量、pH 值、全氮、有机质含量等。

表 4-15　不同有机物料碳氮比发酵试验设计

碳氮配比处理	C/N	有机物料	菌剂处理	菌剂来源
			1A	河南
			1B	江苏
处理 1	25：1	鸡粪+糠醛渣	1C	台湾
			1D	自研
			1E	对照
			2A	河南
			2B	江苏
处理 2	30：1	鸡粪+糠醛渣	2C	台湾
			2D	自研
			2E	对照

（续表）

碳氮配比处理	C/N	有机物料	菌剂处理	菌剂来源
处理3	35∶1	鸡粪+糠醛渣	3A	河南
			3B	江苏
			3C	台湾
			3D	自研
			3E	对照
处理4	27∶1	鸡粪+糠醛渣+秸秆	4A	河南
			4B	江苏
			4C	台湾
			4D	自研
			4E	对照

（3）有机肥的肥效试验。对经过微生物除臭和发酵试验所得的3个碳氮比处理的5个微生物菌剂共计15种生物有机肥处理设置了盆栽试验，研究不同微生物菌剂和不同碳氮物料组配的生物有机肥对盆栽蔬菜上的肥效。从中筛选出一种最佳物料组配合及1~2种高效发酵微生物菌剂的功效用于中试研究。

测定指标：地上植株生物量、根系长度及其生物量。

（二）结果与分析

1. 不同碳氮配比发酵对有机物料发酵腐熟度的影响

比较分析不同物料配比及不同菌剂处理下物料的颜色、腐熟度、菌丝覆盖率等腐熟度理化指标，结果如表4-16所示，微生物数量随着发酵进行而逐渐增加；物料颜色由初始的深褐色转为浅褐色、黄褐色和灰褐色，后趋于黑褐色；培养进行至第4~5天时，有机物料堆体温度升高，明显可见大量菌丝体包裹物料颗粒，菌丝覆盖率为30%；培养至第9~12天时，有机物料堆体温度再次升高，同样可见大量菌丝体包裹物料颗粒，菌丝覆盖率为50%；培养进行至第20天时，菌丝覆盖率达70%~90%，菌体繁殖迅速，进入分解物料的活动旺盛时期。发酵后期（15~20d）时，1B、2A、2C、3A的菌丝覆盖率高于其他处理，而3D、3E的菌丝覆盖率最低。

新鲜物料物理性状较黏稠，发酵至第9天后黏稠度呈下降趋势，物料性状发生变化，表现为结块，变硬等特征。至第18天时，物料松散度随发酵的进行而升高，且各有机物料间的松散度无显著性差异。

表4-16 不同菌剂对物料发酵颜色和菌丝覆盖率的影响

处理	第1~3天		第4~8天		第9~12天		第13~18天		第20天以后	
	颜色	菌丝覆盖率（%）	颜色	菌丝覆盖率（%）	颜色	菌丝覆盖率（%）	颜色	菌丝覆盖率（%）	颜色	菌丝覆盖率（%）
1A	深褐色	0	深褐色	30	浅褐色	45	浅褐色	60~65	淡褐色	75~80
1B	深褐色	0	深褐色	29	浅褐色	50	浅褐色	60~70	淡褐色	75~85

（续表）

处理	第1~3天		第4~8天		第9~12天		第13~18天		第20天以后	
	颜色	菌丝覆盖率（%）	颜色	菌丝覆盖率（%）	颜色	菌丝覆盖率（%）	颜色	菌丝覆盖率（%）	颜色	菌丝覆盖率（%）
1C	深褐色	0	深褐色	30	浅褐色	40~45	灰褐色	60~65	淡褐色	75~85
1D	深褐色	0	深褐色	30	浅褐色	40	黄褐色	60~65	淡褐色	70~75
1E	深褐色	0	深褐色	28	浅褐色	45	黄褐色	60~60	淡褐色	70~85
2A	深褐色	0	深褐色	30	浅褐色	40~45	浅褐色	60~70	浅褐色	75~90
2B	深褐色	0	深褐色	29	浅褐色	45	灰褐色	50~65	淡褐色	75~80
2C	深褐色	0	深褐色	29	浅褐色	40~50	灰褐色	60~70	淡褐色	75~80
2D	深褐色	0	深褐色	29	深褐色	40~45	浅褐色	50~65	淡褐色	75~80
2E	深褐色	0	深褐色	29	浅褐色	40~45	浅褐色	50~65	淡褐色	70~75
3A	深褐色	0	深褐色	30	浅褐色	45	浅褐色	60~70	淡褐色	80~92
3B	深褐色	0	深褐色	29	深褐色	40~45	黄褐色	50~60	淡褐色	75~80
3C	深褐色	0	深褐色	29	深褐色	40~45	黄褐色	50~60	浅褐色	70~80
3D	深褐色	0	深褐色	28	深褐色	40~45	浅褐色	55~65	淡褐色	70~75
3E	深褐色	0	深褐色	28	深褐色	40~45	浅褐色	60~65	淡褐色	70~85
4A	浅土色	0	浅土色	28	浅土色	45	浅土色	60~65	浅灰色	65~70
4B	浅土色	0	浅土色	28	浅土色	45	浅土色	50~65	浅灰色	65~70
4C	浅土色	0	浅土色	27	浅土色	40	浅土色	60~65	浅灰色	65~70
4D	浅土色	0	浅土色	28	浅土色	40	浅土色	60~65	浅灰色	65~70
4E	浅土色	0	浅土色	28	浅土色	40	浅土色	60~65	浅灰色	65~70

2. 不同碳氮配比发酵对有机物料发酵温度的影响

各碳氮配比和不同菌剂处理下，1A、1B、2A、2B、2C 和 3C 处理下物料温度随发酵的进行逐渐升高，并在第 7 天时达到高温期（50℃以上），1A、2A、2B、2C 和 3C 处理下物料温度较其他菌剂处理提前 6~10h 进入发酵高温期。此外，各处理下物料在发酵过程中均出现二次高温期（18d），且 1B、2A、2C、3B、3D 等菌剂处理的物料温度均高于其他处理，温度为 61.4~71.2℃，随后快速降温至 40℃左右（图 4-31）。

3. 不同碳氮配比发酵对有机物料氨气释放量的影响

堆肥初期随着温度上升，大量有机物质分解，转化成 NH_4^+-N，进一步转化为 NH_3，所有处理 NH_3 释放量迅速增加，并在第 8 天达到最高，随着温度逐渐下降及微生物矿化作用减弱，有机态氮降解为 NH_4^+-N 量减少，NH_3 释放量也随之下降，NH_3 释放量变化见图 4-32。不同处理在堆肥过程中一直有 NH_3 释放，释放高峰期均出现在高温期，

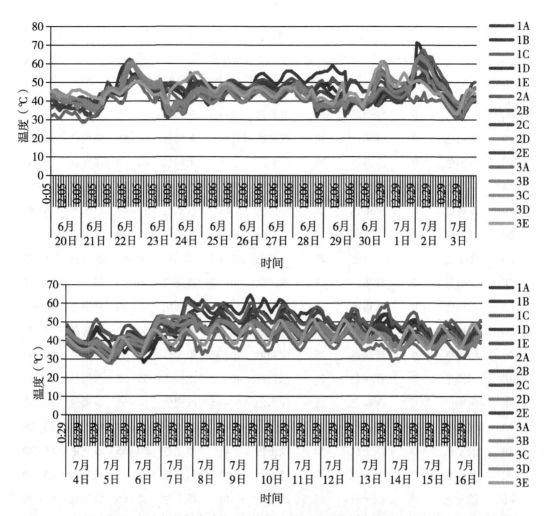

图 4-31　不同碳氮配比有机物料发酵及不同菌剂发酵处理对物料发酵温度的影响（见书后彩图）

说明高温期是调控 NH_3 释放的关键时期。第一次高温期各处理的 NH_3 释放量均占总释放量的 25%～34%，第二次高温结束时氨的释放占总释放量的 77%～88%，堆肥发酵结束时 1A、1B、1C、2A、2C、3A、3C 等菌剂处理 NH_3 去除量为 1.42～1.65g/kg 干样，菌株 1A、1B、1C、2A、2C、3A 发酵物料除氨效果较好。表明选育的 1A、1B、1C、2A、2C、3A 发酵除臭菌对于控制堆肥过程中 NH_3 的释放具有很好的效果。

4. 不同碳氮配比发酵对有机物料微生物有效活菌数的影响

通过不同碳氮比有机物料发酵后有效活菌数测定结果表明，见图 4-33，以有机物料碳氮比 30：1 发酵后微生物有效活菌数最高，其次是碳氮比 25：1 处理，碳氮比 35：1 处理的微生物有效活菌数相对最低，其有效活菌数大小顺序依次表现为 30：1＞25：1＞35：1。

在相同碳氮比处理下，不同菌剂的微生物有效活菌数差异明显，碳氮比 25：1 条件下，引进江苏的发酵菌剂处理下微生物有效活菌数较高，而对照处理有效活菌数最低，

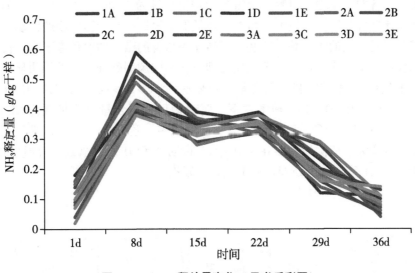

图4-32　NH₃ 释放量变化（见书后彩图）

其不同处理有效活菌数多少依次为 1B>1D>1A>1C>1E；碳氮比 30：1 处理下河南和台湾的菌剂处理下微生物有效活菌数较高，不同处理有效活菌数多少依次为 2A>2C>2B>2E>2D；碳氮比 35：1 处理下河南和江苏的菌剂处理下微生物有效活菌数较高，各处理有效活菌数多少依次为 3A>3B>3C>3D>3E。

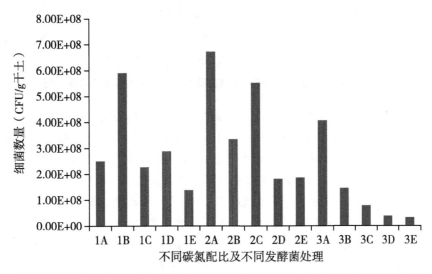

图4-33　不同碳氮配比有机物料发酵及不同菌剂发酵处理对微生物有效活菌数的影响

5. 不同碳氮配比及菌剂对发酵有机物料养分含量及化学性质的影响

（1）对全氮含量的影响结果。对不同碳氮比有机物料发酵后全氮含量测定结果见图4-34。在三个不同碳氮比处理下，有机物料发酵腐熟后全氮含量变化明显，随着 C/N 的增加，腐熟有机物料全氮含量呈现逐渐增加的趋势，即在 25：1、30：1、35：1

的碳氮比下，各菌剂处理有机物料全氮含量均值分别为 1.55%、1.57%、1.71%，说明较低的碳氮比处理氮素损失较大；另外，较低的碳氮比有利于微生物的活动，而微生物的活动需要消耗一定的氮，并将这些氮素转化为自身的微生物氮贮存下来，使得腐熟物料中全氮含量有所下降。在同一碳氮比处理下，不同菌剂处理之间差异明显。在碳氮比25：1 处理条件下，腐熟物料全氮含量大小依次为 1E>1C>1D>1A>1B，E 和 C 处理氮素损失较多。碳氮比 30：1 处理条件下，腐熟物料全氮含量大小依次为 2D>2E>2B>2C>2A，说明 D 和 E 处理发酵过程中氮素损失较多。碳氮比 35：1 处理下，各处理腐熟物料全氮含量大小依次为 3C>3E>3D>3A，说明 A 和 D 处理全氮含量损失相对较大。综合判断，C、D 和 E 三个处理有利于氮素的累积。

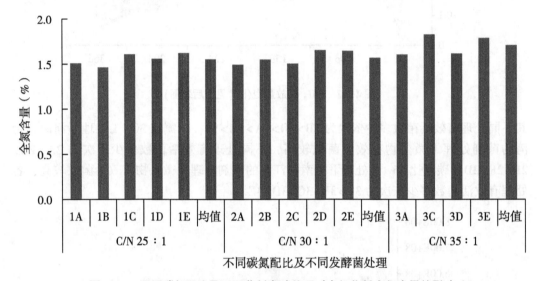

图 4-34　不同碳氮配比及不同菌剂发酵处理对有机物料全氮含量的影响

（2）对全磷含量的影响结果。对不同碳氮比有机物料发酵后全磷含量测定结果见图 4-35。在三个不同碳氮比处理下，有机物料发酵腐熟后全磷含量变化较大，随着 C/N 的增加，腐熟有机物料全磷含量呈现逐渐增加的趋势，这一结果与全氮含量结果相同。即在 25：1、30：1、35：1 的碳氮比下，各菌剂处理有机物料全磷含量均值分别为 1.97%、2.05% 和 2.61%。说明较低的 C/N 条件，磷素损失较大，不利于腐熟有机物料磷素的保存。在同一碳氮比处理下，不同菌剂处理之间差异较大。在较低的碳氮比25：1 处理条件下，腐熟物料全磷含量大小依次为 1E>1D>1C>1A>1B，A 和 B 处理磷素损失较多。碳氮比 30：1 处理下，腐熟物料全磷含量大小依次为 2D>2A＝2E>2C>2B，说明 C 和 B 处理发酵过程中磷素损失较多。碳氮比 35：1 处理下，各处理腐熟物料全磷含量大小依次为 3A>3E>3D>3C，说明 D 和 C 处理全磷含量损失相对较大。

（3）对有机质含量的影响结果。不同碳氮配比和菌剂处理对发酵腐熟物料有机质含量测定结果表明见图 4-36。在三个不同碳氮比处理下，有机物料发酵腐熟后有机质含量变化差异明显。随着 C/N 的增加，腐熟有机物料全磷含量呈现先增加后降低的趋势。各菌剂处理发酵腐熟物料有机质含量在碳氮比分别为 25：1、30：1、35：1 的条件

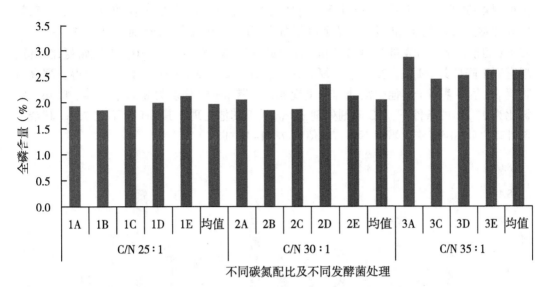

图 4-35 不同碳氮配比及不同菌剂发酵处理对有机物料全磷含量的影响

下，均值分别为 452.53g/kg、476.93g/kg 和 427.1g/kg。

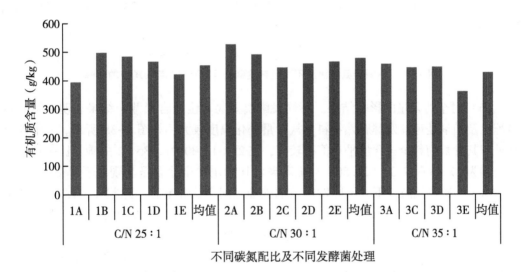

图 4-36 不同碳氮配比及不同菌剂发酵处理对有机物料有机质含量的影响

在较低的碳氮比 25∶1 条件下，腐熟物料有机质含量大小依次为 1B>1C>1D>1E>1A，B、C 处理腐熟物料有机质含量累积明显高于其他处理。碳氮比 30∶1 处理下，腐熟物料有机质含量大小依次为 2A>2B>2E>2D>2C，说明 A 和 B 处理发酵过程中有机质积累明显。碳氮比 35∶1 处理下，A 和 D 处理有机质含量积累较多。综合判断，碳氮比 30∶1 的物料发酵处理较其他两个碳氮配比在有机质积累方面效果显著，且 A 和 B 两个菌剂处理发酵后物料有机质含量累积明显。

（4）对 pH 值的影响结果。不同碳氮配比和菌剂处理对发酵腐熟物料 pH 值影响结果见图 4-37 所示。不同处理腐熟物料 pH 值差异显著，随着 C/N 比的增加，三个碳氮比处理腐熟有机物料 pH 值呈现缓慢增加的趋势。在碳氮比分别为 25∶1、30∶1、35∶1 的条件下，各发酵腐熟物料 pH 值分别为 7.98、8.01 和 8.10。说明碳氮比越低、越有利于降低其 pH 值。在三个碳氮条件下，1D、2C、3A 三个菌剂处理使得发酵腐熟物料 pH 值显著高于其他菌剂处理，呈现碱性，其 pH 值分别为 8.22、8.34、8.46。碳氮比为 25∶1 的条件下，1C 菌剂处理 pH 值低于其他处理，其 pH 值不足 7.9。其余菌剂处理之间 pH 值变化幅度不大，其值在 7.90~8.11。

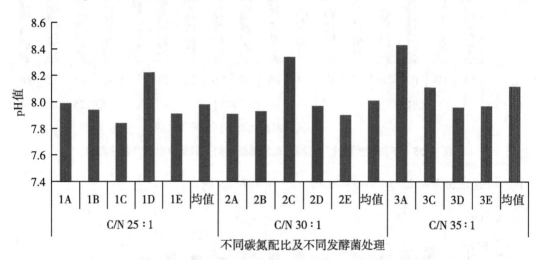

图 4-37　不同碳氮配比及不同菌剂发酵处理对有机物料 pH 值的影响

（5）对全盐含量的影响结果。不同发酵腐熟物料全盐含量测定结果表明，不同碳氮配比及菌剂处理其发酵腐熟物料全盐含量变化幅度较大，如图 4-38 所示。三个碳氮比处理其发酵物料全盐含量平均值都较高，在 25∶1、30∶1、35∶1 的碳氮比条件下其值分别为 27.43、27.38、21.50，即随着碳氮比的增加全盐含量呈现缓慢降低的趋势。在 25∶1 的碳氮比条件下，不同发酵菌剂处理之间全盐含量有一定差异，1A 全盐含量相对较低，其为 19.9g/kg，显著低于 1B、1C、1D、1E 四个处理，而四个处理之间全盐含量差异不显著，其值在 28.4~30.3g/kg。在 30∶1 的碳氮比条件下，不同发酵菌剂处理之间全盐含量差异显著，其值在 15.2~46.6g/kg 波动，2E 处理全盐含量显著高于其他几个菌剂处理，其值达到 46.6g/kg，2D 处理全盐含量相对最低，为 15.2g/kg，不同菌剂处理发酵物料全盐含量大小依次分别为 2D<2A<2C<2B<2E。在 35∶1 的碳氮比条件下，不同发酵菌剂处理之间全盐含量差异显著，其全盐含量在 4.6~43.3g/kg 波动，以 3A 和 3C 菌剂处理全盐含量相对最低，其值在 4.6~8.11g/kg，3D 菌剂处理全盐含量相对最高，其值为 43.3g/kg，其次为 3C 处理，全盐含量达 29.9g/kg，各菌剂处理发酵物料全盐含量大小依次分别为 3A<3C<3E<3D。综合分析表明，A 发酵菌剂处理在三个碳氮配比条件下抑制全盐含量累积的效果最佳；C 菌剂处理在高的碳氮比条件下抑制全盐含量累积的效果最佳，D 菌剂处理在 30∶1 的碳氮比条件下抑制全盐含量累积的效果最佳；对照 E 不添加菌剂的处理全盐含量累积最明显，说明微生物发酵菌的添加

有利于发酵物料全盐含量的消解，微生物代谢需要无机盐，故微生物堆肥发酵是分解盐的过程。随着堆温升高，微生物数量增加，代谢活性增强，无机盐被逐渐消耗，故全盐含量在发酵后期逐渐下降，所以，微生物发酵菌的添加对发酵物料全盐含量的累积具有一定的抑制作用。

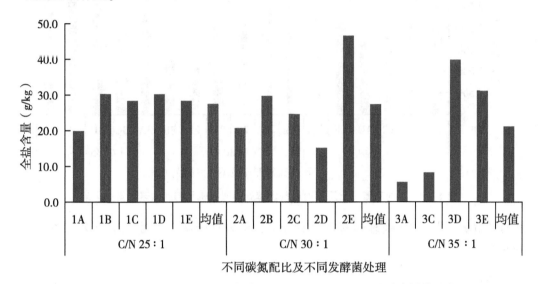

图4-38　不同碳氮配比及不同菌剂发酵处理对有机物料全盐含量的影响

（6）对有效磷含量的影响结果。不同碳氮配比及菌剂处理其发酵腐熟物料全盐含量变化幅度较大，如图4-39所示。在不同碳氮比处理条件下，各菌剂处理腐熟物料有效磷含量均值随着碳氮比的增加呈现先降低后增加的趋势，即在三个碳氮比条件下有效磷含量均值大小依次表现为C/N 35∶1>C/N 25∶1>C/N 30∶1。另外，在25∶1碳氮比条件下，各菌剂处理之间有效磷含量差异较大，其值在1 677.3~2 944.6mg/kg，1B、1A菌剂处理表现出较高的有效磷积累，1C、1D菌剂处理有效磷积累相对较低，各菌剂处理有效磷大小依次为1B>1A>1E>1C>1D。在30碳氮比条件下，各菌剂处理之间有效磷相对稳定，其值范围在1 947.9~2 574.4mg/kg，各菌剂处理有效磷大小依次为2B>2A>2C>2D>2E。在35碳氮比条件下，各菌剂处理之间有效磷含量差异较大，其值在1 955.0~3 492.8mg/kg，3A菌剂处理表现出较高的有效磷积累，3C菌剂处理有效磷积累相对较低，各菌剂处理有效磷大小依次为3A>3D>3E>3C。说明A菌剂处理相对其他菌剂下能够提高腐熟有机物料有效磷含量，而C处理相对其他处理对提高腐熟有机物料有效磷含量能力较低。

（7）对碱解氮含量的影响结果。不同碳氮配比及菌剂处理其发酵腐熟物料碱解氮含量变化差异不显著，如图4-40所示。在不同碳氮比处理条件下，各菌剂处理腐熟物料有效磷含量均值随着碳氮比的增加呈现先增加后降低的趋势，说明较高的碳氮比不利于物料碱解氮含量的累积。在碳氮比25∶1和30∶1条件下，碱解氮在不同菌剂之间变化不明显，其碱解氮含量在3 893.6~4 224.6mg/kg。在碳氮比35∶1条件下，各菌剂处理之间差异明显，碱解氮含量在2 763.7~4 033.7mg/kg，3C处理腐熟物料表现为较

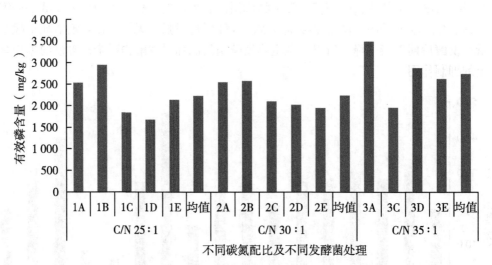

图 4-39　不同碳氮配比及不同菌剂发酵处理对有机物料有效磷含量的影响

高的碱解氮含量，3D 处理碱解氮含量最低，各处理碱解氮含量大小依次为 3C>3E>3A>3D。

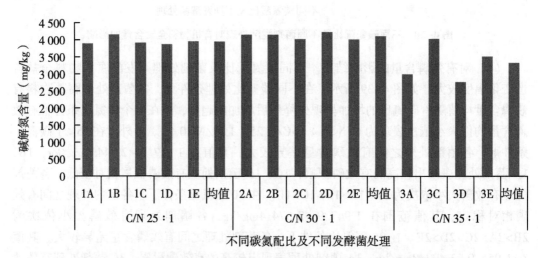

图 4-40　不同碳氮配比及不同菌剂发酵处理对有机物料碱解氮含量的影响

（8）对速效钾含量的影响结果。如图 4-41 所示，不同碳氮配比及菌剂处理其发酵腐熟物料速效钾含量变化差异显著，在不同碳氮比处理条件下，各菌剂处理腐熟物料有效磷含量均值随着碳氮比的增加呈现逐渐增加的趋势，说明较高的碳氮比有利于物料速效钾含量的积累。在三个碳氮比条件下，各菌剂处理腐熟物料速效钾含量均值分别为 12 517mg/kg、12 924mg/kg、15 472mg/kg。在 25∶1 的碳氮比条件下，各菌剂处理腐熟物料速效钾含量范围在 9 861～14 463g/kg，其大小依次为 1B>1A>1E>1C>1D，与有效磷结果一致；在 30∶1 碳氮比条件下，各菌剂处理之间速效钾含量相对稳定，其值范围在 12 147～13 738mg/kg，各菌剂处理速效钾大小依次为 2E>2C>2B>2A>2D；在

35∶1 碳氮比条件下，各菌剂处理之间速效钾含量范围在 12 942～17 694mg/kg，3A 菌剂处理表现出较高的速效钾积累，3C 菌剂处理速效钾积累相对较低，各菌剂处理有效磷大小依次为 3A>3D>3E>3C。

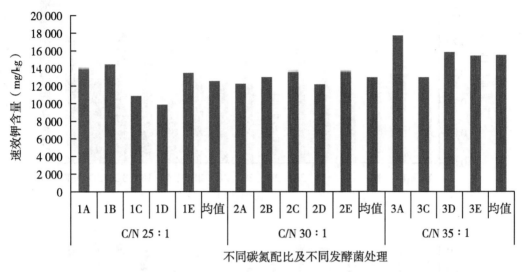

图 4-41　不同碳氮配比及不同菌剂发酵处理对有机物料速效钾含量的影响

6. 有机肥对蔬菜产量的影响

不同碳氮配比及生物菌剂处理对油菜鲜重及株高的测定结果如图 4-43 所示，研究结果表明，三个不同碳氮比条件下油菜鲜重差异明显，随着碳氮比值的增大，油菜鲜重逐渐增加，各处理均低于对照不施有机肥处理，其中 1C、2A、2C、3A、3B、3C、3D、3E 等菌剂处理鲜重显著高于其他菌剂处理，其鲜重在 0.185～0.230kg/20 株，且 2B、1A、1D 三个菌剂处理油菜鲜重为 0.150kg/20 株。各菌株大小依次为 3C>3E>2A>3D>3B>3A>2C>1C>1E>1B>2D>2E>1D>1A>2B。

7. 有机肥对蔬菜株高的影响

油菜的株高测定结果如图 4-42 所示，表明三个碳氮比 25∶1、30∶1、35∶1 处理下油菜株高均值点分别为 15.78cm、15.55cm、16.57cm，即随着碳氮比的增加，油菜株高呈现先降低后增加的趋势。在 25∶1 的碳氮比条件下，油菜株高在 14.75～16.93cm，各菌剂处理大小依次为 1C>1B>1E>1D>1A；在 30∶1 的碳氮比条件下，各菌剂处理油菜株高在 14.83～16.50cm，各菌剂处理大小依次为 2E>2A>2D>2C>2B；在 35∶1 的碳氮比条件下，各菌剂处理油菜株高在 14.93～16.95cm，各菌剂处理大小依次为 3E>3C>3D>3B>3A。综合不同碳氮配比和各个菌剂处理，对油菜株高影响较大的菌剂处理有 1C、3E、3C、3D、1B、1E、3B 等处理，对油菜鲜重影响较大的处理为 3C、3E、2A、3D、3B、3A、2C、1C 等。通过肥效试验，综合分析评价后发现 1C、3E、3C、3D、3B 菌剂发酵有机肥对促进作物生长方面效果明显。

（三）小结

（1）经室内分离、筛选获得 2 株优质菌株并用于发酵试验。

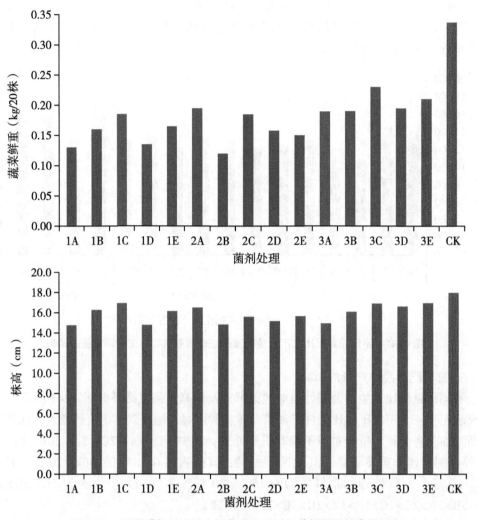

图 4-42　不同碳氮配比及生物菌剂处理对油菜鲜重及株高的测定

（2）室外密闭装置通风装置发酵试验研究结果表明，河南、江苏和台湾菌剂处理发酵物料的菌丝覆盖率较其他处理高、物料升温也较快。引进河南、江苏的菌剂处理有机物料后微生物有效活菌数较高，河南菌剂对于控制堆肥发酵程中 NH_3 的释放有很好的效果。

（3）不同碳氮配比有机物料发酵后养分含量结果表明，碳氮比 30：1 处理下的物料发酵处理较其他两个碳氮配比在有机质积累方面效果显著，河南、江苏两个菌剂处理发酵后物料有机质、全磷、有效磷含量的累积，而且较其他处理抑制有机肥全盐含量效果显著。台湾发菌剂处理有利于物料氮素的累积，且有机肥表现为较高的碱解氮含量，有机肥 pH 值含量相对其他处理较低，物料碳氮配比越低、越有利于降低有机肥的 pH 值。河南发酵菌剂在三个碳氮配比条件下抑制有机肥盐分累积效果最佳，其有机肥速效钾积累明显。

（4）中国台湾和河南菌剂发酵有机肥后对促进蔬菜产量和株高效果明显。综合评价，河南发酵菌剂配施应用于鸡粪和糠醛渣发酵最为适宜。

第三节　固体粪便保氮除臭快速发酵技术

一、不同物理吸附剂对氮素损失及发酵物料品质的影响

（一）材料与方法

1. 试验材料

试验以鸡粪为发酵母料，以稻草、玉米秸秆、沸石、木屑生物质炭为物理吸附剂，其中鸡粪取自宁夏顺宝现代农业股份有限公司，稻草秸秆和玉米秸秆购于附近农民并经自然风干后经粉碎机切割成 2cm 左右，沸石和木屑生物质炭购于农资公司，试验于2018 年 9 月至 11 月在宁夏顺宝现代农业股份有限公司有机肥厂进行。

2. 试验设计

以鸡粪为发酵母料，每个发酵池加鸡粪 1 200kg，设置对照 CK（不添加物理吸附剂）、T1 稻草（7.5%）+沸石（7.5%）、T2 稻草（7.5%）+木屑生物质炭（7.5%）、T3 秸秆（7.5%）+沸石（7.5%）、T4 秸秆（7.5%）+木屑生物质炭（7.5%）四个组合处理，各处理吸附剂用量详见试验设计表 4-17，几个处理统一添加 5% 蔗糖和糠醛渣，调节发酵物料 C/N 比为 30 : 1；将称好的鸡粪和物理吸附剂用翻抛机充分翻拌，保证充分均匀接触，pH 值、温度变化和通气量等保持一致。

表 4-17　试验设计

处理号	处理	物理吸附剂用量（kg）			
		稻草	沸石	木屑生物质炭	秸秆
CK	对照 CK	0	0	0	0
T1	稻草+沸石	90	90	0	0
T2	稻草+木屑生物质炭	90	0	90	0
T3	秸秆+沸石	0	90	0	90
T4	秸秆+木屑生物质炭	0	0	90	90

3. 指标测定

pH 值、全盐、有机质、全氮、铵氮、速效氮、速效磷、速效钾等指标的测定按照《有机肥料》（NY 525—2012）进行（鲍士旦，2000）。

4. 统计与分析

试验数据采用 Excel 2007 及 SPSS 17.0 进行统计分析。

（二）结果与分析

1. 不同物理吸附剂对氮素损失的影响

堆肥发酵过程中氮素的形态主要有硝氮、铵氮、氨气以及有机氮等，各不同形态的氮素在有关微生物的作用下发生一系列复杂的转化，堆体中的铵态氮含量与氨气的释放密切相关，是氮素损失的主要来源。发酵结束时，CK、T1、T2、T3、T4 等几个处理全氮含量分别为 15.04g/kg、12.24g/kg、13.46g/kg、15.14g/kg、13.89g/kg（表4-18），其中秸秆+沸石处理的全氮含量为最高，相比对照处理有一定的提高，这说明发酵时添加秸秆+沸石组合的吸附剂一定程度上可起到物理吸附作用，降低氮素损失，具有保氮作用。这可能是因为沸石能够有效地促进有机物的转化和氮素保留。

在堆肥过程中氮素转化主要包括氮素的固定和释放。其变化过程主要有氨化、硝化、反硝化、挥发和生物固氮等。随着微生物对有机物的降解，造成有机氮的矿化、氨气的挥发、硝化及反硝化作用，这都可能导致氮素损失。发酵结束时，CK、T1、T2、T3、T4 等几个处理铵态氮含量分别为 3.70g/kg、3.00g/kg、4.40g/kg、2.90g/kg、3.40g/kg（表4-18），其中稻草+木屑生物质炭处理的铵态氮含量为最高，达 4.40g/kg，比对照处理的 3.70g/kg 提高了 18.9%，增幅显著。这可能是该处理添加的物理吸附剂能够吸附利用铵态氮，抑制其转化为氨气流出。

表4-18　不同形态氮素含量

处理号	处理	全量氮（g/kg）	铵态氮（g/kg）
CK	对照CK	15.04	3.70
T1	稻草+沸石	12.24	3.00
T2	稻草+木屑生物质炭	13.46	4.40
T3	秸秆+沸石	15.14	2.90
T4	秸秆+木屑生物质炭	13.89	3.40

2. 不同物理吸附剂对发酵物料 pH 值、全盐、有机质的影响

由表4-19可以看出，发酵结束时，所有处理发酵物料 pH 值在 7.06~8.00，其中对照为 7.60，稻草+沸石处理为最高 8.00，稻草+木屑生物质炭处理为最低 7.06，均为微碱性，只有稻草+木屑生物质炭处理相比对照偏酸性，这说明该处理的物理吸附剂对 pH 值升高有一定的控制能力，则可以相应抑制氨挥发，减少臭气污染。发酵结束时，各处理发酵物料全盐含量在 36.64~46.88g/kg，其中对照为 44.24g/kg，最高的稻草+木屑生物质炭处理达 46.88g/kg，最低的秸秆+沸石处理为 36.64g/kg，除稻草+木屑生物质炭处理外，其他处理较对照全盐含量均有所降低，其中秸秆+沸石处理全盐含量相比对照降低了 13.3%。有机质含量是衡量有机肥品质的重要标志，发酵结束时，所有处理中发酵物料有机质含量在 267~325g/kg，最高的秸秆+沸石处理达 325g/kg，较对照的 294g/kg 提高了 10.54%，其他处理有机质含量相比对照都有不同程度降低。

表 4-19　不同物理吸附剂发酵物料 pH 值、全盐、有机质

处理号	处理	pH 值	全盐（g/kg）	有机质（g/kg）
CK	对照 CK	7.60	44.24	294
T1	稻草+沸石	8.00	37.88	267
T2	稻草+木屑生物质炭	7.06	46.88	268
T3	秸秆+沸石	7.98	36.64	325
T4	秸秆+木屑生物质炭	7.68	41.6	276

3. 不同物理吸附剂对发酵物料全量养分的影响

由表 4-20 可以看出，发酵结束后，不同处理的发酵物料全氮含量在 12.24～15.14g/kg，最高的秸秆+沸石处理全氮含量为 15.14g/kg，最低的稻草+沸石处理全氮含量为 12.24g/kg，对照全氮含量为 15.04g/kg，除秸秆+沸石处理全氮含量较对照有所增加外，其他处理均有所降低。不同处理的发酵物料全磷含量在 8.94～10.10g/kg，最高的秸秆+沸石处理全磷含量为 10.10g/kg，最低的稻草+沸石处理全磷含量为 8.94g/kg，对照全磷含量为 10.10g/kg，除秸秆+沸石处理全磷含量与对照持平外，其他处理均有所降低。不同处理的发酵物料全钾含量在 22.5～24.4g/kg，最高的对照为 24.4g/kg，最低的秸秆+木屑生物质炭处理全钾含量为 22.5g/kg，所有处理全钾含量相比对照均有所降低。

表 4-20　不同物理吸附剂发酵物料全量养分含量

处理号	处理	全量氮（g/kg）	全量磷（g/kg）	全量钾（g/kg）
CK	对照 CK	15.04	10.10	24.4
T1	稻草+沸石	12.24	8.94	23.8
T2	稻草+木屑生物质炭	13.46	9.38	23.8
T3	秸秆+沸石	15.14	10.10	23.2
T4	秸秆+木屑生物质炭	13.89	9.94	22.5

4. 不同物理吸附剂对发酵物料速效养分的影响

由表 4-21 可以看出，发酵结束时，不同处理的发酵物料速效氮含量在 2 348～2 561mg/kg，最高的秸秆+木屑生物质炭处理速效氮含量为 2 561mg/kg，最低的稻草+沸石处理速效氮含量为 2 348mg/kg，对照速效氮含量为 2 528g/kg，除秸秆+木屑生物质炭处理速效氮含量较对照有所增加外，其他处理均有所降低。不同处理的发酵物料速效磷含量在 2 143～2 806mg/kg，最高的秸秆+沸石处理速效磷含量为 2 806mg/kg，最低的对照处理速效磷含量为 2 143mg/kg，所有处理速效磷含量相比对照均有不同程度增加，其中秸秆+沸石处理速效磷含量相比对照增加了 23.6%。不同处理的发酵物料速效钾含量在 12 750～17 900mg/kg，其中最高的秸秆+沸石处理速效钾含量为 17 900mg/kg，对照速效钾含量最低，为 13 500mg/kg，所有处理速效钾含量相比对照均有不同程度增加，其中秸秆+沸石处理速效钾含量相比对照增加了 40.3%，稻草+木屑生物质炭处理速效钾含量相比对照增加了 39.2%。

表 4-21 不同物理吸附剂发酵物料速效养分含量

处理号	处理	速效氮（mg/kg）	速效磷（mg/kg）	速效钾（mg/kg）
CK	对照 CK	2 528	2 143	12 750
T1	稻草+沸石	2 348	2 247	15 500
T2	稻草+木屑生物质炭	2 503	2 296	17 750
T3	秸秆+沸石	2 388	2 806	17 900
T4	秸秆+木屑生物质炭	2 561	2 314	13 500

（三）结论

（1）发酵结束时，秸秆+沸石处理的全氮含量为最高，相比对照处理有一定的提高，而稻草+木屑生物质炭处理的铵态氮含量比对照提高了 18.9%，增幅显著。这说明这两个处理的物理吸附剂一定程度上可起到吸附作用，降低氮素损失，具有保氮作用，主要是因为沸石是黏土矿物，能以直接吸附氨气和铵态氮等氮素物质降低堆肥氮素损失，另外，黏土矿物的层状结构以及大的比表面积能提高硝化细菌等微生物活性，通过促进硝化作用的进行来抑制氨气的挥发。稻草+木屑生物质炭处理的铵态氮含量为最高，是因为生物炭有利于减小发酵体系中堆积密度并能有效增加增其通气性，此外，发酵物料中添加生物炭，有利于吸附气态的氨和水溶性的铵根离子，减少氨挥发，有利于保氮。

（2）发酵结束时，所有处理中发酵物料 pH 值在 7.06~8.00，稻草+木屑生物质炭处理为最低 7.06，该处理物理吸附剂对 pH 值升高有一定的控制能力，在此条件下可抑制氨挥发，保氮从而提高发酵物料品质。秸秆+沸石处理全盐含量相比对照降低了 13.3%。秸秆+沸石处理的有机质、全量氮、全量磷等均是最高的并且都高于或等于对照，而全量钾因各处理之间差别不明显，在此不予考虑，从这个角度来说，秸秆+沸石处理发酵物料品质优于其他处理。

（3）发酵结束后，发酵物料速效氮含量最高的是秸秆+木屑生物质炭处理，速效磷含量最高的是秸秆+沸石处理，速效钾含量最高的是秸秆+沸石处理，从速效养分角度来说，秸秆+沸石处理发酵物料品质优于其他处理。

（4）从综合来看，从氮素保持角度来说，秸秆+沸石处理和稻草+木屑生物质炭处理优于其他处理。而从发酵物料品质角度来说，秸秆+沸石处理发酵物料品质优于其他处理，因此，两方面考虑，秸秆+沸石处理为最优处理，在保证有机物料高品质的前提下高质量保持氮素，减少氨挥发。

二、除氨菌复配对鸡粪堆肥除臭和腐熟效果的影响

（一）材料和方法

1. 试验材料

（1）试验场地概况。试验场地位于宁夏青铜峡市邵岗镇宁夏顺宝现代农业股份有

限公司有机肥厂。选择厂区内位于上风位、通风良好、距厂内生产区600m的空地为试验场地，面积约800m²。采用XSFD-500型移动翻抛车进行堆肥翻抛。

（2）供试材料。菌株由宁夏大学农业资源与环境试验室提供，分离筛选自鸡粪自然发酵堆肥。4个菌株分别为假单胞菌（*Pseudomonas* sp.）A21、芽孢杆菌（*Bacillus* sp.）A38、施氏假单胞菌（*Pseudomonas stutzeri*）S33、解糖假苍白杆菌（*Pseudochrobactrum saccharolyticum*）S61。在NCBI中的Genbank编号分别为MK391954、MK377097、MK377085、MK377096。

鸡粪和糠醛渣由宁夏顺宝现代农业股份有限公司提供，基本理化性质如表4-22。堆肥物料以蛋鸡鸡粪为主料，糠醛渣为辅料，质量比为3：2。

表4-22 鸡粪和糠醛渣的基本理化性质

原料	有机碳含量（%）	全氮含量（%）	全磷含量（%）	全钾含量（%）	碳/氮
鸡粪	41.20	2.02	1.64	0.86	20.40
糠醛渣	41.71	1.21	1.05	0.69	34.48

（3）培养基。基础培养基蛋白胨10g、牛肉膏2g、NaCl 5g、琼脂20g、蒸馏水1 000mL、pH值为7.2~7.4。用于菌株的活化、短期保藏和拮抗试验。

发酵培养基K_2HPO_4 1g、$MgSO_4 \cdot 7H_2O$ 5g、$FeSO_4 \cdot 7H_2O$ 0.05g、$MgSO_4 \cdot H_2O$ 0.02g、酵母浸出液0.2g、糠醛渣粉（干样）10g、新鲜鸡粪20g（折合干质量）、蒸馏水1 000mL、pH值为7.0~7.2。用于菌株的发酵培养和液体复配试验。

2. 试验设计

（1）拮抗试验。采用划线交叉法，在基础培养基上将菌株两两之间进行交叉划线，28℃培养24h，观察菌株生长情况。菌株生长均正常，无溶菌现象为无拮抗；出现溶菌现象或生长受抑制为拮抗。每处理3次重复。

（2）室内复配除氨试验。

菌悬液的制备：将活化后的菌株接入不加琼脂的基础培养基中，30℃、120r/min恒温摇瓶培养24h，用无菌蒸馏水将其稀释为$3×10^8$ CFU/mL的菌悬液，依次制备4种单一菌的菌悬液，备用。以等体积比将单一菌悬液混匀，制备混合菌悬液。试验设置单一菌和复合菌共11个处理：C1为菌株A21，C2为菌株A38，C3为菌株S33，C4为菌株S61，C5为菌株A21/A38，C6为菌株A21/S33，C7为菌株A21/S61，C8为菌株S33/S61，C9为菌株A38/S33，C10为菌株A38/S61，C11为菌株A21/A38/S33/S61。

物料浸提液的制备：新鲜堆肥物料充分混匀，取混合物5g，置于100mL烧杯中，加入50mL蒸馏水，充分搅拌1min，静置2h，取上清液为物料浸提液。

在100mL三角瓶中加入发酵培养基45mL、物料浸提液1mL和菌悬液4mL，30℃、120r/min培养72h，检测氨气的释放量，以不接菌只加入等量无菌水为对照（CK），每处理3次重复。以氨气释放量最少和较少的处理为除氨效果较优处理进行场地试验。

（3）场地试验。

菌悬液的制备：方法同（2）。

以试验室除氨效果较优的复配方案进行场地试验。采用单因素试验，共 8 个处理：以无菌水为对照（T0），T1 为菌株 A21，T2 为菌株 A21/S61，T3 为菌株 A21/S33，T4 为菌株 S33，T5 为菌株 S33/S61，T6 为菌株 S33/A38，T7 为菌株 A21/S61/S33/A38。每处理取发酵物料为 $2m^3$，添加菌悬液或无菌水 2 L，调节堆肥物料含水率至 60%，充分混匀，堆成条垛状，底宽为 150cm，高为 80cm，置于发酵试验场，按常规好氧堆肥发酵进行管理。降雨期间用塑料布对料堆进行覆盖，降低其对发酵过程的影响。每天 10：00 和 16：00 记录温度，达到或超过 60℃进行翻堆。隔 1 天的 10：30 检测堆肥的氨气释放量，每处理 3 次重复。发酵过程中取样检测物料的 pH 值，至物料腐熟完成（发酵第 21 天）检测物料含水率、腐熟度和化学性质。每处理 3 次重复。

3. 测定指标和方法

（1）氨气采集。采用硫酸吸收法，取氨气吸收液 10mL 置于 50mL 烧杯中，密封带入场地，将堆肥侧面中部剖开，形成一个平台，迅速将装有氨气吸收液的烧杯平放于台面，去除密封膜，用 6.9L 塑料桶扣住，周边用物料密封。静置吸收 5min 后，快速取出小烧杯并密封，带回实验室进行氨气含量检测。

（2）堆肥物料采集。采集料堆中部距表层 22~30cm 处的样品，5 点混合采样 200g 左右，风干，过 1mm 筛，用于物料的物理化学性质和腐熟度检测。

（3）测定方法。氨气采用纳氏试剂比色法进行测定（纪昳等，2017）；菌悬液计数采用细菌计数板法测定；温度采用温度计法测定；含水率采用烘干法测定；pH 值采用雷磁 DDS-307 pH 仪测定；有机碳含量采用干烧法测定；全氮含量采用半微量凯式定氮法测定；全磷含量采用钒钼酸铵比色法测定；全钾含量采用火焰光度法测定（鲍士旦，2000）；腐熟度采用种子发芽指数法检测（张亚宁，2004）。

4. 数据分析与统计

采用 Microsoft Excel 2010 处理数据，制作图表；采用 SPSS 21.0 数据处理软件做方差分析；LSD 法在 $P<0.05$ 水平上进行差异显著性检验。

（二）结果与分析

1. 拮抗试验

如 4-43 所示，在平板交叉划线培养中，试验所用 4 株菌的菌落正常，无溶菌现象，表明各菌株之间无拮抗反应，可进行复配。

2. 不同除氨菌对物料液态发酵氨气释放量的影响

加入不同除氨菌对物料液态发酵过程中氨气的释放量具有不同的影响。如图 4-44 所示，CK 的氨气释放量为 16.82 μg/mL，C1、C3、C6、C7、C8、C9、C11 处理的氨气释放量均低于 CK，且达到显著水平，其中，C6、C7、C8、C11 处理的降幅介于 12.36%~16.01%，C1、C3、C9 处理的降幅介于 6.70%~7.90%。C2、C4、C5、C10 处理的氨气释放量均显著高于 CK。物料浸提液含有固态物料的大部分可溶性组分，其氨气释放量可用于除氨菌株的初步筛选。依据该指标，C1、C3、C6、C7、C8、C9、C11 处理的施菌方案用于后续的场地试验。

3. 不同除氨菌对堆肥物料氨气释放量的影响

不同除氨菌处理对堆肥物料氨气释放量具有不同的影响，如图 4-45 所示。各除氨

菌株S33（横）/菌株A21（纵）
Strain S33 (horizontal)/
straub A21(vertical)

菌株S61（横）/菌株A38（纵）
Strain S61 (horizontal)/
straub A38(vertical)

菌株S61（横）/菌株S33（纵）
Strain S61 (horizontal)/
straub S33(vertical)

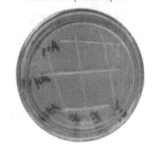

菌株S33（横）/菌株A38（纵）
Strain S33 (horizontal)/
straub A38(vertical)

菌株A38（横）/菌株A21（纵）
Strain A38 (horizontal)/
straub A21(vertical)

菌株A21（横）/菌株S61（纵）
Strain A21 (horizontal)/
straub S61(vertical)

图 4-43　不同菌株间的拮抗试验

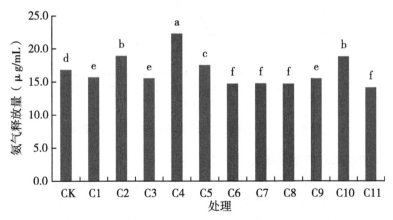

图 4-44　不同除氨菌处理物料液态发酵的氨气释放量
注：不同小写字母表示处理间差异显著（$P<0.05$），下同。

菌处理的氨气释放动态趋势基本一致，呈现先升后降，再上升再下降的趋势，为 M 形曲线。发酵初期，堆肥物料的氨气释放量较低，发酵第 5 天，各处理的氨气释放量为 4.72~13.92μg/g。随着发酵进程的推进，因降水导致各处理的氨气释放量均表现为快速增加，发酵第 7 天氨气释放量较第 5 天增幅介于 3.15~24.30μg/g，其中，发酵第 7

天，T2、T3、T6 处理氨气释放量处于较低水平，较第 5 天增幅仅为 3.23~10.67μg/g，氨气释放量最低的为 T3 处理（17.07μg/g），比 T0 降低了 45.69%。T1、T4、T5、T7 处理氨气释放量处于较高水平，较第 5 天增幅介于 13.07~23.57μg/g。至发酵第 9 天，各处理的氨气释放量快速下降至较低水平，并持续 2~3 天。至发酵第 13 天，因暴雨，氨气释放量再次出现第 2 个高峰，不同处理的氨气释放量之间具有显著差异（$P<0.05$），其中，T1、T2、T3、T4、T5、T6 处理氨气释放量处于较低水平，较第 9 天增幅介于 5.50~19.25μg/g。T0、T7 处理氨气释放量处于较高水平，较第 9 天增幅介于 30.92~38.18μg/g。发酵第 17~19 天时，氨气释放量快速下降至 2.00~5.00μg/g。各处理中，T3 处理的氨气释放量一直处于较低水平，与其他处理相比差异达到显著水平（$P<0.05$）。

不同除氨菌处理堆肥物料的氨气累积释放量的整体趋势相似，如图 4-46 所示。发酵前期，氨气累积释放量较低，仅占总释放量的 5.04%~10.07%。随着发酵时间的延长，第 7~13 天，氨气累积释放量占总释放量的 41.03%~44.41%。发酵第 15 天以后，氨气释放量下降，氨气累积释放量趋于稳定。

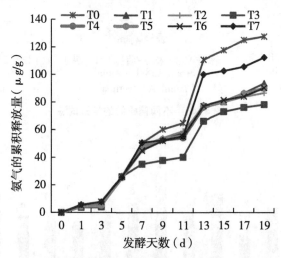

图 4-45 不同除氨菌处理堆肥物料的氨气释放量

4. 不同除氨菌对堆肥物料温度的影响

不同除氨菌对堆肥物料温度的影响呈现出一定的规律，如图 4-47（a、b）所示。发酵初期，各处理的堆肥物料温度均快速升高，至发酵第 3 天，10:00 堆肥物料温度达到 50.0~65.3℃，较室外温度增高了 21.0~36.4℃，其中，T1、T2、T3、T4 处理的堆肥物料温度较高，介于 64.0~65.3℃。T0、T6 和 T7 处理的堆肥物料温度升高较慢，于发酵第 11 天才达到较高的堆肥温度。此后，各处理的堆肥物料温度大多处于较高水平，其中，T2、T3、T6、T7 处理的堆肥物料温度于第 10 天达到 68.3~71.0℃。发酵试验在夏季开展，室外温度 30~32℃。发酵第 7、第 13 天，因降水导致室外温度分别降至 28.0、22.0℃，各处理的堆肥物料温度也随之出现较为显著的降低，降温介于 3.7~8.3℃。此后随着室外温度恢复正常，堆肥物料温度也恢复至高温水平。发酵至第 21

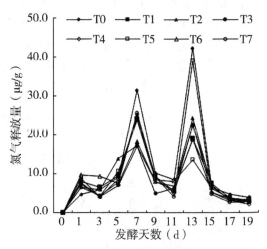

图4-46　不同除氨菌处理堆肥物料的氨气累积释放量

天，堆肥物料发酵过程临近腐熟期，温度迅速下降，10:00 各处理堆肥物料温度降至 35.0~45.0℃，接近室外温度；16:00 堆肥物料温度介于 37.0~46.3℃，均不再升高。发酵期间 10:00 与 16:00 的室外温度变化趋势和堆肥物料温度基本一致。

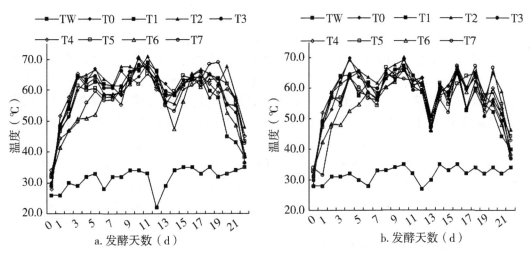

a 为 10:00 堆肥物料温度变化曲线；b 为 16:00 堆肥物料温度变化曲线；TW 为室外温度

图4-47　不同除氨菌处理的堆肥物料的温度

5. 不同除氨菌对堆肥物料 pH 值的影响

不同除氨菌对堆肥物料 pH 值的影响呈现出一定的规律，如图4-48 所示。堆肥物料的 pH 值总体呈上升趋势，在发酵过程中，pH 值有不同程度的变化。在发酵第 0~3 天，堆肥物料的 pH 值呈下降趋势，不同处理的 pH 值下降的幅度差别较大，pH 值下降最快的为 T5 处理，下降幅度为 0.80，下降较慢的为 T1、T3、T6 处理，下降幅度介于 0.08~0.28。至发酵第 3~7 天，各处理的 pH 值均有所上升，上升较快的为 T0、T2、

T5、T6、T7 处理，增加了 0.34~0.63；上升较慢的为 T1、T3、T4 处理，仅增加了 0.04~0.24。至发酵第 9 天，各处理 pH 值再次降低，下降幅度介于 0.01~0.47，下降幅度最大的为 T0，最小的为 T7 处理。发酵至第 13 天，T7 处理较第 11 天有所下降，T1—T6 处理的 pH 值均达到整个发酵进程中的最高峰，但各处理中 pH 值最大的仍为 T7 处理（7.77）。发酵至第 19 天，pH 值渐趋于稳定，介于 7.58~7.77。

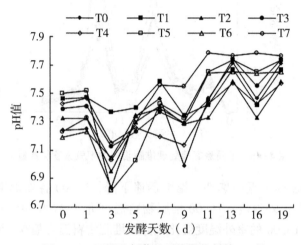

图 4-48　不同除氨菌处理堆肥物料的 pH 值

6. 不同除氨菌对种子发芽指数和堆肥物料含水率的影响

种子发芽指数（GI）和堆肥物料含水率是堆肥物料腐熟度的重要指标之一。堆肥物料中添加不同除氨菌，直接影响堆肥物料腐熟度和含水率的大小，如图 4-49、图 4-50 所示。发酵结束时，各处理均达到腐熟，但是不同处理的 GI 值之间具有差异。GI 值最高为 T3 处理（94.57%），分别比 T0、T1、T2、T4、T5、T6、T7 处理高 13.62%、4.28%、6.14%、6.04%、10.03%、9.57%、12.42%，且具有显著差异。于发酵第 21 天测定堆肥物料含水率，含水率较高的为 T5、T0 处理，分别为 21.34%、21.13%，含水率较低的为 T2、T3、T4 处理，分别为 17.61%、17.80%、17.23%，与 T0（21.13%）、T5（21.34）处理之间有显著差异。并且堆肥物料含水率低的处理 GI 值较高。

7. 不同除氨菌对堆肥物料养分含量的影响

添加不同除氨菌，腐熟后堆肥物料养分含量具有差异，如表 4-23 所示。发酵结束后，有机碳含量比较高的为 T1、T2、T3 处理，分别为 32.28%、33.27%、36.02%，比 T0 高 18.16%、21.78%、31.84%。有机碳含量较低的为 T4、T5、T6、T7 处理，比 T0 高 6.30%~12.74%。较基础物料中鸡粪的有机碳含量（表 4-23）相比，发酵结束后，物料有机碳含量均有所下降，降幅为 12.57%~33.69%。各处理间全氮含量不同，T0~T7 处理全氮含量介于 1.43%~2.33%，较高的为 T2、T3 处理，分别为 2.13%、2.33%，分别比 T0 处理高 25.29%、37.06%；全氮含量较低的为 T4 处理，仅为 1.43%，比 T0 低 15.88%，处于较低水平。T2、T3 处理的全氮含量较基础物料中的鸡粪有所上升，上升幅度分别为 5.45%、15.35%，其余处理的全氮含量较基础物料中的鸡粪均有所降低。

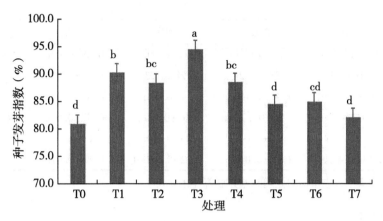

图 4-49　不同除氨菌处理堆肥物料的种子发芽指数

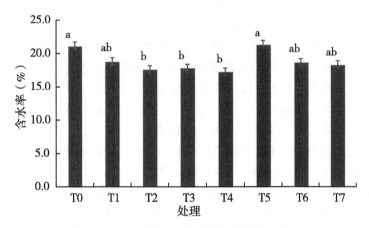

图 4-50　不同除氨菌处理堆肥物料的含水率

发酵结束后，全磷含量较高的为 T3 处理（2.28%），与 T0、T2 处理间无显著差异；各处理全磷含量与基础物料中的鸡粪的含量相比均有所增加，增加幅度介于 23.17%～39.02%。发酵结束后，全钾含量较高的为 T3 处理（0.98%），与其他处理具有显著性差异，较 T0 高 15.29%；T0、T1 处理的全钾含量较基础物料的鸡粪有所降低，分别降低 1.16%、4.65%，T2、T3、T4、T5、T6、T7 处理的全钾含量较基础物料的鸡粪均有所升高，升高幅度介于 1.16%～13.95%。堆肥物料总养分是肥效的重要保障之一，按总养分含量由高到低依次排序为 T3>T2>T7>T5>T1 = T0>T6>T4，其中，T3 处理总养分含量为 5.59%，为最高水平。

表 4-23　不同除氨菌处理堆肥物料的养分含量

处理	有机碳	全氮	全磷	全钾	总养分
T0	27.32 ±1.39c	1.70±0.08cd	2.15±0.04abc	0.85±0.02b	4.70±0.13cd
T1	32.28±0.91b	1.86±0.08bc	2.02±0.01d	0.82±0.01bc	4.70±0.09cd

处理	有机碳	全氮	全磷	全钾	总养分
T2	33.27±1.52ab	2.13±0.03ab	2.18±0.09ab	0.88±0.02b	5.19±0.08b
T3	36.02±1.43a	2.33±0.12a	2.28±0.03a	0.98±0.03a	5.59±0.17a
T4	29.04±0.90bc	1.43±0.18d	2.11±0.02bcd	0.87±0.01b	4.41±0.19d
T5	30.80±1.03bc	1.85±0.10bc	2.04±0.04cd	0.87±0.02b	4.76±0.14cd
T6	29.34±1.07bc	1.73±0.04c	2.05±0.05bcd	0.87±0.01b	4.65±0.09d
T7	30.63±1.48bc	1.92±0.04b	2.12±0.02bcd	0.88±0.01b	4.92±0.02c

注：不同小写字母表示不同处理间差异显著（$P<0.05$）。

（三）结论

（1）液态发酵过程中部分复合菌处理的氨气释放量较加入单一菌处理的氨气释放量低，但也有部分复合菌处理的氨气释放量较高。如 C3 处理的氨气释放量较 C10 处理低，可能原因为加入芽孢杆菌 A38/解糖假仓白杆菌 S61 复配组合发生某些反应后促使了液体环境中铵态氮的生成，或加入施氏假单胞菌 S33 后对铵态氮的形成具有一定抑制作用。同种除氨菌处理在液态和固态发酵环境中的氨气的释放量不同。假单胞菌 A21 处理和 4 株混合菌处理在液态发酵进程中的氨气释放量相对较低，在固体发酵进程中的氨气释放量相对较高，可能原因为 4 株除氨菌均属好氧微生物，液态环境氧气含量较低，限制了微生物的代谢活动强度，从而影响氨气的释放量。

（2）堆肥发酵过程中，T1、T2、T3、T4、T5 处理的物料堆肥温度较 T0 处理提前升高，至发酵第 3 天，T4 处理堆肥物料温度最高，达 65.5℃。T6、T7 处理的堆肥物料温度升高较慢，但最终上升到了较高的水平。发酵结束后，T3 处理的堆肥物料氨气累积释放量最低，说明加入假单胞菌 A21/施氏假单胞菌 S33 菌的复配组合能够起到减少氨气释放量的作用。本研究处于夏季，期间出现 2 次因自然降水导致的气温骤降，使发酵至第 12 天 10:00 时的温度降低至 46.0~51.0℃，由于堆温低于 60.0℃，故未进行翻堆，导致堆肥物料内部通气性下降，氧气含量降低，气体挥发速度下降，微生物代谢产生的氨气未能及时逸失，大量积累于堆肥物料堆体内。降水翌日（发酵第 13 天时），堆肥物料温度随着室外温度的增加而增加，达到翻堆温度时，积累于堆体内的氨气随之加速释放，从而出现堆肥物料氨气释放量骤然增加的现象。发酵过程中各处理的 pH 值变化趋势大致相同，均为先下降后上升，最后趋于稳定。T6、T7 处理在发酵初期的 pH 值较低，可能与微生物活动导致堆肥物料局部供氧不足，发生厌氧发酵而大量产生有机酸和二氧化碳有关。发酵结束后，各处理堆肥物料的 pH 值均稳定在 7.58~7.77，氨气释放量降到最低水平。

（3）发酵结束时，所有处理的 GI 值均达到 80.0% 以上，GI 值最高的为 T3 处理，说明加入假单胞菌 A21/施氏假单胞菌 S33 菌促进了堆料中有机酸、胺类和多酚类物质的降解，达到腐熟的效果。堆肥物料的含水率影响堆肥发酵的进程和堆肥产品的质量。堆肥物料初始含水率为 60.0%，随着堆肥发酵的进行，各处理的含水率下降，其中，含水率下降最多的为 T4 处理，其次为 T2、T3 处理说明堆肥物料中加入施氏假单胞菌

S33，在促使堆肥物料中有机质降解、微生物代谢活动增强的同时，可加速水分消耗或蒸发。至发酵结束时，各处理堆肥物料含水率降至 17.23%～21.34%。堆肥物料的含水率降低到 28.0%～35.0% 时被认为达到腐熟标准。本研究中，各处理的含水率下降较快应该与堆肥物料处于高温干燥的环境有关。

（4）堆肥物料腐熟后，除氨菌处理的有机碳含量较 T0 处理高 6.30%～31.84%，其中，T3 处理的有机碳含量最高。说明向堆肥物料中加入假单胞菌 A21/施氏假单胞菌 S33 菌可以有效降低堆肥物料中碳、氮元素的损失，可能原因为假单胞菌 A21 和施氏假单胞菌 S33 可以快速地将有机物分解转化成腐殖质，使更多的含碳化合物趋于稳定，从而减少了堆肥物料的碳元素总损失量。发酵结束时，T2、T3 处理的堆肥物料全氮含量较基础物料中鸡粪分别升高 5.45%、15.35%，比 T0 处理升高 25.29%、37.06%，T4 处理的全氮含量较低。同时，堆肥物料中全磷的含量也较基础物料中鸡粪有所增加，其中，全磷的含量最高的为 T3 处理，可能是因为假单胞菌 A21 和施氏假单胞菌 S33 具有协同作用，可以使堆肥物料快速达到腐熟，养分含量浓缩效应较其他处理更为显著。综上所述，假单胞菌 A21 和施氏假单胞菌 S33 的复配组合用于鸡粪发酵，在促进堆肥物料加快腐熟，降低物料碳、氮元素损失，提高总养分含量等方面均优于其他单一菌或复合菌处理，可适用于鸡粪堆肥生产实践。

第五章 液体粪污资源化高效利用

第一节 不同沼液浓缩倍数营养物质累积规律

一、材料与方法

采集厌氧发酵沼液原液、沼液超滤膜浓缩液、5 倍浓缩液、纳滤 10 倍浓缩液及 5 倍+10 倍浓缩液混合液，采用常规方法测定 pH 值、全盐、有机质、氮磷钾等常规营养指标；采用石墨炉原子吸收分光光度法测定沼液中的中微量营养元素和重金属含量；采用液质联用仪测定沼液中植物化学物质含量，基于营养指标和植物源化学物质指标含量，确定沼液复合微生物肥多级膜组合浓缩工艺及最佳营养活性浓缩倍数。

二、结果与分析

（一）不同浓缩倍数沼液大中微量营养元素累积特征

固液分离后的液体废弃物经过 40 天左右厌氧发酵（35~38℃）后，沼液总养分含量为 0.63%；经过超滤膜加压分离后，部分营养物质随大分子有机物滤除，养分水平有降低趋势；随着膜浓缩倍数的增加，沼液营养物质并没有表现出同样的富集规律，但相比沼液原液，浓缩后沼液营养物质显著增加，其中 5 倍浓缩液总养分同比沼液原液增加 76.19%，10 倍浓缩液总养分同比沼液原液增加 85.71%，但 10 倍浓缩液营养物质含量相比 5 倍浓缩液没有明显差异（表 5-1）。

表 5-1 不同浓缩倍数沼液养分累积特征

处理	pH 值	有机质（%）	氮（%）	磷（%）	钾（%）	总养分（%）
沼液原液	8.5	1.18	0.31	0.03	0.29	0.63
超滤液	8.5	0.676	0.25	0.01	0.26	0.52
5 倍浓缩液	8	1.17	0.56	0.09	0.46	1.11
10 倍浓缩液	8	1.09	0.61	0.01	0.55	1.17
5 倍+10 倍混合液	8	1.07	0.61	0.04	0.5	1.15

如表 5-2 所示，沼液浓缩不同倍数后，与沼液原液相比，镁的浓度没有发生变化；

钙、铁、硼的浓度明显下降，不同浓度倍数之间表现出先降低后升高的趋势；锰、铜、锌的浓度明显降低。整体表明，沼液膜浓缩处理导致浓缩液中中微量营养元素浓度明显降低，降低的部分向沼液浓缩副产物中积累明显；浓度倍数与沼液中微量营养元素累积无一致规律。

表 5-2　不同浓缩倍数沼液中微量营养元素累积特征　　　　　　（mg/kg）

处理	钙	镁	铁	锰	铜	锌	硼
沼液原液	16.3	10.3	18.6	1.9	1.02	9.59	30.2
5 倍浓缩液	3.82	9.79	ND	ND	0.0682	ND	11.1
10 倍浓缩液	7.03	10.4	14	0.177	ND	ND	16.4

（二）不同浓缩倍数沼液重金属元素累积特征

本试验结果中（表 5-3），参照复合微生物肥料产品无害化指标中重金属标准极限（表 5-4 所示），厌氧发酵沼液中重金属浓度远低于标准极限；沼液浓缩 5 倍后，重金属铅浓度提高了 2 倍，其余重金属浓度检测值降低或未检出；沼液浓缩 10 倍后，重金属铬和砷浓度提高了 3 倍，其他重金属未检出。整体表明，厌氧发酵沼液及沼液浓缩液中重金属含量远低于复合微生物肥料标准限值；沼液浓缩倍数与重金属含量累积无一致规律。

表 5-3　不同浓缩倍数沼液重金属累积特征　　　　　　（mg/kg）

处理	铬	砷	镉	汞	铅
沼液原液	0.0748	0.0537	0.00404	ND	0.0255
5 倍浓缩液	ND	0.0225	ND	ND	0.0467
10 倍浓缩液	0.211	0.131	ND	ND	ND

表 5-4　复合微生物肥料产品无害化指标　　　　　　（mg/kg）

参数	标准极限
砷及其化合物（以 As 计）	≤75
镉及其化合物（以 Cd 计）	≤10
铅及其化合物（以 Pb 计）	≤100
铬及其化合物（以 Cr 计）	≤150
汞及其化合物（以 Hg 计）	≤5

（三）不同浓缩倍数沼液植物化学物质累积特征

如表 5-5 所示，随着沼液浓缩倍数的增加，沼液植物源化学物质 Ref 响应值表现出逐渐增加的趋势，但与浓缩倍数无相关关系，其中 5 倍浓缩液相比沼液原液增加

33.58%，10倍浓缩液相比5倍浓缩液，增长空间有限。

表5-5 不同浓缩倍数沼液植物化学物质累积特征 （%）

分类	沼液原液	5倍浓缩液	10倍浓缩液
Ref总量	746 675	997 396	1 056 365
酚类物质	1.04	8.41	7.46
酮类物质	36.8	27.26	21.26
烷类物质	26.52	26.65	41.87
酯类物质	9.80	18.56	17.33
苯类物质	13.03	0	0
苯胺	0	0.24	0

沼液原液中植物源化学物质主要包括酚类物质1.04%、萘乙酸甲酯9.80%、烷类物质26.52%、酮类物质35.8%、苯类物质13.03%，其中萘乙酸甲酯可直接由植物根茎叶吸收，是具有生长素活性的植物生长调节剂；酚类物质是杀菌剂、防腐剂及杀虫剂的重要原料。沼液5倍浓缩以后，烷类含量无变化；酚类物质含量显著增加，达到8.41%，同比原液增加709.6%；酮类物质明显降低，含量27.26%，同比降低25.96%；酯类物质含量明显增加，含量为18.56%，同比原液增加89.39%；苯类物质被全部滤除，但出现苯的衍生物苯胺。苯胺是生产农药的重要原料，由苯胺可衍生N-烷基苯胺、烷基苯胺、邻硝基苯胺、环己胺等，可作为杀菌剂合成的中间体。沼液浓缩10倍后，烷类物质含量显著提升，而具有促生杀菌作用的酚类、酮类、酯类物质含量明显下降，苯及苯化合物完全滤除。

三、结论

（1）沼液浓缩倍数与营养物质、重金属及植物化学物质累积无比例关系。

（2）厌氧发酵沼液及沼液浓缩液中重金属含量远低于复合微生物肥料标准限值，肥料化利用无潜在安全风险。

（3）沼液浓缩5倍后，营养物质显著增加，植物化学物质显著增加，可作为沼液复合微生物肥调制母液最佳浓缩倍数。

第二节 沼液全营养微生物肥配方工艺研究

一、营养形态筛选

全营养微生物肥组成成分包括：沼液浓缩液、大量元素N、P、K，中量元素Ca、

Mg、S，微量元素 Fe、Mn、Cu、Zn、B、Mo，有益元素 Si 和助剂。

配制后的 1L 成品中所含的养分含量如下：大量元素 N、P_2O_5、K_2O 为 185.8～244.6g/L，中量元素 Ca、Mg、S 为 9.14～42g/L，微量元素 Fe、Mn、Cu、Zn、B、Mo为 12.4～22.80g/L，助剂为 0.5～1.0g/L。

全营养微生物肥特征在于：所述母液为沼液浓缩液。所述大量元素 N、P、K 成分来源为：尿素、磷酸氢二钾、水溶性聚磷酸铵、磷酸脲、硫酸钾、八硼酸钾等；中量元素 Mg、Ca 为氨基酸螯合钙、EDTA-Ca，氨基酸螯合镁、EDTA-Mg 和硫酸镁，微量元素 Fe、Mn、Cu、Zn、Si 等分别有氨基酸螯合态和 EDTA 螯合态，B 元素来源为 H_3BO_3和八硼酸钠。

全营养微生物肥助剂包括防腐剂、分散剂、稳定剂，除此之外还加了植物生长调节剂；添加防腐剂、分散剂和稳定剂可以增加水溶肥料的液体的稳定性，以避免液体沉淀，有助于肥料存放时间更久；添加植物生长调节剂是为了促进植物更好地生长。

全营养微生物肥分散剂为木质素磺酸钠，防腐剂为山梨酸钾，稳定剂为乳化剂OPE-13。上述助剂均不与添加的营养物质发生拮抗及其他反应，且三种助剂中还含有植物所需的营养元素，在提高水溶肥料稳定性的基础上还能补充上营养，上述助剂采用食品级原料，绿色安全。

二、全营养微生物肥生产工艺确定

（1）助剂的添加：防腐剂为山梨酸钾；原液 900mL，加乳化剂 OPE-13 计 0.5～1g，搅拌 10min 后，加木质素磺酸钠 0.5～1g，搅拌至溶解。生长调节剂的添加：高纯度 a萘乙酸钠 1g（选择性添加）。

（2）微量营养元素添加：按照先后顺序将 EDTA-Mn 20g、EDTA-Fe 40g、EDTA-Zn 40g、H_3BO_3 40g 逐一加入上述溶液（1）中，控温（温度控制在 50～60℃，下同）搅拌 20min。

（3）中量营养元素添加：按照先后顺序将 EDTA-Mg 24g、EDTA-Ca 43g 逐一加入上述溶液（2）中，控温搅拌 20min，使全部溶解。

（4）大量营养元素添加：将磷酸氢二钾 160g 加入上诉溶液（3）中，控温搅拌30min，使全部溶解，用原液定容至 1 000mL，冷却后即得到全营养型——沼液复合微生物肥。

三、全营养微生物肥生产工艺

沼液复合微生物工艺见图 5-1。

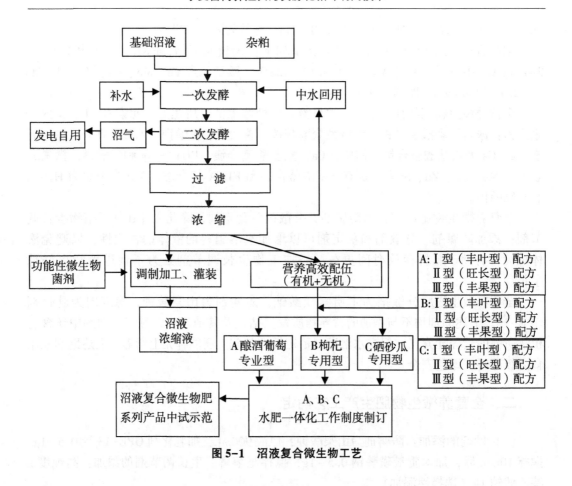

图 5-1　沼液复合微生物工艺

第三节　特色作物全营养微生物肥精准施用制度及效果评价

　　围绕宁夏区域特色优势作物西瓜、酿酒葡萄、长红枣等，通过田间试验、示范，研究液体复合微生物肥对作物生长发育和土壤理化性质的影响，评价液体复合微生物肥的施用效果，提出基于作物优质高产的液体复合微生物肥最佳使用量及灌溉施肥制度；通过投入产出分析，评价液体复合微生物肥的施用效益，提出基于特色产业绿色品牌构建的沼液肥应用技术模式。

一、西瓜沼液复合微生物肥精准灌溉施肥制度研究

（一）材料与方法

1. 试验地概况

　　试验于 2017 年 4—9 月在宁夏顺宝生态园开展。该地区位于黄河中上游，宁夏平原中部，属于中温带大陆性气候。冬无严寒，夏无酷暑，四季分明，昼夜温差大，年日照时数为 3 044h，年均气温为 9.8℃左右，无霜期为 178d，年降水量为 180~200mm。

2. 供试材料

供试西瓜品种为金城 5 号嫁接苗，露地覆膜定植。供试肥料选取宁夏顺宝现代农业股份有限公司生产的沼液复合微生物肥，总养分≥18%，有效活菌数≥0.5 亿个/g，产品分为三个型号，分别为：高氮型（10-5-3）、平衡型（6-6-6）、高钾型（6-4-8）。

3. 供试土壤

试验地成土母质以洪积物为主，地貌为洪积倾斜平原，地形平坦，土壤侵蚀较重，土壤类型为灰钙土，淡灰钙土亚类，土质疏松，局部土壤含有砾石；土壤容重较大，田间持水量较低，土壤呈碱性，轻度盐渍化，肥力水平低下。详见表 5-6、表 5-7。

表 5-6　土壤基本物理性质

土层深度 （cm）	容重 （g/cm³）	自然含水量 （%）	田间持水量 （%）	总孔隙度 （%）	饱和含水量 （%）
0~30	1.39	4.45	16.52	47.03	29.89
30~60	1.42	12.49	17.24	45.52	42.45
60~100	1.65	7.68	13.17	37.84	30.06

表 5-7　土壤基本化学性质

土层深度	pH 值	全盐 （g/kg）	有机质 （g/kg）	碱解氮 （mg/kg）	有效磷 （mg/kg）	速效钾 （mg/kg）	全氮 （g/kg）	全磷 （g/kg）
0~30	8.58	1.43	2.33	41.30	26.58	96.67	0.35	0.41
30~60	8.71	1.24	3.29	33.37	25.19	80.00	0.30	0.38
60~100	8.63	1.36	1.96	28.70	20.18	76.67	0.23	0.24

4. 试验设计

试验设灌水量和施肥量两个因素，采用二因素三水平完全组合设计。灌水量以当地节水灌溉推荐灌溉量 W：3 150m³/hm² 为基准；施肥量以当地西瓜测土配方施肥标准减氮30%设计用量 F：沼液复合微生物肥 2 400kg/hm² 为基准，各设置三个梯度，其中灌溉定额设 W1（2 400m³/hm²）、W2（3 150m³/hm²）、W3（3 900m³/hm²）三个水平；施肥定额设 F1（1 800kg/hm²）、F2（2 400kg/hm²）、F3（3 000kg/hm²）三个水平，共 9 个处理（表 5-8），每个处理重复 3 次，每小区面积 144m²，合计 27 个小区。整个生育期根据降水量与生长情况共灌水 8 次，间隔施肥 4 次；其中苗期施用高氮型（10-5-3）沼液肥 1 次，施肥量占总施肥量20%；伸蔓期施用平衡型（6-6-6）沼液肥 1 次，施肥量占总施肥量30%；膨大期施用高钾型（6-4-8）沼液肥 2 次，施肥量占总施肥量50%。采用水肥一体化滴灌施肥模式，各处理安装水表控制灌水量，其他管理同大田。

表 5-8　试验设计

序号	灌水量水平	施肥量水平	灌溉定额（m³/hm²）	施肥定额（kg/hm²）
1		F1		1 800
2	W1	F2	2 400	2 400
3		F3		3 000
4		F1		1 800
5	W2	F2	3 150	2 400
6		F3		3 000
7		F1		1 800
8	W3	F2	3 900	2 400
9		F3		3 000

5. 测定项目与方法

（1）土壤样品采集与测定。在西瓜定植前和收获后，采集耕层（0~30cm）5 点混合样品，测定土壤理化指标，其中 pH 值、有机质、碱解氮、有效磷、速效钾，按国标方法测定，即用环刀法测定土壤容重、田间持水量等指标；土壤 pH 值在水土比例 5∶1 混匀静止后直接用 pH 计测定；DDS-11 电导率仪测定全盐含量；重铬酸钾容量法测定有机质含量；碱解扩散法测定碱解氮含量；用 0.5mol/L 碳酸氢钠浸提-钼锑抗比色法测定速效磷含量；用 1 mol/L 醋酸铵溶液浸提-火焰光度计法测定速效钾含量。

（2）西瓜生长发育性状观测。

①生物学性状。称量法测定单瓜重（小区内所有瓜单重平均数）、西瓜产量（小区实测产折算），并计算西瓜水分利用效率（WUE =总产量/总灌溉量）。

②生理指标。采用 SPAD-502 在西瓜关键生育期测定叶片叶绿素 SPAD 值、采用光合作用测定仪（LI-6400）在西瓜关键生育期测定叶片光合速率等指标。

③品质指标。收获期多点采集西瓜样品，测定总糖、总酸、维生素 C 含量、可溶性固形物等品质指标，其中手持糖量计测定果实可溶性固形物含量；NaOH 滴定法测定果实可滴定酸含量（以酒石酸计）；维生素 C 含量采用 2,4-二硝基苯肼法测定。

6. 数据分析方法

试验数据采用 Excel 2010 软件整理数据和作图；采用 SPSS 20.0 软件进行统计分析，并对相关性指标进行显著性检验，显著性水平为（$P<0.05$，$n=5$）。

（二）结果分析

1. 不同处理对西瓜第一雌花节位的影响

第一雌花节位点出现位置一般标志着西瓜成熟期的早晚。由图 5-2 可得，水肥耦合处理下西瓜的第一雌花节位一般在 5~7 节，中水高肥处理下即 W2F3 可显著降低第一雌花节位，而低水低肥以及高水高肥情况下反而增加第一雌花节位，基本处于第 8 节位。由此可见，适当的水肥比例有助于促进西瓜提前开花，而低水低肥、高水高肥条件下由于破坏了植株水分养分均衡，导致西瓜开花延迟。

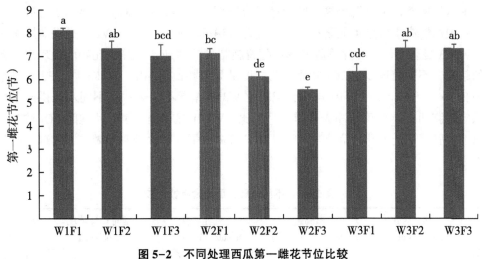

图 5-2 不同处理西瓜第一雌花节位比较

2. 不同处理对西瓜叶片叶绿素 SPAD 值的影响

表 5-10 可知，随着西瓜生育进程的持续推进，SPAD 值总体表现为伸蔓期>膨果期>幼苗期的趋势。在幼苗期，叶绿素 SPAD 值随着施肥量与灌水量的增加表现为逐渐增加的趋势，不同处理以高水高肥（W3F3）处理下叶绿素 SPAD 值最高，显著高于 W1F1、W1F2、W1F3。由此说明，水肥充足供应条件下能显著提高叶绿素含量，植株叶色浓绿。伸蔓期叶绿素 SPAD 值变异趋势与幼苗期相一致，但膨果期表现为中水高肥处理下 SPAD 值最高，尤其 W2F3 处理下 SPAD 值相比 W1F1、W1F2、W1F3 分别增加了 10.98%、7.20%、4.90%。由此说明中水高肥有利于提高西瓜膨果期叶片叶绿素含量。

表 5-9 不同处理西瓜叶片叶绿素 SPAD 值比较

处理	叶绿素 SPAD 值		
	幼苗期	伸蔓期	膨果期
W1F1	35.83±0.68d	41.89±0.13d	39.70±0.32c
W1F2	36.83±0.37cd	42.32±0.23d	41.10±0.43bc
W1F3	36.86±0.12cd	42.87±0.60cd	42.00±0.70b
W2F1	37.84±0.49abc	42.18±0.56d	42.50±0.41ab
W2F2	37.63±0.46abc	43.75±0.35bc	42.73±0.37ab
W2F3	39.06±0.31ab	44.76±0.48ab	44.06±0.47a
W3F1	38.36±1.09abc	43.70±0.50bc	42.16±0.56ab
W3F2	38.10±0.81abc	44.54±0.24b	41.00±0.95bc
W3F3	39.43±0.49a	45.86±0.36a	42.80±0.77ab

3. 不同处理对西瓜膨果期光合特性的影响

表 5-10 可知，西瓜叶片净光合速率随着灌水量的增加表现出先增加后降低的趋

势，中水供应条件下显著提高了叶片净光合速率，但 W2F1、W2F2、W2F3 之间差异不显著；中水、高水各处理显著提高了叶片蒸腾速率，不同处理以 W2F2 处理蒸腾速率最大，W2F3 显著降低了叶片蒸腾速率；随着施肥量的增加，叶片气孔导度表现出逐渐增加的趋势，不同处理以 W2F3 叶片气孔导度最高，相比 W1F1、W1F2、W1F3 分别增加了 192.96%、160.60%、110.49%，但同比 W3F3 差异不显著；在不同水肥供应条件下西瓜叶片胞间 CO_2 浓度与净光合速率呈反比，W1F1 显著提高了叶片胞间 CO_2 浓度；由于 W2F3 显著降低了叶片蒸腾速率，从而显著提高了叶片水分利用效率，实现以肥促水的作用。

表 5-10   不同处理西瓜光合特性比较

处理	净光合速率 ［μmol/（m²·s）］	蒸腾速率 ［mmol/（m²·s）］	气孔导度 ［mmol/（m²·s）］	胞间 CO_2 浓度 （μmol/mol）	水分利用 效率
W1F1	4.42±0.11d	1.42±0.23d	89.64±2.64e	196.11±1.44a	3.11±0.09bc
W1F2	6.38±0.21c	2.35±0.47c	100.77±1.22d	105.12±1.04d	2.71±0.02c
W1F3	5.45±0.02d	1.56±0.35d	124.76±10.14cd	129.61±7.54c	3.49±0.08b
W2F1	10.04±0.12ab	4.34±0.71a	156.28±4.54c	134.54±1.41c	2.31±0.07c
W2F2	11.04±0.22a	4.34±0.71a	202.36±9.51b	98.56±1.48d	2.37±0.03c
W2F3	10.64±0.15ab	2.21±0.71c	262.61±8.17a	104.15±1.25d	4.81±0.07a
W3F1	8.64±0.23bc	3.21±0.71b	159.36±14.26c	158.67±2.35b	2.69±0.02c
W3F2	8.78±0.15bc	3.56±0.23b	152.34±1.68c	156.23±2.38b	2.46±0.07c
W3F3	9.25.±0.26b	4.52±0.47a	241.23±1.52a	145.12±1.25bc	2.04±0.01d

4. 不同处理对西瓜农艺指标的影响

表 5-11 可知，相比低水、中水低肥处理，中水中肥、中水高肥及高水处理显著提高了西瓜单瓜重，但彼此之间差异不显著；低水处理显著降低了单瓜重，主要原因为水分供应不足导致西瓜果实膨大受限。在低水供应条件下，西瓜果形指数随着施肥量的增加而增加，在中、高水供应条件下，西瓜果形指数随着施肥量的增加表现出先升高后降低的趋势，不同处理间以 W2F2 和 W3F2 果形指数最大，果形最优。

表 5-11   不同处理西瓜农艺指标比较

处理	单瓜重 （kg）	果实横径 （cm）	果实纵径 （cm）	果形指数
W1F1	5.02±0.15c	25.90±0.90b	29.43±0.46d	1.13±0.04e
W1F2	5.34±0.16bc	26.90±0.55ab	32.26±1.12c	1.20±0.03de
W1F3	5.22±0.26bc	27.16±0.78ab	33.20±0.52c	1.22±0.03cde
W2F1	5.59±0.12b	27.00±0.26ab	35.20±0.75b	1.30±0.03ab
W2F2	6.61±0.25a	27.16±0.66ab	37.53±0.53a	1.38±0.01a
W2F3	6.67±0.25a	26.93±0.29ab	36.06±0.59ab	1.33±0.01ab

（续表）

处理	单瓜重 （kg）	果实横径 （cm）	果实纵径 （cm）	果形指数
W3F1	6.69±0.06a	28.50±0.63a	35.60±0.0.58ab	1.25±0.04bcd
W3F2	6.65±0.04a	27.40±0.55ab	37.53±0.52a	1.37±0.01a
W3F3	6.86±0.03a	28.83±0.71ab	37.40±0.55a	1.29±0.02bcd

5. 不同处理对西瓜产量和水分利用效率的影响

从图 5-3 可知，在不同水肥供应条件下西瓜产量差异显著。在同一水量供应条件下，随着施肥量的增加，西瓜产量有增高的趋势，其中，在低水量供应条件下西瓜产量显著降低；在中水量供应条件下，随着施肥量的增加，不同处理表现出逐渐升高的趋势，但中水高肥显著高于中水低肥，同比中水中肥差异不显著；在高水量供应条件下，不同施肥量差异不明显，可能是土壤本底肥力供应导致施肥量差异不明显。不同处理间以 W2F3 处理下西瓜产量最高，相比处理 W1F3 增产 33.92%、同比 W2F2 增产 12.77%、同比 W3F2 增产 2.29%，说明中水高肥情况下增产效应明显。低水、中水条件下西瓜水分利用效率显著升高，高水条件下虽然产量明显提高，但水分利用效率明显降低；不同处理间以处理 W2F3 水分利用效率最高，达到 19.97kg/m³。整体表明，低水显著抑制了西瓜的产量，同时水分利用效率提升；中水供应后，西瓜产量随施肥量的增加而增加，相应水分利用效率逐渐升高；而高水条件下，产量并没有显著升高，反而降低了水分利用效率。

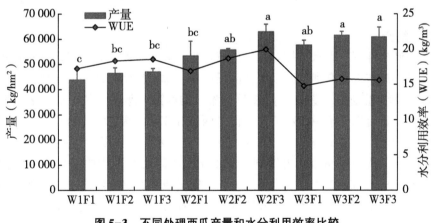

图 5-3　不同处理西瓜产量和水分利用效率比较

6. 不同处理对西瓜品质的影响

在西瓜成熟度 80% 左右时，多点采样测定了西瓜品质。从表 5-12 可知，在高水量供应条件下西瓜可溶性固形物显著降低，而中低水量供应条件下，西瓜可溶性固形物升高；同一水量供应水平下不同施肥量之间差异不明显；总糖表现出和可溶性固形物相一致的规律，不同处理间 W2F3 总糖含量最高，相比 W2F3、W3F1、W3F2、W3F3 分别增加 19.97%、19.96%、19.98%、16.36%。W1F1 显著提升了总酸含量，W3F1 降低了总酸含量，相比 W1F1 降低了 41.17%，其他处理间西瓜总酸含量差异不显著；在同一水量供应条件下，西瓜维生素 C 含量随施肥量增加表现出逐渐增加的趋势，但不同处理间差异不显著；低肥供应水平下，随着灌水量的增加维生素 C 含量显著增加；中高肥供应条件下，高水量供应显著增加西瓜维生素 C 含量。说明水分供应仍然是砾质砂土西瓜糖类物质形成的决定因素，不同处理间以 W2F3 效果表现最佳。

表 5-12 不同处理西瓜品质指标比较

处理	可溶性固形物（%）	总糖（%）	总酸（%）	维生素 C（mg/100g）
W1F1	8.85±0.21b	8.06±0.24c	0.17±0.01a	5.16±0.18c
W1F2	9.61±0.24ab	8.92±0.54ab	0.15±0.02ab	6.02±0.08b
W1F3	10.11±0.15a	8.91±0.34ab	0.12±0.00b	6.22±0.21b
W2F1	9.86±0.17ab	8.92±0.16ab	0.14±0.02ab	6.02±0.18b
W2F2	10.36±0.17a	9.01±0.25ab	0.15±0.02ab	6.02±0.20b
W2F3	10.38±0.08a	9.67±0.22a	0.13±0.00b	6.88±0.16ab
W3F1	8.36±0.28b	8.07±0.15c	0.10±0.01c	6.02±0.10b
W3F2	8.61±0.35b	8.08±0.11c	0.12±0.00b	7.74±0.21a
W3F3	8.91±0.16b	8.31±0.04c	0.12±0.01b	7.84±0.12a

（三）结论

膜下滴灌条件下，肥水调控对西瓜的营养生长、光合效率具有显著促进作用，从而显著提高了西瓜产量并有利于西瓜风味品质改善。本研究结果表明，水肥供应量不足会导致西瓜主蔓茎粗变细，造成"徒长"现象，推迟第一雌花节位，而 W2F3 处理有利于主蔓伸长，显著降低第一雌花节位，促进西瓜开花结实提前，光合作用进程加快。叶片光合作用的产物主要供应茎、叶和果实的生长，因此，根据"库—源"关系，西瓜产量作为光合"库"容量指标能客观表现由于滴灌施肥水平供给差异产生的植株同化能力的差异。虽然 W2F2 净光合速率最大，但同时蒸腾速率也随之增加，而 W2F3 在保证净光合速率一定的情况下降低了蒸腾速率，从而提高叶片水分利用效率，确保西瓜营养生长旺盛，光合产物丰富。

西瓜果实营养物质含量高低决定了西瓜口感和品质，其中可溶性固形物浓度是西瓜风味品质的重要指标之一。在中低水量供应条件下，西瓜可溶性固形物升高，而高水量供应条件下西瓜可溶性固形物显著降低，西瓜酸度不同处理之间无明显变化。水分仍然是砾质淡灰钙土西瓜产量、品质形成的决定因素，低水显著抑制了西瓜的产量，中水供应后西瓜产量随施肥量的增加而增加，但高水明显降低了水分生产效率；不同处理之间 W2F3 能显著提升西瓜产量，说明优化的水肥组合有助于促进西瓜营养物质累积。综合西瓜生长发育、产量、品质等指标，宁夏青铜峡甘城子砾质淡灰钙土沼液复合微生物肥最佳灌溉施肥方案为：灌水量为 3 150m³/hm²，施肥量为 3 000kg/hm²。

二、长红枣沼液复合微生物肥精准灌溉施肥制度研究

（一）材料与方法

1. 试验地概况

试验于 2017 年 3 月至 2017 年 10 月，在灵武市绿源恒农业综合并发有限公司基地进行。该地区属于中温带大陆性半干旱气候，光照资源充足，全年日照时数为 3 080.2h，平均无霜期为 157d，年平均气温≥8.8℃，积温为 3 351.3℃，年均降水量为 206.2~255.2mm。

2. 试验材料

供试作物露地灵武长红枣，8 年龄。供试肥料选取宁夏顺宝现代农业股份有限公司生产的沼液复合微生物肥，总养分≥18%，有效活菌数≥0.5 亿个/g，产品分为三个型号，分别为：高氮型（10-5-3）、平衡型（7-6-6）、高钾型（6-4-8）。

3. 供试土壤

土壤为沙质壤土，地形平坦，土壤侵蚀中等，土质疏松。土壤基本化学性质如表 5-13。

表 5-13　土壤基本化学性质

土层深度（cm）	pH 值	全盐（g/kg）	有机质（g/kg）	碱解氮（mg/kg）	有效磷（mg/kg）	速效钾（mg/kg）
0~30	8.28	0.41	9.13	41.10	27.41	130.00
30~50	8.43	0.54	8.34	36.23	28.94	170.00
50~100	8.73	0.55	6.38	30.36	21.01	123.33

4. 试验方法

试验设灌水量和施肥量两个因素，采用二因素三水平随机区组设计。滴灌量参考当地水肥一体化推荐值，以滴灌量 W：4 500m³/hm² 为基准；施肥量参照当地推荐施肥量（F：N-P₂O₅-K₂O = 20.5：10.2：11.4）减氮 30%设计用量 F：沼液复合微生物肥 3 000kg/hm² 为基准，各设置三个梯度，其中灌水定额设 W1（3 300m³/hm²）、W2（4 500m³/hm²）、W3（5 700m³/hm²）三个水平；施肥定额设 F1（2 100kg/hm²）、F2（3 000kg/hm²）、F3（3 900kg/hm²）三个水平，共 9 个处理（表 5-14），每个处理重复 3 次，合计 27 个小区，每小区每个处理 2 行。整个生育期根据降水量与生长情况共灌水 13 次，施肥 6 次，分别为营养生长期施用高氮型（10-5-3）沼液肥 2 次，施肥量占总施肥量 30%；坐花坐果期施用平衡型（6-6-6）沼液肥 2 次，施肥量占总施肥量 40%；膨果着色期施用高钾型（6-4-8）沼液肥 2 次，施肥量占总施肥量 30%。采用水肥一体化滴灌施肥模式，各处理安装水表控制灌水量，其他管理同大田。

表 5-14 试验设计

序号	灌水量水平	施肥量水平	灌水定额（m³/hm²）	施肥定额（kg/hm²）
1		F1		2 100
2	W1	F2	3 300	3 000
3		F3		3 900
4		F1		2 100
5	W2	F2	4 500	3 000
6		F3		3 900
7		F1		2 100
8	W3	F2	5 700	3 000
9		F3		3 900

5. 测定项目

（1）土壤样品采集与测定。多点混合采集试验田 0~30cm 与 30~60cm 土层土壤样品，用于测试土壤化学指标，其中 pH 值、有机质、碱解氮、有效磷、速效钾，按国标方法测定，土壤 pH 值在水土比例 5∶1 混匀静止后直接用 pH 计测定；DDS-11 电导率仪测定全盐含量；重铬酸钾容量法测定有机质含量；碱解扩散法测定碱解氮含量；用 0.5mol/L 碳酸氢钠浸提-钼锑抗比色法测定速效磷含量；用 1mol/L 醋酸铵溶液浸提-火焰光度计法测定速效钾含量。采集 0~30cm 层次原状土样，测定土壤水稳性团聚体含量。

（2）长枣生长发育性状观测。

①生物学性状。在果实成熟期，采用称量法测定单果重（小区内所有果单重平均数）、长红枣产量（小区实测产折算），并测量长红枣横纵茎及硬度等农艺指标。

②生理指标。在长红枣关键生育期，用 SPAD-502 测定叶片叶绿素 SPAD 值；选取 6 棵树，对同一位置相同部位叶片进行标记，在早上 9∶00—11∶00 时间段内，采用 CI-340 光合作用测量系统测定叶片光合作用特性。

③品质指标。在长红枣果实成熟期，采集鲜果测定红枣品质指标，其中采用手持糖量计测定果实可溶性固形物含量；NaOH 滴定法测定果实可滴定酸含量（以酒石酸计）；2，4-二硝基苯肼法测定维生素 C 含量。

6. 数据分析

采用 Excel 2017 进行数据处理和制图，采用 SAS25 进行统计分析，并对相关性指标进行显著性检验，显著性水平为（$P<0.05$，$n=5$）。

（二）结果分析

1. 不同处理对长红枣叶片叶绿素 SPAD 值的影响

从表 5-15 可知，开花期长红枣叶片 SPAD 值相对较小，主要是前期发育较为缓慢，叶片合成叶绿素不足，随着生育期的推移，在膨大期叶片 SPAD 值达到最大，相比开花期平均增加了 8~11 个单位；开花期，随着施肥量与灌水量的增加，叶绿素 SPAD 值总体表现为增加趋势，不同处理以中水高肥（W2F3）处理下叶绿素 SPAD 值最大，相比 W1F1 增加了 4.64%。坐果期在高水（W3）处理下，SPAD 值表现为高肥处理（F3）>中肥处理（F2）>低肥处理（F1），在高肥（F3）处理下，SPAD 值表现为高水处理（W3）>中水处理（W2）>低水处理（W1），且高水高肥（W3F3）处理下 SPAD 值达到最大。由此可知，水肥充足供应条件能显著提高叶绿素含量，植株叶片浓绿。膨大期中水中肥（W2F2）处理下叶片的 SPAD 值最高，且显著高于 W1F1。由此说明，中水中肥有利于长红枣膨大期叶片叶绿素的合成。

表 5-15　不同处理对长红枣叶片叶绿素的影响

处理	叶绿素值（SPAD 值）		
	开花期	坐果期	膨大期
W1F1	35.56±0.12c	41.89±0.13c	43.26±0.32e
W1F2	36.21±0.25ab	42.12±0.23bc	44.60±0.43cd
W1F3	35.58±0.31bc	42.07±0.60bc	44.04±0.70d
W2F1	35.68±0.49bc	43.08±0.56ab	46.10±0.41c
W2F2	36.61±0.46ab	43.05±0.34ab	48.72±0.28a
W2F3	37.21±0.31a	43.23±0.41a	48.01±0.27ab
W3F1	36.34±1.01ab	42.10±0.50b	47.76±0.46bc
W3F2	37.10±0.28a	42.24±0.24b	47.80±0.92bc
W3F3	37.13±0.44a	43.86±0.36a	48.10±0.71ab

2. 不同处理对长红枣叶片光合特性的影响

从表 5-16 可知，长红枣叶片的净光合速率在不同肥力条件下，表现为 W2>W3>W1，中水供应条件显著提高了叶片净光合速率。蒸腾速率也有相似的规律，在低水 W1 处理下，叶片蒸腾速率显著低于 W2 和 W3 处理，尤其 W1F1 处理的蒸腾速率为 1.42mmol/（$m^2 \cdot s$），显著低于同等肥力条件下中水和高水处理，说明在低水处理条件下植物更能适应干旱的水分环境。随着施肥量的增加，气孔导度表现为升高的趋势，不同处理以 W1F1 处理下气孔导度最低，减缓了净光合速率，阻碍了光合产物的合成，相反，W2F3 处理下气孔导度最高。胞间二氧化碳在低肥处理下浓度高于中肥、高肥处理，与净光合速率呈反比，主要原因是当净光合速率降低的同时，气孔开张度较低，滞留在细胞间的二氧化碳浓度便会升高。水分利用效率以 W1F3 和 W2F3 处理最高，显著高于其他处理。

表 5-16　不同处理对长红枣叶片光合特性的影响

处理	净光合速率 ［$\mu mol/（m^2 \cdot s）$］	蒸腾速率 ［$mmol/（m^2 \cdot s）$］	气孔导度 ［$mmol/（m^2 \cdot s）$］	胞间 CO_2 浓度 （mg/kg）	水分利用率 （%）
W1F1	3.98±0.16d	1.39±0.27d	88.68±2.59e	189.08±1.48a	3.06±0.12b
W1F2	5.87±0.18c	2.42±0.51c	99.83±1.18d	111.09±1.11d	2.67±0.05c

（续表）

处理	净光合速率 [μmol/(m²·s)]	蒸腾速率 [mmol/(m²·s)]	气孔导度 [mmol/(m²·s)]	胞间 CO₂ 浓度 (mg/kg)	水分利用率 (%)
W1F3	4.99±0.05d	1.51±0.38d	122.81±10.09cd	125.59±7.58c	3.53±0.04a
W2F1	9.85±0.08ab	4.28±0.75a	149.33±4.48c	141.47±1.48c	2.28±0.09cd
W2F2	10.96±0.18a	4.65±0.68a	201.42±9.47b	92.62±1.43d	2.41±0.02cd
W2F3	10.24±0.19ab	3.08±0.75b	258.56±8.22a	108.23±1.17d	3.48±0.05a
W3F1	7.88±0.25bc	3.18±0.68b	160.43±14.17c	162.72±2.29b	2.74±0.06c
W3F2	8.53±0.15bc	3.62±0.17b	147.28±1.71c	160.14±2.44b	2.51±0.04cd
W3F3	10.02.±0.22b	4.47±0.51a	239.19±1.55a	148.07±1.31bc	2.17±0.05d

3. 不同处理对长红枣农艺指标的影响

坐果率对枣树的产量影响较大，根据表 5-17 可知：在同一施肥水平下，W2 处理的坐果率最高，尤其 W2F3 处理的坐果率达到 11.24%，高出其他处理 2.12%~3.78%。单果重在不同肥力条件下，总体表现为 W3>W2>W1，在低中水处理下，随着沼液肥的增加，单果重逐渐增加，在高水处理下，随着沼液肥的增加，单果重呈先增加后减少的趋势，W3F2 处理的单果重最重，高于其他处理 0.3~3g。长红枣横纵经在中、高水肥条件下高于低水处理，W2F2 处理下长红枣横纵径分别达到最大值。裂果致使果实维生素 C 含量降低，枣果品质和营养价值降低，会影响果实的商品价值，试验得出，W1F1、W1F3、W2F3、W3F3 四个处理的裂果率显著高于其他处理，而 W3F1、W3F2 处理的裂果率较小，只有 8.53% 和 8.41%，说明缺水和沼液肥过量都会导致长红枣出现裂果现象，应适当的控制施肥量从而降低裂果率。

表 5-17 不同处理对长红枣农艺指标的影响

处理	坐果率（%）	单果重（g）	长枣横径（cm）	长枣纵径（cm）	裂果率（%）
W1F1	8.27±0.32bc	17.65±0.43c	2.89±0.02c	5.11±0.02b	9.87±0.34a
W1F2	7.78±0.43cd	18.32±0.12bc	3.01±0.03b	5.15±0.13b	8.79±0.12b
W1F3	7.46±0.70d	18.43±1.32b	3.02±0.00b	5.13±0.04b	9.83±0.07a
W2F1	9.12±0.12ab	18.23±0.17b	2.99±0.06b	5.23±0.04a	9.08±0.05b
W2F2	8.98±0.28b	19.21±0.54ab	3.08±0.02a	5.65±0.06a	8.78±0.07bc
W2F3	11.24±0.64a	20.32±1.02a	3.04±0.01ab	5.23±0.11a	9.43±0.08ab
W3F1	8.02±0.41c	20.35±1.32a	3.02±0.00b	5.34±0.03a	8.53±0.07c
W3F2	8.45±0.23bc	20.65±0.43a	3.04±0.02ab	5.45±0.03a	8.41±0.03c
W3F3	8.02±0.45bc	20.21±0.41a	3.07±0.03a	5.36±0.15a	10.34±0.12a

4. 不同处理对长红枣产量的影响

从图5-4可知，在低水量供应条件下，长红枣产量随施肥量的增加而增加，在中水量和高水量供应条件下，长红枣产量随着施肥量的增加呈先增加后降低的趋势，不同施肥量与不同供水量对长红枣产量的影响有相似的规律。不同处理间以W2F2处理下长红枣产量最高，为925.5kg/亩，显著高于低水、高水及中水低肥处理下长红枣的产量。说明在中水中肥处理下增效明显。

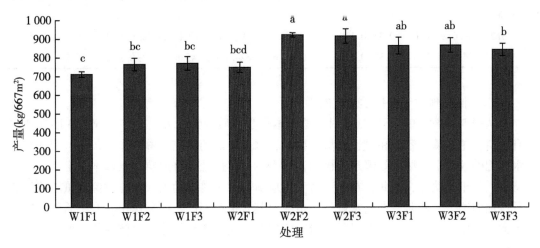

图5-4 不同处理对长红枣产量的影响

5. 不同处理对长红枣品质的影响

水肥耦合调控下长红枣品质表现出较明显的差异。从表5-18可知，不同处理间W2F2处理糖分最高，相比W3F1、W3F2、W3F3处理分别增加了1.80%、1.61%、1.58%，说明适量的水肥供给能促进糖分积累，而高水、高肥不利于糖类化合物形成；总酸在W1F2处理下含量最高，而其他处理之间差异不显著；W2F2处理明显提高红枣糖酸比，改善口感，W1F2处理糖酸比值最低，在一定程度上影响口感；维生素C在各处理间差异较明显，W1F1处理下维生素C含量最高，这是由于供水量低引起用于果皮渗透调节的水分减少，导致维生素C含量提高，W2F1处理下维生素C含量最低，因为水肥比例失衡，养分供给不足，降低了合成酶的活性，从而抑制己糖内脂化合物的合成使得维生素C含量降低。可溶性固形物含量的增加可有效提高果实的营养品质，W2F2和W2F3处理明显高于其他处理，显著高于W1水平下处理；在同一水量供应水平下，低肥处理的长枣硬度值大于中肥和高肥处理，W2F3处理下的果实硬度值最低，为12.75kg/cm³。

表5-18 不同处理对长红枣品质的影响

处理	总糖（%）	总酸（%）	糖酸比	维生素C含量（mg/100g）	可溶性固形物（%）	硬度（kg/cm³）
W1F1	25.60±1.34ab	0.38±0.05ab	67.37±9.26bc	343.12±14.01a	27.51±0.56b	13.23±0.16ab
W1F2	25.02±1.33ab	0.45±0.02a	55.60±3.24c	291.21±28.02c	27.80±0.62b	13.21±0.25ab
W1F3	24.40±0.62b	0.35±0.02b	69.71±0.76b	310.28±9.84abc	27.32±0.45bc	13.02±0.62bc

（续表）

处理	总糖（%）	总酸（%）	糖酸比	维生素C含量（mg/100g）	可溶性固形物（%）	硬度（kg/cm³）
W2F1	25.21±0.27ab	0.38±0.01ab	66.34±0.85bc	260.37±8.25c	27.63±0.16b	13.12±0.77b
W2F2	26.22±1.89a	0.32±0.15b	81.94±8.51a	303.29±27.46ab	29.15±1.01a	12.98±0.13bc
W2F3	24.45±0.27b	0.35±0.35b	69.86±1.25b	296.56±33.08c	28.82±0.64a	12.75±0.45c
W3F1	24.42±0.61b	0.38±0.03ab	64.26±3.28bc	338.24±40.33a	28.11±0.33ab	13.22±0.62ab
W3F2	24.61±1.07b	0.35±0.11b	70.31±4.28b	303.68±9.07ab	28.42±0.54ab	13.02±0.56b
W3F3	24.64±0.51b	0.32±0.15b	77.00±5.61ab	324.15±60.45ab	28.12±0.33ab	13.21±0.38ab

6. 不同处理对土壤化学性质的影响

从表5-19可知：不同处理对土壤基本化学性质影响较大，W1F2、W1F3明显增加有效磷含量，磷素容易在碱性土壤中固定，水分不足的情况下淋溶作用较弱，因此在低水高肥的处理下土壤有效磷达到极丰富水平，而其他处理有效磷含量基本与土壤本底值持平，较丰富状态，因此，在生产过程中应适当减少磷肥的投入；速效钾含量随着施肥量增加而增大，同时，在高水条件下也会对其含量积累产生抑制作用；有机质整体影响不太大，中水中肥处理下有机质含量有所提升，这与适当的施肥比例活化土壤养分有一定的关系。

表5-19　不同处理对土壤化学性质的影响

处理	土壤层次（cm）	碱解氮（mg/kg）	有效磷（mg/kg）	速效钾（mg/kg）	有机质（g/kg）
W1F1	0~30	37.8	23.3	196.0	10.74
	30~60	30.4	21.4	186.0	7.54
W1F2	0~30	41.0	60.1	213.0	11.65
	30~60	43.2	49.1	199.0	6.34
W1F3	0~30	21.2	55.6	245.0	9.08
	30~60	33.9	48.4	221.0	9.64
W2F1	0~30	33.9	29.3	186.0	8.95
	30~60	32.5	22.9	176.0	8.59
W2F2	0~30	22.6	45.3	191.0	12.84
	30~60	44.5	27.6	185.0	11.82
W2F3	0~30	32.5	36.5	215.0	12.70
	30~60	29.7	28.5	208.0	7.50
W3F1	0~30	21.0	32.4	175.0	8.23
	30~60	26.0	32.7	177.0	8.88
W3F2	0~30	24.0	34.9	234.0	10.23
	30~60	35.2	21.3	221.0	10.42

（续表）

处理	土壤层次 （cm）	碱解氮 （mg/kg）	有效磷 （mg/kg）	速效钾 （mg/kg）	有机质 （g/kg）
W3F3	0~30	21.9	26.1	216.0	7.13
	30~60	31.1	24.9	189.0	7.83

（三）结论

长红枣产量随着施肥量的增加呈现先增加后降低的趋势，且不同灌水量对产量的影响有相似的规律。适量的沼液复合微生物肥可增加枣树叶片叶绿素含量，加快光合作用，从而积累更多的营养物质，为枣树的健康发育提供保障；W2F3 处理能提高枣树坐果率；W2F2 处理可促进长枣可溶性固形物的形成，降低长枣的硬度，改善果实品质，长枣的横径和纵径较大，增产效果较好；在中水供应条件下，低肥与中肥处理小于 0.25mm 的团聚体含量保持在 40%左右，利于构建完善的土体结构；在低水供应条件下，中肥与高肥处理有效磷累积过多，而其他处理有效磷含量基本与土壤本底值持平，在生产过程中应适当减少磷肥的投入。综合长红枣生长发育、产量、品质等指标，宁夏灵武市淡灰钙土沼液复合微生物肥在灌水量 4 500m³/hm²，施肥量 3 000kg/hm² 处理下和灌水量 4 500m³/hm²，施肥量 3 900kg/hm² 处理下能改善长红枣品质，改良土壤理化性状。

第四节　沼液浓缩副产物营养鉴定与资源化利用

一、沼液浓缩副产物营养成分鉴定

鸡粪发酵浓缩液中药效成分的检测

1. 材料与方法

取 2mL 鸡粪发酵液于 10mL 顶空进样瓶中利用仪器 Varian GC/MS Saturn2200 进行 GC-MS 检测分析。进样口温度为 200℃，分流比 10∶1，离子焰温度为 200℃，加热焰温度为 80℃，柱流量 1mL/min，进样量为 1 000μL。程序开始时在 45℃保持 1min，然后以 5℃/min 的速度升温至 250℃，保持 3min。质谱扫描 45min 后得到谱图。

2. 结果分析

结合发酵液 GC-MS 分析谱图以及测得的主要挥发性物质（表 5-20）可知，在保留时间为 20.682min 时，出现丙烯酸异冰片酯的最高峰，代表了鸡粪发酵液挥发物中的最大含量成分。从整体上来看，检测到的挥发性成分中主要为环烃类芳香族物质，如 3,5-二乙基甲苯、1-亚甲基-1H-茚、萘、五甲基苯、2-甲基萘等。在这些物质中，存在着一些有着特殊性质的化学物质。2-甲基萘，常作为农业上合成植物生长调节剂，且还可作为表面活性剂、杀虫剂等的原料；与之类似的萘是农业生产中的一种原料，可作为杀虫剂亚胺硫磷、甲萘威，除草剂灭草松、敌草胺和植物生长调节剂萘乙酸与萘氧乙酸等的中间体；此外五甲基苯也报道可用于杀菌剂。

表 5-20　鸡粪发酵液中主要功能成分

出峰时间	最似物质	分子式
12.821	phenylglyoxal monohydrate（苯甲酰甲醛水合物）	$C_8H_8O_3$
14.233	Methylindane（甲基茚满）	$C_{10}H_{12}$
14.533	1,3-diethyl-5-methylbenzene（3,5-二乙基甲苯）	$C_{11}H_{16}$
15.606	1,4-dimethyl-2-propan-2-ylbenzene	$C_{11}H_{16}$
15.527	1-methylideneindene（1-亚甲基-1H-茚）	$C_{10}H_8$
15.433	Naphthalene（萘）	$C_{10}H_8$
17.973	Pentamethylbenzene（五甲基苯）	$C_{11}H_{16}$
18.582	2-methylnaphthalene（2-甲基萘）	$C_{11}H_{10}$
19.048	1-ethylidene-1H-indene	$C_{11}H_{10}$
20.682	Isobornyl acrylate（丙烯酸异冰片酯）	$C_{13}H_{20}O_2$

二、液体养分增效剂研发

以鸡粪发酵的沼液浓缩液、氨基酸和微量元素为主要原料，按照国标《含氨基酸叶面肥》（GB/T 17419—2018）和《微量元素叶面肥料》（GB/T 17420—2020），制成了营养型土壤养分增效剂。氨基酸可以直接作为养分被植物吸收，促进植物生长，增加养分吸收效率；微量元素可以调节土壤养分平衡，释放土壤固持养分。所以该增效剂可以通过促进植物吸收和活化土壤固有养分而达到养分增效的作用。该增效剂含 Fe、Mn、Cu、Zn、Mo、B 等多种微量元素，总含量≥10.0%；氨基酸含量≥10.0%。通过质谱分析发现，养分增效剂中含有的 2-甲基萘、5-甲基苯等化合物，可以用作植物生长调节剂。

增效剂对玉米种子发芽的促进效果

1. 材料与方法

取液体养分增效剂原液，配置质量浓度为 0.01%、0.1%、0.5% 和 1.0% 的稀释液，另以清水作空白对照。将配置好的稀释液和清水分别加入育苗盘中，使液面恰好没过网盘，再在网盘上整齐放置 36 棵玉米种子。整个实验置于室温下进行，定期向盘中补去离子水至初水量，待玉米种子生长 7d 后记录种子发芽数、根长、芽长以及单株芽重。

2. 结果分析

发芽结果如表 5-21，在质量浓度为 0.01%、0.10%、0.50%、1.00% 的增效剂处理下，玉米种子的发芽率分别为 86.11%、69.44%、66.67%、69.44%，均显著低于清水对照，说明较高浓度的增效剂稀释液可能会抑制或者延迟玉米种子的发芽。

表 5-21　玉米种子发芽率

处理	CK	0.01%	0.10%	0.50%	1.00%
发芽数量（个）	32	31	25	24	25
发芽率（%）	88.89	86.11	69.44	66.67	69.44

但在玉米的生长情况图中可发现，与对照相比，经过增效剂处理后的玉米种子整体生长情况更好，长势更加旺盛。在生物量结果图中也有体现，生物量在0.90g以上的种子数占比与增效剂浓度呈正相关，与对照的6.25%相比，0.01%、0.10%、0.50%、1.00%质量浓度的发酵液处理下的占比分别为16.13%、16.00%、33.33%和40.00%，均显著高于对照，说明发酵液对种子出苗期的生长有促进作用，且浓度越高作用越明显（图5-5）。另外通过苗长范围比例（图5-6）可发现，对照中0~9cm芽长范围内的种子数占总出芽种子数量的84.38%，而在增效剂处理中，当浓度高于0.01%时，9cm以上芽长的种子数占比随增效剂浓度增大而增加，在浓度为0.10%、0.50%、1.00%时分别达到了32.00%、37.50%和44.00%，明显高于对照的15.62%，说明增效剂能促进玉米种子地上部分的生长，且浓度越大效果越好。在根长方面，15cm以上根长的种子数占比在增效剂浓度为0.1%时取最大值为47.83%，明显高于对照组的29.03%，但当浓度为1.00%时，占比仅有17.39%，显著低于对照组，说明增效剂液在一定浓度范围内可促进根长，但浓度过高可能会抑制根长（图5-7）。

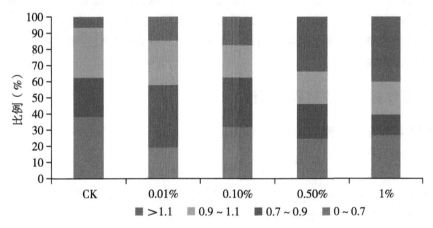

图5-5　玉米种子生物量范围比例（见书后彩图）

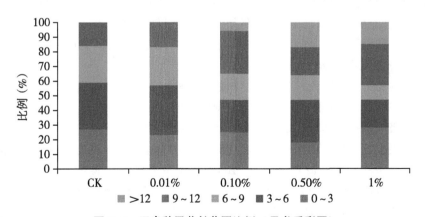

图5-6　玉米种子苗长范围比例（见书后彩图）

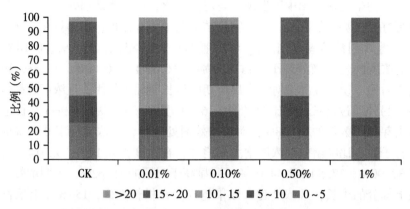

图 5-7 玉米种子根长范围比例（见书后彩图）

3. 结论

鸡粪发酵副产物能促进玉米地上部分的生长，且浓度越大效果越好；发酵副产物在一定浓度范围内可促进根长，但浓度过高会抑制根长；发酵副产物对苗初期的生长有促进作用，且浓度越高作用越明显。所以适宜浓度，发酵副产物促生效应明显，可直接作为液体养分增效剂。

三、液体养分增效剂效果评价

液体土壤养分增效剂对玉米生长的影响

1. 材料与方法

本田间实验在宁夏顺宝生态园基地进行本研究共设计 4 个处理，具体如下：T1 为只施化肥且不施氮肥（N0）；T2 为当地施肥（全部化肥，N25）；T3 为一半化肥（N12.5）+一半有机肥（N12.5）；T4 为 T2+增效剂。

测定项目及方法如下。

玉米植株于收获期测定产量（风干至约 14% 含水量时的籽粒重）、穗长、穗粗（中心位置的粗）、秃尖长（未长玉米的部分的长度）、穗位高、无棒株数、结实率、单根生物量、籽粒和秸秆含氮量、籽粒和秸秆含水量、小区籽粒和秸秆吸氮量、养分效率（NUE）、氮养分吸收效率（NupE）。

结实率（%）=（1-无棒株数/总株数）×100

养分效率（%）（NUE）= 籽粒产量/施肥量×100

氮养分吸收效率（%）（NupE）= 地上部总吸氮量/施肥量×100

土壤：根据五点混合法采集玉米收获时的 0~20cm 土壤，测定土壤的 pH 值、电导率、有机质（方法参考 NY/T 1121.6—2006）、全量氮（方法参考 LY/T 1228—2015）、全量磷（方法参考 LY/T 1232—2015）、全量钾（方法参考 LY/T 1234—2015）、速效氮（方法参考 LY/T 1228—2015）、速效磷（方法参考 LY/T 1232—2015）、速效钾（方法参考 LY/T 1234—2015）、全盐（方法参考 LY/T 1251—1999）。

2. 结果分析

（1）不同施肥处理对植物生长状况的影响。从产量上来看，各施肥处理间虽没有显著差异，但是 T4 处理的平均产量最大，为 371.62kg/亩，相较于 T1 处理增产10.2%。各施肥的穗长、穗粗、秃尖长、秃尖长占比均没有显著差异，但是 T4 处理的穗更长、更粗，秃尖比例也更低。且 T4 处理的穗位高最大，更有利于其进行光合作用，但也有在大风天气易倒伏的可能。从结实率来看，T3 处理的结实率最大，但各施肥处理间并没有显著差异。T4 处理的根生物量和籽粒含氮量最大。T4 处理的氮肥养分效率和养分吸收效率最大。从综合来看，T4 处理在产量、穗长、穗粗、穗位高、结实率、籽粒含氮量上均表现优于其他处理（表 5-22）。

表 5-22　不同施肥处理的植物生长指标

测试指标		T1	T2	T3	T4
风干产量（kg/亩）	均值	337.11	331.78	345.31	371.62
	极小值	296.35	315.63	241.67	325.52
	极大值	417.71	359.90	407.29	398.96
穗长（cm）	均值	20.5	20.3	20.7	20.9
	极小值	19.2	19.1	19.0	19.6
	极大值	21.8	21.4	22.8	22.4
穗粗（mm）	均值	49.31	49.88	50.36	50.69
	极小值	48.62	47.85	49.39	49.83
	极大值	50.60	50.98	50.81	51.83
秃尖长（cm）	均值	2.0	2.1	2.0	2.0
	极小值	1.2	1.5	0.8	1.7
	极大值	2.7	2.8	3.1	2.2
秃尖长占比（%）	均值	10.0	10.4	9.8	9.5
	极小值	5.6	7.4	3.7	7.8
	极大值	14.2	14.5	16.5	11.4
穗位高（cm）	均值	88.9	90.0	89.4	97.2
	极小值	83.7	80.2	70.2	93.7
	极大值	98.6	100.7	98.6	104.0
无棒株数（株/亩）	均值	90	70	28	63
	极小值	56	0	0	28
	极大值	111	139	56	83
结实率（%）	均值	98.26	98.68	99.50	98.84
	极小值	97.62	97.24	98.94	98.36
	极大值	99.02	100.00	100.00	99.49

（续表）

测试指标		T1	T2	T3	T4
单根生物量（g）	均值	22.32	22.27	22.97	26.29
	极小值	17.80	16.32	18.68	18.56
	极大值	26.50	33.72	26.38	35.22
籽粒含水量（%）	均值	27.27	27.29	25.94	28.35
	极小值	24.90	22.22	24.93	25.31
	极大值	29.61	30.45	28.37	31.19
秸秆含水量（%）	均值	31.71	35.38	44.89	37.22
	极小值	29.44	22.11	34.91	23.99
	极大值	33.85	58.38	56.06	52.44
籽粒含氮量（g/kg）	均值	7.26	7.45	6.80	7.59
	极小值	6.64	5.98	6.05	6.83
	极大值	8.12	9.10	7.48	8.17
秸秆含氮量（g/kg）	均值	13.95	13.93	13.55	13.90
	极小值	13.50	13.70	13.20	13.60
	极大值	14.60	14.20	14.00	14.40
小区秸秆吸氮量（g）	均值	1 015.92	982.64	863.17	1 074.55
	极小值	855.65	535.18	548.45	875.66
	极大值	1 281.47	1 213.18	1 036.19	1 217.87
小区籽粒吸氮量（g）	均值	202.17	202.91	196.41	233.92
	极小值	171.71	169.12	120.71	183.56
	极大值	260.71	237.13	251.52	264.54
氮肥养分效率（NUE）	均值	—	13.27	13.81	14.86
	极小值	—	12.63	9.67	13.02
	极大值	—	14.40	16.29	15.96
氮肥养分吸收效率（NupE）	均值	—	0.49	0.44	0.55
	极小值	—	0.30	0.28	0.46
	极大值	—	0.60	0.52	0.62

（2）不同施肥处理对土壤理化性质的影响。各施肥处理下的土壤 pH 值均大于 7.5，而最适宜玉米生长的 pH 值为 6.5~7.5，所以，从施肥降低土壤酸碱度而利于玉米生长的角度来看，相较于 T1 处理，其他处理均降低了土壤的 pH 值，其中 T4 处理的 pH 值最低。在只施化肥的情况下增施增效剂会升高土壤 pH 值，而在只施无机肥和有机无机配施的情况下则会降低 pH 值（表 5-23）。

表 5-23　不同施肥处理的土壤理化性质

测试指标		T1	T2	T3	T4
pH 值	均值	8.01	7.91	7.89	7.86
	极小值	7.95	7.87	7.70	7.82
	极大值	8.08	7.95	8.04	7.88
电导率（mS/cm）	均值	0.349	0.590	0.653	0.443
	极小值	0.296	0.314	0.300	0.306
	极大值	0.472	1.260	1.460	0.755
全盐（g/kg）	均值	1.20	1.89	2.07	1.47
	极小值	1.05	1.11	1.09	1.08
	极大值	1.54	3.80	4.38	2.34
有机质（g/kg）	均值	12.7	12.1	14.7	12.5
	极小值	9.7	10.9	12.5	10.1
	极大值	19.0	13.4	16.8	14.4
全量氮（g/kg）	均值	0.91	0.91	1.02	0.90
	极小值	0.77	0.84	0.82	0.78
	极大值	1.24	0.94	1.21	0.99
全量磷（g/kg）	均值	0.35	0.51	0.55	0.46
	极小值	0.07	0.38	0.43	0.38
	极大值	0.49	0.56	0.74	0.49
全量钾（g/kg）	均值	19.1	18.7	18.1	19.2
	极小值	17.8	18.0	17.2	18.9
	极大值	20.2	19.0	18.9	19.6
速效氮（mg/kg）	均值	61	75	89	68
	极小值	42	57	60	58
	极大值	83	108	137	77
速效磷（mg/kg）	均值	29.8	22.3	37.1	23.5
	极小值	15.2	9.6	14.8	10.4
	极大值	69.4	32.2	54.6	30.8
速效钾（mg/kg）	均值	209	221	234	196
	极小值	152	158	145	140
	极大值	298	258	310	252

3. 结论

基肥增加固体养分增效剂处理能使玉米增产 10.2%。虽然各施肥的穗长、穗粗、秃尖长、秃尖长占比均没有显著差异，但是添加增效剂的穗更长、更粗，秃尖比例也更低，且其穗位高最大，更有利于其进行光合作用。

第六章 不同类型养殖废弃物资源化利用技术模式

第一节 规模化蛋鸡养殖废弃物资源化高值化利用技术模式

一、技术模式

以规模化蛋鸡养殖为产业主导，带动种植业经济作物、饲料作物综合发展，建立起养殖粪污—有机肥—改土培肥—饲草料（籽粒玉米、青贮玉米）生产—蛋鸡健康养殖的生态循环农业模式。生产的生物有机肥（水）除满足饲料基地种植需要外，以商品有机肥、沼液复合微生物肥形式销售农用，实现种养一体化循环（图6-1）。

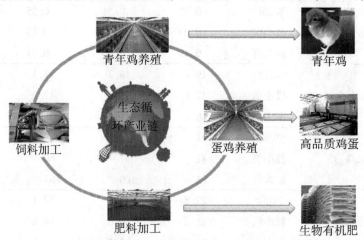

图6-1 顺宝农业生态循环产业链示意图

二、工艺流程

本技术模式其工艺流程是在鸡场采用全自动清粪系统，将鸡粪收集后，以封闭中央输粪系统输送到集污池进行预处理，然后进入均质池除沙搅拌，经过搅拌均匀后，进行固液分离，1mm以上部分经过传送带输送至发酵场，进行封闭式槽式好氧发酵，生产有机肥、生物有机肥产品；液体部分经匀浆、除沙、预热等预处理后，再全部进入厌氧发酵系统（UASB），形成沼气、沼液、沼渣，沼气通过脱硫脱水后作为锅炉燃料和发电，沼液和沼渣经蜗螺式固液分离后，沼液经过多级浓缩处理，加工成生物液体有机肥，沼渣和固液分离固体部分混合，经好氧发酵，加工成生物固体有机肥（图6-2）。

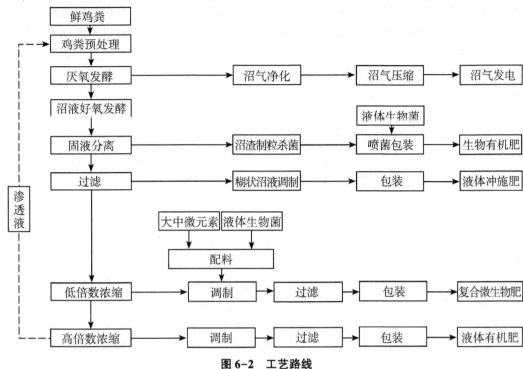

图6-2　工艺路线

宁夏顺宝现代农业股份有限公司位于宁夏青铜峡市邵岗镇境内，是区内少数挂牌新三板的农业公司，拥有农业种植、设施农业、工业及商业用地2 000多亩。顺宝农业在中国首创"全产业链规模化蛋鸡养殖模式"，是集饲料加工、雏鸡养殖、蛋鸡养殖、鸡肉加工、鸡粪加工高品质液体生物有机肥及特色果蔬种植为一体的全产业链现代化农业企业，目前蛋鸡存栏100万羽。

以宁夏顺宝现代农业股份有限公司为代表的蛋鸡规模化养殖种养一体化生态循环农业模式，是国内大型蛋鸡规模养殖场鸡粪资源化利用成功的技术模式典范。鸡场采用上流式厌氧污泥床（UASB）沼气工程发酵技术，使粪便无害化肥料化、能源化利用；粪污经密闭式中央输送带传输，经厌氧发酵后，形成沼气发电，用于厂区日常用电；沼液经过浓缩后制造沼液复合微生物肥，商品出售；沼渣经过好氧发酵后制作生物有机肥；死鸡、羽毛酸碱水解后经生物菌催化生产氨基酸肥，建立起养殖废弃物—固液体有机肥料—改土培肥—饲草料（籽粒玉米、青贮玉米）生产—蛋鸡健康养殖的生态循环农业模式，实现养殖废弃物资源化综合利用。生产的生物有机肥（水）除满足饲料基地种植需要外，以商品有机肥、沼液复合微生物肥形式销售农用，实现种养一体化循环。

三、主要技术单元

1. 传送带干清粪

传送带清粪系统由控制器、电机、传送带等组成，一般用于叠层笼养的清粪，部分阶梯笼养也采用这种清粪方式。蛋鸡全部为密闭式鸡舍养殖，笼位采用层叠式立体笼养，每层鸡笼安装一套纵向清粪履带，每栋鸡舍配置横向清粪履带一条；纵向履带将鸡粪传送至鸡舍后横向端履带，再经地下暗道送至肥料预处理中心。履带清粪动力和控制系统都在鸡舍后端，便于操控和维护。传送带清粪方式具有粪便收集方便彻底、残留少、所收集的粪便干燥、鸡舍内有害气体浓度低、清粪过程噪音低、清粪工作效率高等众多优点，同时，由于所收集的粪便含水量低，显著地降低了后续处理难度。

2. 固液分离

固液分离采取多级分离技术，先进行离心分离，除去部分固体不溶物，然后静置沉降分离，再进行多级浓缩分离，除去大部分悬浮物（SS）。固体部分进入好氧堆肥系统，液体部分进入液体生物肥制作系统。

3. 厌氧发酵工艺

鸡粪在均质池除沙，调整合适碳氮比和浓度后，进入 UASB 厌氧发酵体系，通过严格控制进水水质，优化布水系统和分离系统，在反应器内部设置循环流提高产气量。主要原理为：废水通过进水分配系统进入反应器的底部，并向上流过絮状或颗粒状厌氧污泥床（生物浓度：60~70g/L）。溶解性 COD 被很快转化为富含甲烷的沼气，产生的沼气引起污泥床扰动并带动部分污泥上浮与上向流水一起形成上向流（图 6-3）。污泥颗粒上升撞击到脱气挡板的底部，这引起附着气泡的释放。自由气体和从污泥颗粒设防的气体被收集排出反应器。沉淀区可以进行有效的脱气，密实的颗粒污泥微粒脱离附着气泡而沉入污泥层。UASB 反应器内持有高浓度的活性生物，从而保证了反应器的高容积负荷 [10~15kg COD/（m³·d）]，即短的水力停留时间（大多数 HRT 小于 48h）。UASB 工艺的启动和运行取决于在反应器内培养形成的密实的颗粒污泥（1~4mm）。

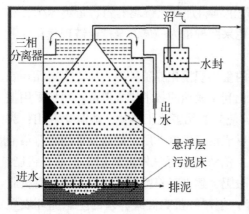

图 6-3　厌氧 UASB 反应器示意图与实物图

沼气池容量为 12 000m³，池底铺设专用防渗地膜防止污水渗漏，经过科学设计池体，铺设出水管道、排渣管道，达到了自动水渣分离的效果。沼气池建造在空地上，呈倒梯形，深度约 6m。由于沼气池池底比较大，污水进去以后，沼渣沉在底部，沼液在中间层，沼气在上层。排渣管道建设在底部，排水管道在中间，排气管道在上方。排渣时，不需要额外动力，完全利用自身池内压力将池底的沼渣从排渣管道压出，沼液从沼液管道排出，沼气从沼气集气管道排出，实现了气、水、渣的自动分离。污水在沼气池停留30d以上，发酵效果好，沼渣少，基本上每3~6个月才需排渣一次。

该系统处理后所排放的液体水，化学需氧量（COD）可降低到50~80mg/L，生化需氧量（BOD）降低到40~50mg/L，氨氮（NH_4^+-N）为5~25mg/L，悬浮物（SS）为60~80mg/L，远远低于畜禽养殖业污染物排放标准。

4. 沼渣堆肥发酵制肥

现代化堆肥厂采用的各种各样的发酵装置和堆肥系统都有共同的特征，就是以工艺要求为出发点，使发酵设备具有改善、促进微生物新陈代谢的功能，最终达到缩短发酵周期，提高发酵速率、提高生产效率、实现机械化大生产的目的，达到所要求的堆肥产品的质量标准。经过处理后的畜禽粪便被地下传送带输送到发酵车间，发酵过程控制在适当的条件下，畜禽粪完全发酵腐熟后物料达到无害化的结果。通过后续处理设备对堆肥作更细致的筛除，除去杂质，或可根据需求可采用二次功能菌接种、烘干造粒、添加化肥等措施，制成高效生物有机肥、有机无机复合肥、复合微生物菌肥等产品。工艺流程详见图6-4。

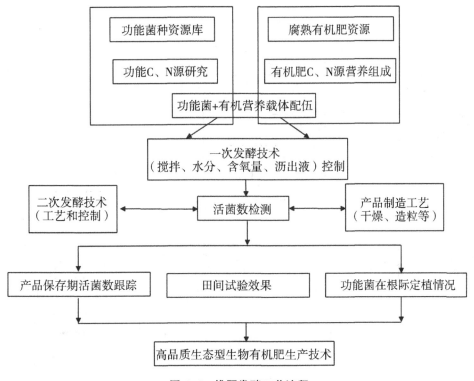

图6-4　堆肥发酵工艺流程

5. 沼液浓缩制肥

采用超滤膜、纳滤膜结合反渗透膜技术，对厌氧发酵沼液进行了浓缩，浓缩工艺见图6-7。浓缩倍数5~10倍，浓缩出水指标可达COD≤100mg/L，氨氮≤30mg/L，总

图 6-5　槽式好氧发酵工艺

图 6-6　功能菌扩繁工艺

磷≤3mg/L，可以达到《畜禽养殖业污染物排放标准》的要求。以沼液浓缩液为基础母液，根据特色作物养分需求和土壤养分供给，结合作物不同剩余阶段养分需求，通过营养形态筛选、酸碱调控、高效配伍及稳定剂添加等过程，研发符合不同特色作物专用型、定制型系列肥料产品。详细制肥工艺流程如图 6-7 所示。生产线及产品见图 6-8 至图 6-11。

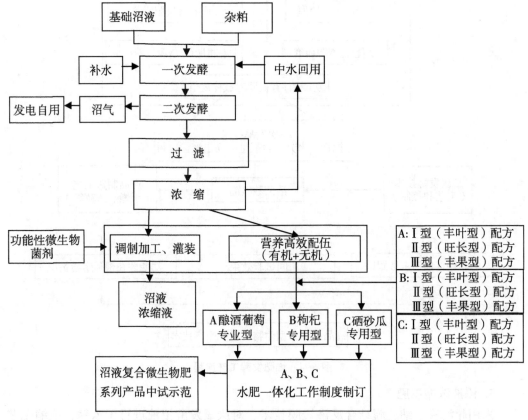

图 6-7　专用型沼液复合微生物肥制造工艺流程

图6-8　浓缩生产线

图6-9　不同浓缩倍数沼液

图6-10　固体肥料产品

图6-11　系列液体肥料产品

6. 沼气发电

沼气发电项目日处理鸡粪100t，日产沼气6 000m³，日发电并网1.2万kW，年并网发电432万kW，热电联供机且余热相当于6 000t标准煤，年减少二氧化碳（CO_2）气体排放2.06万t；年获125万元减排效益，环境效益十分显著。沼气除发电外，可以供沼气锅炉使用，余热可以循环均质池利用。

四、效益分析

1. 经济效益

按100万羽产蛋鸡养殖为标准单元（配套30万羽青年蛋鸡养殖）可产生1 200m³的沼气生产系统年加工4.4万t鸡粪，可生产3万t液体和1万t固体商品生物有机肥，生产沼气400万m³用于发电600万kW·h，所发电全部用于蛋鸡养殖环节用电。有机肥料加工沼气发电可创造收入1.3亿元，其中，固体生物有机肥1 250万元；普通液体生物有机肥2 500万元；高级液体生物有机肥9 000万元；沼气发电250万元。

2. 社会环境效益

通过该模式的创建于实施，推进规模化养殖企业畜禽粪便等有机废弃物通过有益微生物的处理转变成活性有机肥及复合微生物肥料，使之无害化、资源化，不仅延长了企业产业链，提高了企业经济效益，同时可以将种植业、养殖业和农业相关的其他行业联成一个有机整体，从农业系统学的角度来研究农业废弃物的处理与利用问题，不仅可提高资源利用效率，变废为宝，节约自然资源，解决饲料、肥源、能源问题，增加农副产品的价值，而且可减轻环境处理负荷，全面消除废弃物的直接污染，保护农业农村生态环境。同时还强化了生态系统中还原者的作用，以较低的物能消耗，取得最佳的生态、经济、社会效益，促进农业生态的良性循环和可持续发展，达到经济、环境、能源、生态的和谐统一。

五、适用范围

该模式适用于自有饲料基地或流转土地承载量与畜禽量相适应的规模养殖场，养殖场内部要有足够空间配套修建无害化处理设施及沼液、粪便储存空间，周边有足够的土地进行消纳；或养殖场周边农田广阔，可就地、就近消纳生物有机肥（水）的地区；生产的商品生物有机肥料可远途销售用于果树、蔬菜、林业、牧草等规模化种植，减少化肥施用量，同时可以防止环境和土壤污染。该工程一次性投入较大，在实施时需要地方政府、财政项目给予支持和补贴。这种模式基本不受地域、气候的限制。

第二节 规模化奶牛养殖废弃物资源化高值化利用技术模式

一、技术模式

以规模化奶牛养殖为产业主导，带动种植业经济作物、饲料作物综合发展，建立生态农业种养一体化示范基地，合理布局种养结构，带动区域种养结合，以提高资源利用效率和实现区域农业废弃物"零排放和全消纳"目标。

（一）本地化

立足于当地气候、资源、种养习惯及市场需求特点，并结合相关实用的技术、装备配套，合理布局种养殖结构，构建具有地方特色种养循环体系。养殖场粪污集中收集，雨污分流，固液分离；种植基地发挥地方优势，主要以青贮玉米种植、苜蓿、燕麦等牧草为主，玉米全部用来加工青贮饲料，周边农户作物秸秆等与固体粪便混合用来加工有机肥，有机肥全部用于项目区饲草种植。

（二）资源化

无论是养殖环节，还是种植环节，产生的废料及副产品均进行深度处理和再利用。项目区玉米秸秆、苜蓿、燕麦全部用于青贮饲料，其他作物秸秆与养殖粪便用于加工有机肥，全部用于项目区域内化肥养分替代；养殖粪污处理设施后部分用于挤奶厅冲洗水循环利用，部分用于养殖场区绿化灌溉用水，部分肥水用于饲草基地还田利用。收集起来的奶牛粪便全部用于加工有机肥，有机肥全部用于饲草种植的化肥养分替代。提升完善"种—养—加"循环链条，实现种养产物资源化充分再利用。在资源化的同时，养殖、种植过程中产生的肥水、秸秆等进行合理处理与利用设计，最大限度地减少污染负荷。

（三）高效化

生态循环农业链条中各环节关键工程与技术装备的配置，均考虑到现代化、规模化、实用化的需要，充分结合现有区域条件进行改造设计，完善企业产业链条，促进农业产业循环体系按照市场规律有序、高效运行，真正实现种养结合，构建区域生态循环农业典型模式。

二、工艺流程

工艺流程上遵循生态理念，以资源化、高效化、本地化为原则，重点开展粪污收集系统改造、粪污处理设施、有机肥加工等畜禽养殖废弃物资源化利用工程，饲料加工等农副资源综合开发工程，田间污水储存池、污水中转池、田间污水管网等污水配送及管网工程，农田土地平整、农林田间生产道路、生态田埂建设，促进区域农业生产废弃物生态消纳和循环利用、种植业与养殖业相互融合。本工艺流程的实现彻底转变农业生产方式，提升农业综合生产能力，改善生态环境效益。

以宁夏骏华农牧科技有限公司万头奶牛养殖场为例，综合运用上述工艺，把奶牛养殖基地产生的粪污，经固液分离后，液体部分通过管网进入粪污处理设施系统，处理后用于挤奶厅循环冲洗水、养殖园区草坪等中水灌溉以及通过污水配送及输送管网用于种植基地灌溉肥水；固体粪便和农作物秸秆等用于生产加工有机肥，全部应用于饲草种植基地；种植基地生产的玉米、苜蓿、燕麦为养殖基地提供青贮饲料；形成"养殖基地—废弃物固液分离收集—肥料（有机肥和污水）—种植基地—饲料加工—养殖基地"的种养结合的循环系统（图6-12）。

三、主要技术单元

（一）粪便收集工艺

针对传统奶牛养殖场采用养殖圈舍卧床硬化、过道保持原土的方式，这种方式不利于粪便的收集，直接影响奶牛养殖圈舍环境，造成粪便不分、雨污混合等现象，污水产生量大、环境负荷和废弃物处理费用高等问题，采用"过道硬化—雨污固液两分离"技术对粪污进行高效分类收集处理，即改水冲为机械干清粪、改无限用水为控制用水、改明沟排污为暗管排污，固液分离、雨污分离。通过机械铲车把圈舍奶牛粪便集中到固定的堆粪棚，通过管道进入干湿分离系统进行固液分离，固体粪便用于生产有机肥，尿液、污水进入粪污处理设施系统（图6-13）。

（二）粪污处理设施工艺

粪污处理设施工艺见图6-14。

1. 沉砂池

2. 厌氧池

污水的厌氧生物处理技术即为在厌氧状态下，利用厌氧性微生物的代谢特性，在无

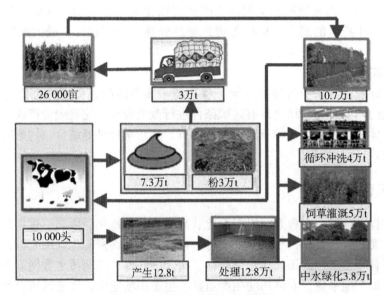

图 6-12　区域生态循环农业模式

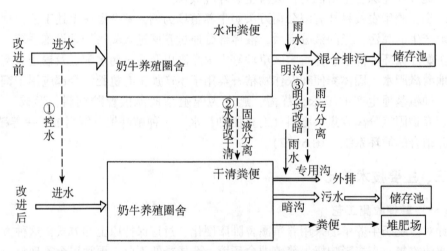

图 6-13　养殖场粪污收集系统改造工艺路线

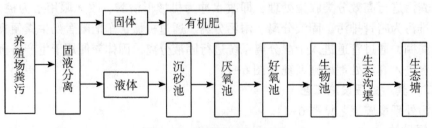

图 6-14　粪污处理设施工艺

需提供外源能量的条件下，污水中的有机物被厌氧细菌分解、代谢、消化，使得污水中的有机物含量大幅减少，同时产生沼气的一种高效的污水处理方式。厌氧处理作为生物处理的一个重要形式，对高浓度污水有较好的降解作用。奶牛养殖污水的厌氧生物处理工艺具有以下主要优点。

大量降低能耗，而且还可以回收生物能（沼气）。厌氧生物处理工艺中设有为微生物提供氧气的鼓风曝气装置，可以降低大量的能耗。在大量去除有机物的同时，厌氧处理工艺还会伴有大量沼气产生。而沼气中的甲烷直接用于锅炉燃烧或发电。

污泥产量很低。由于污水中大部分有机污染物在厌氧生物处理过程中被转化为沼气——甲烷和二氧化碳，而用于细胞合成的有机物相对较少；同时，微生物增殖速率好氧工艺要比厌氧高很多，产酸菌的产率为 0.15~0.34kg VSS/kg COD，产甲烷菌的产率为 0.03kg VSS/kg COD 左右，而好氧微生物的产率为 0.25~0.6kg VSS/kg COD。

厌氧可以对好氧微生物不能降解的一些有机物进行降解或部分降解。因此，对于污水中含有难降解有机物质时，利用厌氧工艺进行处理后的效果更好一些，也可以将厌氧工艺作为提高污水可生化性预处理工艺，为后续好氧处理工艺处理效果提供基础（图6-15）。

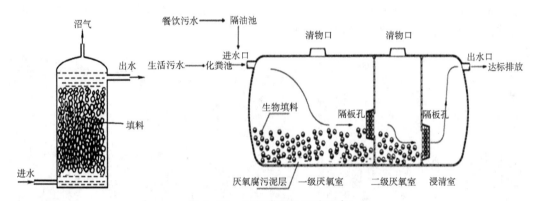

图 6-15　厌氧粪污处理池示意

3. 好氧池

废水处理中好氧池的作用是让活性污泥进行有氧呼吸，进一步把有机物分解成无机物，去除污染物的功能。运行好坏关键是要控制好含氧量及微生物所需最佳条件，才能促进微生物有氧呼吸最大效益化。

好氧生物处理的反应速度快，所需的反应时间短，故处理构筑物容积较小，且处理过程中散发的臭气较少。目前对中低浓度的有机污水基本上采用好氧生物处理的方法。影响好氧生物处理的因素主要包括营养物质、温度、pH值、溶解氧、有毒物质等。营养物质主要指碳氮磷等，一般碳氮磷三种元素的比例要求为 100：5：1；一般好氧生物处理在 15~40℃运行，温度过高或过低，都会使微生物代谢活动降低，从而影响运行效率和处理效果；pH值一般为 6.5~9，当反应器 pH值偏离此范围时，对微生物的生长造成不利影响，反应器不能正常运转；好氧微生物的正常生长与水溶解氧含量密切相关，在好氧反应器中，溶解氧一般为 2~4mg/L；有毒物质主要指重金属及其化合物、酚、氰等物质，微生物对有毒物质有一定的承受范围（图6-16）。

图 6-16 好氧生物处理池实物图

4. 生物池

生物池主要种植狐尾藻，通过狐尾藻对有机污水进行净化。狐尾藻别名轮叶狐尾藻，属多年生粗壮沉水草本，多年生挺水或沉水草本植物，不仅能吸收水中的氮、磷等物质，净化水体，抑制蓝藻暴发，同时也具观赏性（图 6-17）。

图 6-17 生物池——狐尾藻实物图

5. 生态沟渠

生态沟渠在污水处理过程中的功能是，在不影响农田沟渠正常的灌、排水功能前提下，充分利用现有的农田沟渠空间，合理配置水生植物群落，根据高程适当配置水位调节闸门，延长沟渠内的水力滞留时间，提升沟渠的生态功能，拦截农田排水中的有机物、悬浮物、氮、磷等污染物含量，并尽可能地实现一定的经济效益。

其工艺流程是，农田排水生态沟渠净化技术，包括泥沙沉淀池、水生经济作物等净水功能单元。通过沉淀池的拦截作用，去除农田尾水中的悬浮物含量；然后通过种植水生经济作物，增加沟渠生物量，强化水生经济作物的吸收和微生物的作用，降低农田排水中的 N、P 含量，从而实现农田排水的 N、P 拦截并完成水流向多塘系统的输送（图 6-18）。

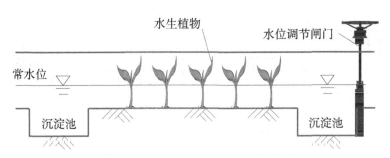

图6-18 生态沟渠横剖面示意

6. 生态塘

生态塘是在不占用耕地资源的前提下，整理、利用农田区域现有废弃池塘及低涝洼地，形成多级串联的植物篱、生态沟和湿地净化系统，强化其生态功能，有效调控、净化区域面源污水。

生态塘处理污水的基本原理是，兼性塘一般深1.0~2.0m，在塘的上层，阳光能够照射透入的部位，为好氧区，其所产生的各项指标的变化和生化反应与好氧塘相同，由好氧异养微生物对有机物进行氧化分解，藻类的光合作用旺盛，释放大量的氧。在塘的底部，由沉淀的污泥、衰死的藻类和菌类形成污泥区，在这层里由于缺氧，所以进行由厌氧微生物起主导作用的厌氧发酵，从而称为厌氧层。好氧层与厌氧层之间，存在着一个兼性层，在这层中溶解氧量很低，而且时有时无，一般在白昼有溶解氧存在，而在夜间又处于厌氧状态，在这层里存活的是兼性微生物，这一类微生物既能够利用水中游离的分子氧，也能够在厌氧条件下，从NO_3^-或CO_3^{2-}中摄取氧。兼性塘的净化功能模式如图6-19所示。

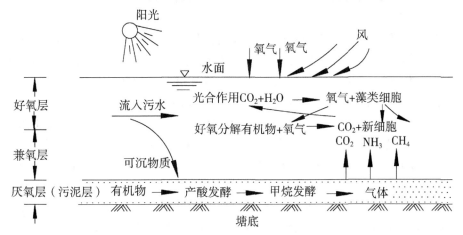

图6-19 生态塘工作原理示意

（三）有机肥加工工艺

有机肥生产工艺路线见图6-20。

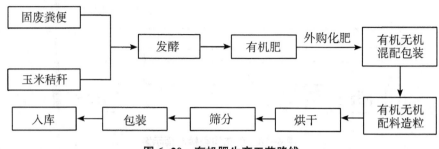

图 6-20　有机肥生产工艺路线

（四）污水配送及管网工艺

污水配送及管网工艺见图 6-21。

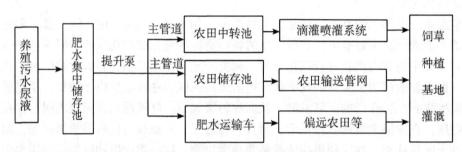

图 6-21　污水配送及田间管网工艺路线

（五）有机肥还田与青贮玉米水肥一体化高产种植技术

1. 研究方法

建立槽式发酵体系，奶牛粪稀、干粉碎秸秆及腐殖酸铵按照 72%、8%、20% 掺混，保持水分 50%~60%，每吨原料接种 "好人缘" 发酵菌剂 1kg，装载机铺入发酵槽，温度升到 65℃ 维持 3d 翻倒，重复三次约 20d 完成好氧发酵过程；清槽，过筛，采用 6m 高大堆陈化 45d，测定各项理化指标；达标成品计量装袋，用于生产。

试验设计：采用多因素单水平田间试验，研究奶牛粪及其发酵产物在田间的应用效果；共设 5 个处理，一是 CK（只滴水）；二是 CK1＋48kg/亩水溶肥；三是奶牛生粪 1 000t/亩＋48kg/亩水溶肥；四是奶牛粪发酵有机肥 500t/亩＋48kg/亩水溶肥；五是奶牛粪发酵生物有机肥 500t/亩＋48kg/亩水溶肥。

各类粪肥全部基施，播前撒施，翻耕；生育期全程滴灌 14 次，并采用水肥一体化形式追肥 7 次，追施大量元素水溶肥 48kg/亩。播前药剂封闭除草，5 叶期药剂喷施除草；宽窄行播种，行距 55 cm，株距 20cm，理论株数 6 060 株/亩，收获株数 5 700 株/亩。

供试作物：玉米；绿博 6 号；

供试土壤：新积土。

2. 结果与分析（表6-1、表6-2）

表6-1 不同施肥量下玉米穗部发育特征

处理	穗行数	行粒数	穗粒数	穗长（cm）	穗粗（mm）	秃尖长（cm）	百粒重（g）
CK	18.00	29.67	514.67	17.17	52.21	1.67	22.05
CK1	18.00	31.00	513.00	20.17	53.20	2.17	34.09
生牛粪	18.00	40.33	603.33	19.33	54.03	1.27	30.92
有机肥	17.33	36.72	610.56	19.42	52.37	1.46	33.51
生物有机肥	18.00	36.93	651.93	19.70	53.30	1.38	32.91

表6-2 不同施肥量下玉米生长发育及产量

处理	株高（cm）	穗位（cm）	地上部总鲜重（kg/亩）	籽粒总鲜重（kg/亩）	籽粒含水率（%）	14%水产量（kg/亩）
CK	2.64	1.02	2 878.50	820.80	26.90	737.36
CK1	3.79	1.33	4 959.00	1 276.80	28.00	1 137.15
生牛粪	3.81	1.67	5 757.00	1 539.00	27.80	1 372.82
有机肥	3.92	1.70	5 035.00	1 499.10	28.68	1 329.46
生物有机肥	3.93	1.70	5 107.20	1 570.92	28.34	1 394.95

3. 主要结论

（1）建立了有机肥基施、大量元素水溶肥追施的全程水肥一体化玉米高产栽培技术模式，实现了试验田青贮产量 5.94t/亩（8月29日），鲜产量最高 1 824kg/亩，折合14%标准水分籽粒产量 1 631kg/亩的超高产记录。

（2）供试土壤连续施用2年生粪基础肥力较好，只滴水时产量可达737kg/亩，单施水溶肥48kg增产54.22%；当季施生牛粪1t追施48kg水溶肥，增产86.18%，相当于1t生牛粪可增产235.67kg/亩，增产32%；发酵后减半改施有机肥及生物有机肥，并追施48kg水溶肥，同样增产80%~89%，无害化处理后，肥效倍增。

（六）青贮饲料制作工艺

将切碎的新鲜玉米秸秆，通过微生物厌氧发酵和化学作用，在密闭无氧条件下制成的一种适口性好，消化率高和营养丰富的饲料，是保证常年均衡供应家畜饲料的有效措施。用青贮方法将秋收后尚保持青绿或部分青绿的玉米秸秆较长期保存下来，可以很好地保存其养分，而且质地变软，具有香味，能增进牛食欲，解决冬春季节饲草的不足。同时，制作青贮料比堆垛同量干草要节省一半占地面积，还有利于防火、防雨、防霉烂及消灭秸秆上的农作物害虫等。

首先是适时收割，其次是"切碎、快储、压实、封严"。

为保证收贮青贮质量，收贮工作的时间仅有20d左右，现场制作有一定局限性，特别是较大规模化牛场，储备量很大，多采用收割机方式，部分青贮玉米利用收割机收割在田间将秸秆切碎，用专用车将切碎的青饲运到青贮窖，部分青贮玉米现场粉碎制作青贮，两种方式共同使用。

青贮饲料制作技术工艺如下。

（1）制作青贮的玉米最适宜的收割期为乳熟后期至蜡熟前期；入池时原料的水分控制在65%左右为最佳，水分过高过低都会影响青贮的品质。青贮原料应含一定的可溶性糖：最低含量应达2%，当青贮原料含糖量不足时，掺入含糖量较高的青绿饲料或添加适量淀粉、糖蜜等。

（2）原料在青贮前，切碎至1.5～2cm。往青贮池中装料，边往池中填料，边用装载机或链轨推土机层层压实，时间一般不超过3d。对于容积大的青贮池，在制作时可分段装料、分段封池。应用防老化的双层塑料布覆盖密封，密封程度以不漏气不渗水为原则，塑料布表面用砖土覆盖压实。在青贮的贮藏期，经常检查塑料布的密封情况，有破损的地方及时进行修补。青贮饲料一般在制作45d后可以使用。密封完好的青贮饲料，当年使用完毕。

（3）质量鉴定：鉴定在一般生产条件下，闻、看青贮料的气味、颜色与质地，就能评定其品质的好坏。正常的青贮料有芳香气味，酸味浓，没有霉味。颜色以越近似于原料本色越好。质地松软且略带湿润，茎叶多保持原料状态，清晰可见。若酸味较淡或带有酪酸味、臭味，色泽呈褐色或黑色，质地粘成一团或干燥而粗硬的就属于劣质青贮料了。质量过差、黏结发臭、发霉变黑的青贮料不能喂畜，见表6-3。

表6-3　青贮饲料品质鉴定标准

指标	一级	二级	三级
pH值	3～4	4	小于2
味觉	无酸臭味，酸香可人，有酒香味，果实香或有明显面包香	接触后，在手上残留轻微的酸臭味，或具有较强酸味，芳香味弱	较远距离就能闻到有明显的酸臭味
结构	茎叶结构保存良好	叶子的结构保存较差	茎叶发黏、变质，青贮料因发霉而红一处、白一处
色泽	茎叶与原料相似	茎叶颜色黄绿色或稍微发暗	颜色完全发黑或红白间杂
品质	优，可饲喂	良，可饲喂	劣，不可饲喂
营养价值降低程度	少	中等程度	完全损失

四、效益分析

（一）经济效益

以宁夏骏华万头奶牛养殖场生态循环农业示范区为例，经济效益以养牛产生的粪便和污水进行集中处理后产生的沼液、沼渣和用沼渣制造的有机肥作为消纳农田的肥料代替一部分或大部分化肥的使用来测算。经济效益从以下两个方面考虑，一是有机肥替代化肥节约购买化肥的成本支出，即成本节支；二是有机肥的使用对提高玉米和苜蓿、燕麦的品质有重要作用，是生产绿色农产品和有机农产品的重要措施，对实现农产品质量安全，促进"一特三高"（特色产品、高品质、高端市场、高效益）现代农业发展，促进农业提质增效，实现农产品增值有重要作用，即增加收入。项目建成后达产期年新增销售收入863.00万元，见表6-4。

表6-4　每年增量销售收入

序号	项目名称	单位	数量	单价（元）	小计（万元）	备注
1	青贮玉米	t	63 000	52	327.6	单价为每吨青贮玉米增值的金额
2	苜蓿	t	24 000	100	240	单价为每吨苜蓿增值的金额
3	燕麦	t	4 000	160	64	单价为每吨燕麦增值的金额
4	养分替代	t	462.8	5 000	231.4	有机肥养分替代
5	合计				863.00	

（二）社会效益

宁夏骏华万头奶牛养殖场生态循环农业模式的构建，有利于促进宁夏县域大循环体系的构筑和农业可持续发展长效机制的建设，为宁夏建设现代生态循环农业发展体系和农业可持续发展提供示范，有利于从整体上改善农村居民的生活环境，实现示范区域生态农业循环，有效防控面源污染，从而起到带动示范作用，引导区域农业向生态、循环、绿色、无公害农业转变；有利于转变生产方式，推动当地产业结构升级，促进生产清洁、生活文明、生态良好的和谐社会构建和经济社会的可持续发展；有利于延长农业产业链，并利用产品质量安全追溯系统，以及增强产品品牌效益，提高农产品附加值，增加就业岗位，实现农民增收的目的。

（三）环境效益

通过施用有机肥，实施水肥药一体化技术及绿色防控措施，有效减少化肥农药用量，提高地力、保护生态。通过实施畜禽废弃物、秸秆和其他农业废弃物无害化、资源化综合利用工程，建立以产业转型提升和废弃物循环利用为重点的生态循环运行体系，推进产业生态化。水肥药一体化技术的广泛采用，农业生产节水10%以上、农药施用总量减少20%以上，化肥氮施用总量减少30%，畜禽粪污100%得到循环利用，秸秆通过饲料化利用率达到100%，基本实现区域"一控二减两基本"，农民环境保护意识全面提升，区域农业生态环境明显改善，农业可持续发展能力明显增强。

五、适用范围

该类模式适合养殖规模大，配备足额流转土地的奶牛养殖企业。

第三节　规模化肉牛养殖废弃物资源化、高值化利用技术模式

一、技术模式

"区域生态种养循环农业模式"是指畜禽养殖产生的粪便废弃物经无害化处理后生产肥料，提供给农田种植作物。农田种植产生的秸秆提供给畜禽养殖企业加工成饲料解决饲料来源。通过畜禽养殖企业与种植基地紧密结合，形成以减量施用农药化肥、养殖废弃物资源化利用和秸秆综合利用为主的区域生态循环农业模式。同时，对养殖场粪污排放、农田基地土壤养分变化、各种废弃物利用情况进行监测，实施综合养分管理计划。

二、工艺流程

模式中养殖场肉牛养殖产生的粪污废弃物，经发酵腐熟后转变为沼渣沼液及优质有机肥，提供给酿酒葡萄基地和有机水稻基地，在种植基地农田进行消纳；种植基地产出的农作物秸秆等供应给养殖基地，养殖场把秸秆加工调制后饲喂肉牛，变废为宝，提高秸秆的综合利用率。实现了区域"肉牛养殖—粪污无害化处理—有机肥生产—农田消纳—秸秆综合利用"的封闭式生态农业生产循环链。

三、技术要点

模式实施粪便集中处理，主要包括养殖场粪污原地收集贮存设施、固体粪便集中堆肥车间及加工设施，以及粪便转运、处理和污水处理等配套设备。

模式区域废弃物有秸秆、牛粪以及生活污水等废弃物。利用方式和管理为：秸秆和废弃物通过机械粉碎、破茬、深耕和耙压，配合田间堆沤肥区设施，配套粉碎机等设备，培肥地力，推进秸秆肥料利用；养殖场牛粪采用粪车转运—机械搅拌堆肥—堆制腐熟—粉碎—有机肥的固体处理工艺，生活区污水采取污水暂存—收集转运—固液分离—无害化处理—肥水贮存—农田综合利用的污水处理工程，实现污水的资源化利用。

壹泰牧业肉牛养殖场每年产生粪便近 60 000t，干粪多，液体粪少。干粪清理后集中到粪便发酵车间好氧发酵槽，添加微生物腐熟剂和功能菌，通过高效翻抛机供氧和破碎，二次深度发酵方式，生产优质的生态有机肥，产品有粉状生态有机肥和颗粒状生物有机菌肥以及有机无机复混肥等。液体粪便和污水经过 $600m^3$ 全混式厌氧反应器（CSTR 大型沼气工程）厌氧处理，产生的沼气成为颗粒有机肥干燥加热的燃料，沼渣用于生产有机肥，沼液通过二次发酵和过滤浓缩生产沼液有机肥。

（一）沼气的贮存利用

沼气经气水分离器、脱硫净化、计量后进入沼气贮气柜，由分气缸分别输送到发电

机组及养殖园区以及供农户的日常做饭、照明、烧水等用能。

(二) 沼液的处理利用

由沼气发酵池抽出的沼渣沼液经固液分离后清液流入贮液池，沉淀的上清液作为水稻和酿酒葡萄基地的液体肥料。沼渣经固液分离后，人工清理用车辆输送到有机肥加工中心，加工成复合有机肥，也用于水稻和酿酒葡萄基地。

(三) 粉状有机肥生产工艺

粉状有机肥生产的主要原料为肉牛粪便，有机肥生产工艺流程基本包括：有机物料预处理、接种发酵、翻抛增氧、后熟发酵、粉碎、复配与混合、破碎、筛分、计量包装等工艺。对牛粪的水分、粒度、C/N、pH 值做预处理。

(1) 选用宁夏五丰农业科技有限公司腐熟发酵菌种制品，选用菌种的技术指标完全达到大农用微生物菌标准 GB 20287—2006 中的要求。

(2) 将预处理过的原料堆置到发酵槽中发酵，堆体发酵温度控制在 50~60℃，一次发酵保持堆体温度 50℃ 以上并维持 5~10d，到一次发酵结束时含水率应在 36%~45%。

(3) 使用高效翻抛机进行翻抛破碎，通过翻堆操作使堆体内氧气浓度保持在 3% 以上。

(4) 将完成高温发酵的物料取出建堆进行二次发酵，二次发酵堆体发酵温度控制在 40℃ 之内，二次发酵周期 15d 以上。腐熟的堆肥呈现松散的团粒结构，pH 值控制在 5.5~7.5；呼吸速率<200mg/（kg·h）；可溶盐浓度<2.5ms/cm；发芽率指数（GI）>80%。重金属含量不超过国家标准。

(5) 经过完全腐熟的原料添加腐殖酸、尿素、磷酸一铵和氯化钾等原料，混合搅拌均匀，使产品达到 NY 525—2012 有机肥的质量标准。可以做颗粒有机肥的原料，也可以经过破碎、筛分、计量包装后直接出售。

(四) 颗粒有机肥生产工艺

颗粒有机肥生产工艺流程基本包括：有机物料、黏结剂、氮磷钾配料复配与混合、造粒、烘干、冷却、筛分、包膜和计量包装等几个工艺。

(1) 复配与混合。根据配方将氮、磷、黏结剂及发酵好的粪便物料进行电脑配比搅拌，输送至造粒机进行造粒。有机与无机原料的配方按不同系列产品进行混合，在搅拌机内充分混匀。

(2) 造粒。由于牛粪颗粒有机肥料的生产，以有机质为主，纤维素多、成形条件差，因此采用成球率高的滚筒造粒和成型率高、强度好的圆盘造粒相结合工艺，产量高、返料低，单位成本低。

(3) 烘干。有机肥烘干机整个过程在封闭系统内进行，从而减少干燥过程中对环境的污染。造粒后的湿料加入干燥机后，在滚筒内均布的抄板器翻动下，物料在干燥机内均匀分散与热空气充分接触，加快了干燥传热、传质。在干燥过程中，物料在带有倾斜度的抄板和热气质的作用下，至干燥机另一端星形卸料阀排出成品。由于大部分热风可循环利用，热效率高。热源采用煤气发生炉式热风炉供热。

(4) 冷却。烘干的物料经皮带输送机、送入冷却机内进行冷却，冷却过程主要是用风机将自然空气经管道送入冷却机中对物料进行冷却，冷却机内风向为逆流、经风机、管道抽进沉降室的尾气与烘干尾气一样进行处理排入大气。

（5）筛分、包膜和包装。冷却后的物料进入筛分机，经过一次筛分，二次筛分后，大颗粒物料经粉碎后与筛出的粉料一起进入返料皮带输送至造粒机实行再造粒。成品进入包膜机包膜后进入自动包装系统进行包装。

四、适用范围

该模式适宜贺兰山东麓葡萄产业带、紧邻闽宁镇的有机水稻和青贮玉米种植基地。四周地势平坦，贺兰山洪积扇丘陵地形、土壤干燥、气候温和、降水偏少、日照充沛。闽宁镇地处贺兰山东麓地区，平均海拔 1 106.2m，气候温和，热量资源比较丰富，属中温带干旱气候，年平均气温为 9℃，大于或等于 10℃ 的积温为 3 281.6℃，大于或等于 15℃ 的积温为 2 629.9℃，无霜期为 155d，平均年降水量 193mm。年平均日照时数为 2 995.1h，日照充足，年蒸发量 1 693.8mm。

模式适宜种植作物：水稻、玉米等秸秆类作物。养殖类型：大型反当类家畜。养殖技术规程：严格依照自治区及当地县级标准化养殖技术规程进行。

模式优势：综合利用县域自然资源，以生态循环农业为纽带，把水稻、设施农业、葡萄、牧草、肉牛养殖有机结合起来，形成资源节约和资源环境利用、种养结合的生态循环农业模式。即养殖粪便经过处理后利用过剩废弃物生产有机肥，配套污水处理设施等，通过畜禽粪便和废弃物的资源化利用，实现畜禽粪便和废弃物的资源化利用。

需要注意：有机肥环节设备的先进性及合理性根本上影响各个环节的串联，影响优质有机肥的生产，影响施肥作物的养分。

五、典型案例

2015 年 7 月，宁夏壹泰牧业公司牵头承担原农业部第一批农业综合开发区域生态循环经济专项项目《宁夏银川市永宁县闽宁镇种养生态循环农业示范项目》，为顺利运行生态循环农业示范项目，促进公司产业链延伸。投资注册全资子公司宁夏壹泰丰生态肥业有限公司（壹泰牧业生态有机肥厂）。

（一）养殖基地情况

宁夏壹泰牧业有限公司根据中央、宁夏回族自治区政府关于加强农产品市场流通体系建设及基础设施配套完善的政策要求和产业导向，紧密联系宁夏畜牧业发展实际，针对宁夏畜产品市场建设的总体规划和畜牧业发展的客观要求，立足于当地的资源优势、产业优势，为了充分发挥公司多年从事奶牛和高端肉牛产业的运营优势和行业领先的资本优势及在畜牧业发展中的示范带动作用，在永宁县政府的支持下，投资建设闽宁镇原隆村标准化万头肉牛养殖基地。基地占地面积 476 亩，现已建成标准化基础母牛舍 104 000m²，青贮池 48 000m³，办公、培训及生活管理用房 2 300m²，饲草料库房 2 000m²，饲草草场 20 000m²。现存栏安格斯、西门塔尔基础母牛及育肥肉牛 5 800 头，年出栏肉牛 3 000 头。已成为西北地区内牛养殖业中基础母牛存栏量最多的企业。

（二） 配套设备情况

宁夏壹泰丰生态肥业有限公司（壹泰牧业生态有机肥厂）建成年处理能力60 000t 的槽式好氧发酵车间和后熟处理大棚及堆粪场；生态有机肥厂占地面积12 000m²，建成 7 380m² 的粪便发酵、有机肥和沼液肥加工车间。拥有 2 200m² 粪便预处理和后熟发酵处理大棚。配套年产 30 000t 粉状生态有机肥生产设备 1 套，年产50 000t 自动配料生物有机肥、有机无机复混肥生产线 1 套；车间配备产品检测化验设备，配套叉车 2 辆、铲车 2 台及自卸车 1 辆等物流设备；2017 年新建 600m³ CSTR 厌氧反应器和 200m³ 贮气装置一套（贮气柜），沼液肥加工车间 720m²。配套年产20 000t 沼液二次发酵过滤加工沼液有机肥成套设备 1 套，沼液肥储存加工池 600m³，8t 吸渣车 1 辆。

（三） 生产处理能力

养殖场达到满负荷养殖能力时，每年可产生 60 000t 的粪便和 12 000t 含粪便污水。每年槽式发酵处理 30 000t，堆粪场处理 30 000t，沼气工程处理 12 000t。生产有机肥30 000t，沼液有机肥 10 000t，沼渣 2 000t，年产沼气 110 000m³。

2017 年计划存栏 10 000 头，可达到设计处理能力的 50%，即生产有机肥 15 000t，沼液有机肥 5 000t，沼渣 1 000t。年产沼气 55 000m³。沼气全部作为烘干加热燃料用于生产颗粒有机肥。

（四） 有机肥生产成本、销售价格、经济效益

有机肥厂总投资 1 500 万元，其中粪便无害化处理综合利用生产有机肥总投资1 060 万元。沼气工程总投资 440 万元。产品通过直销和网络代理销售的方式销售，主要用于葡萄酒庄、果树种植基地和蔬菜种植基地。

按照 2017 年壹泰丰生态肥业规划目标，年产各种有机肥 15 000t，实现产值1 000 万元，年运行费用及折旧 900 万元，实现经济效益 100 万元。有机肥厂总投资1 500 万元，其中粪便无害化处理综合利用生产有机肥总投资 1 060 万元。

粉状生态有机肥 6 000t。生产成本 400 元/t，综合成本 152 元/t。出厂销售价格 600元/t。

颗粒生态有机肥、生物有机菌肥 6 000t，平均生产成本 600 元/t，综合成本267 元/t。平均出厂销售价格 867 元/t。

沼液有机肥 3 000t。平均生产成本 200 元/t，综合成本 140 元/t。出厂销售价格 400元/t。

第四节 规模化奶牛肉牛集中养殖园区养殖废弃物资源化利用技术模式

一、技术模式

以宁夏吴忠国家级现代农业园区为例，该园区规划至 2025 年，奶牛、肉羊和肉牛

养殖规模将分别达到 15 万头、10 万头、5 万头，养殖密集度高，养殖类型多，粪污产生量大。受建园初期环保意识淡漠的影响，大部分养殖场固体粪便露天堆存，农民拉运自用，粪尿等液体氧化塘天然蒸发，资源浪费，环境问题突出。

针对宁夏及吴忠市农牧业发展出现的突出问题，以宁夏丰享农业科技发展有限责任公司为基础，建立起了大型养殖园区粪污分散收纳、多头拉运、集中无害化处理和资源化利用的企业化商业化运营中心。公司化运作的核心是通过技术引进、集成和研发，企业投资 1.45 亿元，建设 1 个生物农业创研中心、2 个循环农业产业链提升示范基地（年治理污水 5 万 t；水肥一体化农作物高效种植 5 万亩）、3 个生物农业高新技术产业化建设（年产 1 万 t 微生物菌剂生产线、年产 10 万 t 生态型微生物肥料生产线、年产 5 万 t 微生物饲料生产线），形成区域现代农业产业化集群，助力打造西北地区标准化健康养殖核心区，实现宁夏中部特色农牧业产业可持续发展。

二、工艺流程

以"精准扶贫、产业振兴、绿色环保、生态循环"宗旨，通过关键节点技术突破和产业化，有效解决区域农业产业发展的瓶颈问题。

生物有机肥生产工艺流程见图 6-22。

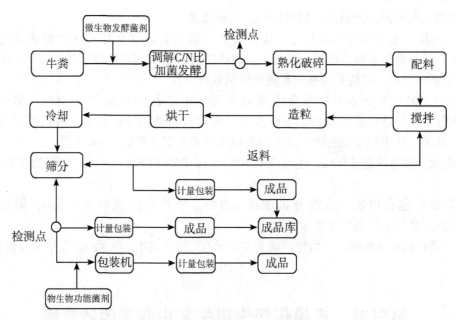

图 6-22　生物有机肥生产工艺流程

三、主要技术单元

（一）有机肥与生物有机肥加工工艺

总建筑面积 16 890m²，包括原辅料堆放车间 2 000m²、发酵车间 1 500m²、熟化车间 3 000m²、二次发酵扩培车间 1 000m²、生物肥车间 3 800m²、环保车间 300m²、成品库房 4 000m²。购置作业车辆、发酵设备、熟化设备、筛分设备、生物有机肥加工设备等，配套建设供水供电、办公用房、消防、道路、绿化等辅助设施。年生产能力 20万 t。

从周边多个养殖场拉运来的鲜牛粪及有机物料先收集到集料场地进行发酵，根据物料水分及营养成分调整 C/N 比（冬季 20∶1、夏季 25∶1）。需粗破物料进入发酵槽中，加入微生物腐熟剂（1kg 腐熟剂 3ι）水分控制在 50% 作业，前 3d 为厌氧发酵，完成除臭升温后转为好氧发酵，2d 翻堆一次。待温度升至 60℃ 以上，1d 翻堆一次至温度降至 30~40℃，发酵基本完成。经检测后可进入熟料库待用。将腐熟的原料添加部分辅料按配方比例进行配料（原料过粗要进行细破），由电子配方料将原辅料按比例输送到混料器搅拌，后输送到选粒桶造粒。然后将选好的粒输送到烘干室烘干至冷却桶冷却。在到筛选成品，不合格的颗粒返回到造粒桶中进行二次选粒。成品经检验合格后可计量包装。按 NY 525—2012 标准执行。

生物有机肥：在有机肥成品中将微生物功能菌剂通过包膜装置将生物菌剂均匀包衣在颗粒有机肥外表，经检测合格后可剂量包装出厂。按 NY 884—2012 标准执行。

（二）污水循环利用工艺

养殖场的废水主要以奶台冲洗水、生活污水等有机物废水为主，BOD5/CODcr = 0.5~0.53，污水具有较好的生化性，但因水质、水量变化较大和有机物浓度较高，如单采用好氧工艺很难使出水的水质达标。同时该废水为挤奶厅废水，废水中含有大量油脂，需要破乳隔离后才能被生化降解。

针对宁夏吴忠国家现代农业科技园区数 10 万头奶牛大规模集中养殖巨量污水产生严重的环境压力，引进国内外最新的资源化程度高、运行成本低、可推广复制的奶牛污水绿色高效资源化综合利用技术成果，并进行集成创新，按照"源头减量、多级净化和末端生态高效利用"的指导原则，通过管道输送形式将周边养殖场污水集中输送到丰享，采用一级新型 HDPE 防渗膜厌氧发酵，沼液进入日光温室地下折流曝气工程进行二级好厌氧混合发酵，之后泵入温室地上折流槽，以液培方式栽培阔叶植物吸收养分进行三级净化，进一步反渗透脱盐，净化水收纳贮存，回灌或用于园林绿化与饲草料种植；一、二、三级净化后的沼液均可以通过营养复配开发满足不同作物的专用有机液肥，从根本上克服传统大型沼气工程投资大、冬季低温期运行效果差、高 COD 沼液量大且难以利用等缺陷，创建养殖污水净化与日光温室周年生产联动的周年连续运行新模式（图 6-23）。

（三）优势特色作物专用肥开发与循环农业产业链提升示范

以宁夏吴忠（孙家滩）国家农业科技园区建设国家级节水型现代农业技术应用先行区、国家级现代设施农业发展引领区、西北地区标准化健康养殖核心区、西北地区农产品交易重要基地及西北地区农业科技与金融结合先行区等为契机，宁夏丰享农业科技发展有限公司通过固体粪便好氧发酵生产有机肥、生物有机肥，液体粪污厌氧多级无害化净化生产液体水溶肥，针对吴忠国家现代农业科技园区 10 万亩精品林果、10 万亩优质饲草、10 万亩设施农业，以及周边 100 万亩压砂西瓜等优势特色作物高品质高产需

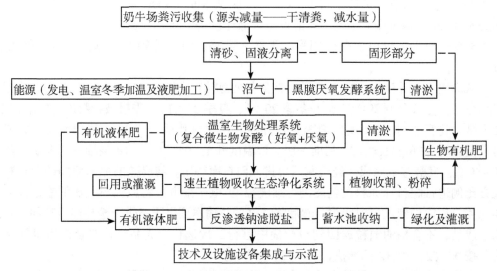

图6-23 奶牛养殖污水多级净化与循环利用模式

求，在有机肥替代化肥的前提下，进一步开发了有机水溶肥、大量元素水溶肥、氨基酸水溶肥、腐殖酸水溶肥等多种新型肥料，大面积采用水肥一体化种植方式，打造国家级现代农业示范样板。

（四）微生物菌剂加工工艺

生物菌剂生产工程 3 455m²，包括芽孢制剂车间 500m²、乳酸酵母制剂车间 500m²、固体发酵车间 800m²、复合制剂车间 500m²、仓储车间 500m²、动力中心（含机修库）200m² 等。购置生物菌剂加工设备、作业车辆等，配套建设供水供电、消防、道路、绿化等辅助设施。

1. 液体发酵产品及工艺流程

采用两级好氧发酵。发酵温度控制为 37℃，压缩空气按照 1:1 通入。发酵液经过离心浓缩，喷雾干燥，包装后制得成品菌粉。浓缩倍数为 5~10 倍，喷干温度控制在进口 200℃，出口 80℃。以不同芽孢菌为母剂和载体进行复配。复合制剂主要包括发酵菌粉的包装，不同菌剂的复配。采用万级净化系统，湿度控制在 40%~45%。其工艺流程如图6-24。

2. 固态发酵产品及工艺流程

采用种子罐配制种子扩大培养基中（接种量为 3%~5%），温度控制在 32~37℃，压缩空气按 1:1 通入，培养 48~60h，繁殖二级种子备用。按照固体发酵培养基配方，在多维混合机配制固体发酵培养基，调节基质含水量在 55%~58%，培养基配制好后送入灭菌罐 128℃灭菌 1.5h，灭完菌后送入流化床冷却至 40℃接种（5%~10%），接完种后送入发酵床（或发酵仓）30℃恒温通气发酵 96h，然后 38℃低温干燥、粉碎包装、入库出售。其工艺流程如图6-25。

（五）生物饲料加工工艺

为了从源头上减少粪污的排放量，提高粪污的质量，建设生物饲料加工厂，总建筑

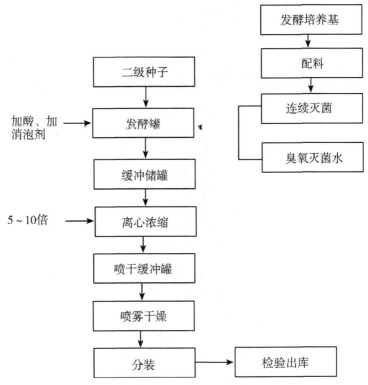

图6-24　液体微生物菌剂发酵产品及工艺流程

面积10 200m²，包括原辅料车间2 000m²、配料车间800m²、发酵车间3 000m²、烘干车间1 000m²、包装车间1 000m²、环保车间300m²、成品存放车间1 500m²及公共动力车间300m²等。购置发酵设备、熟化设备、筛分设备、生物饲料加工设备及作业车辆等；配套建设供水供电、办公用房、消防、道路、绿化等辅助设施。

工艺包括：原料接收和贮存、清理（除杂）、粉碎、配料、混合、制粒、冷却、碎粒、分级、成品包装贮存及销售。

1. 原料清理工艺

原料中细杂影响产品质量。细杂中夹带大量的有害微生物，使产品贮存期缩短，影响产品的货架寿命和产品的外观色泽。细杂太多，会降低物料的整体营养水平和使产品质量不稳定。细杂的摩擦性强，影响设备的使用寿命，尤其是饲料颗粒机的压辊和压模的使用寿命。加强清理工作是加工过程中把好饲料质量的第一关。

2. 粉碎工艺

粉碎工艺中的重要指标是原料粉碎粒度、均匀性和加工的电耗。粉碎工艺涉及产品质量、后续加工工序和饲料加工成本，同时也影响到饲料的内在品质和饲养效果。

3. 配料工艺

配料是饲料加工工艺的核心部分，配料中添加量大小对质量有影响，根据配料量的大小采用不同量程的秤来满足，常用大、中、小三种秤结合；采用人工计量，然后在混

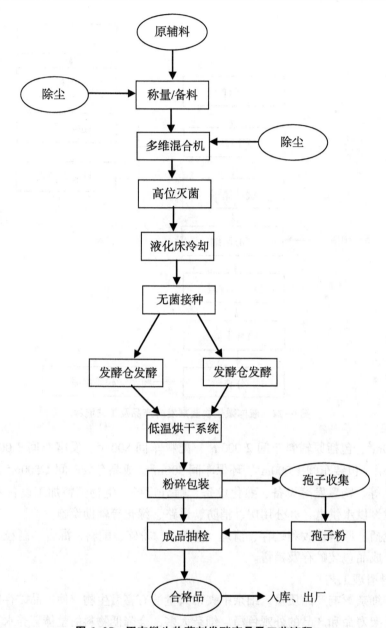

图6-25 固态微生物菌剂发酵产品及工艺流程

合机上人工添加的方法；在混合工艺上采用预混合工序来扩大配料量小的物料比例。

4. 混合工艺

混合工艺的关键是如何保证混合均匀。主要考虑3个方面：混合时间、混合机料门和防止混合后的分级。

（六）宁夏丰享农业科技发展有限责任公司吴忠国家级现代农业园区健康养殖区生态循环农业示范园发展模式

养殖集中区生态循环农业发展模式见图6-26。

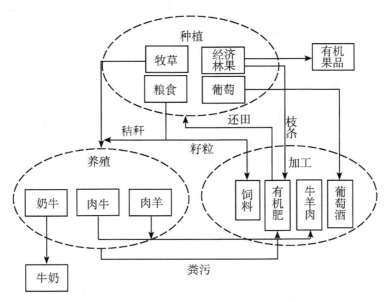

图 6-26　养殖集中区生态循环农业发展模式

四、效益分析

1. 生态效益

园区应用集约高效现代农业管理制度，推行"畜—肥—种植"种养结合循环生态农业经济模式，能够大大降低化肥、农药的使用量，减少对土壤、水质的环境污染，防止了农产品的化学污染。在生产环节，积极推行农产品安全生产标准，促进有机肥代替化肥的使用，提高生态系统土壤有机质含量；种养加产业的循环和融合，促进了现代农业绿色发展；在生产过程中，由于采取先进生产技术和信息化管理系统，实现节水、节能、节地和清洁生产，有利于保障农产品供给和食品安全，对保护自然生态环境起到十分重要的作用。

2. 社会效益

生态循环农业园区的建设能够进一步带动吴忠国家级现代农业区优质牧草、经济林果种植、草食牲畜养殖等特色产业产加销一体化产业平台构建，实现以市场为导向的现代农业产业体系建设，有利于加快优质农产品供给侧结构性改革和农业综合改革创新。新品种新技术推广将取得明显成果，实现园区优质牧草、经济林果种植、草食牲畜养殖标准化生产技术推广普及率达到 95% 以上，优良品种普及率 100%；农业机械化水平达到 100%，农业科技贡献率达到 70%。

3. 经济效益

宁夏丰享农业科技发展有限公司吴忠养殖集中园区生态循环农业园区规划总投资 18 500 万元，其中，建筑工程投资 12 412.5 万元，含创研中心 1 500 万元，0.5 万 t 微生物菌剂生产线 3 335 万元，10 万 t 生态型微生物肥料生产线 3 047.5 万元，5 万 t 微生物饲料生产线 2 530 万元，污水治理及水肥一体化示范基地 1 000 万元，瓜、菜、果、饲草量示范基地 1 000 万元；设备及安装工程投资 5 260 万元；建成投产后，年产值达到 35 020 万元，其中，微生物菌剂年产值 1 亿元，生态型微生物肥料年产值 1.5 亿元，微生物饲料年产值 1 亿元，养殖污水处理 20 万元；年平均利润总额 7 265.60 万元。

五、适用范围

本模式适用于规模化养殖集中园区，各养殖场无力消纳养殖粪污，而养殖园区周边有大量瓜、果、菜、饲草料等种植基地，工业化、商业化处置粪污，资源化利用程度高，运距短，各类固体、液体肥料及饲料利润高，示范带动作用强，粪污处置可持续性高。

第七章　饲草料作物粪肥绿色高效施用技术模式

第一节　月牙湖风沙土籽粒玉米粪肥高效施用技术模式

一、生牛粪不同施用量对玉米生长发育及产量的影响

（一）材料和方法

1. 试验地土壤基本理化性质

供试土壤为风沙土推平耕种多年后形成的改良型土壤，曾连续堆置奶牛稀粪，风干后直接翻耕入土改良土壤。前茬为露地蔬菜，沟灌起垄种植。理化性质见表7-1。

表7-1　土壤基本理化性质

pH 值	有机质 （g/kg）	碱解氮 （mg/kg）	速效磷 （mg/kg）	速效钾 （mg/kg）	全盐 （g/kg）
8.26	12.62	77.72	34.16	312.55	0.46

2. 供试肥料

试验选用生牛粪粪肥，其基本理化性质见表7-2。

表7-2　供试生牛粪粪肥基本理化性质

pH 值	有机质（%）	全氮（g/kg）	全磷（g/kg）	全钾（g/kg）	全盐（g/kg）
7.62	36.09	20.26	13.22	8.15	23.12

3. 供试作物

供试作物为玉米，品种为国家审定品种'绿博6号'。

4. 试验设计

采用单因素多水平随机区组设计。

奶牛生粪试验设置 5 个处理，分别为：CK；250kg/亩；500kg/亩；750kg/亩；1 000kg/亩。

小区面积为 $11m \times 30m = 330m^2$，每种处理重复 3 次，随机排列。

5. 田间管理

试验于2018年5月8日播种，2018年8月29日刈割青贮玉米，测产；2018年9月22日行进籽粒收获及考种。所有的有机肥全部基施，于播前最后一次整地，划好小区后，电子秤称量，按小区撒施于地表，翻耕、耙磨；气吸式精量播种机单粒播种，宽窄行播种，宽行70cm，窄行40cm，平均行距55cm；株距20cm，每亩6 060株。

只在窄行铺设1根滴灌带，生育期全程滴灌，共滴水14次，总滴灌量为240m³/亩。其余除草、喷药、收获均同大田。

6. 测定项目及指标

（1）土壤样品理化性质测定。播前按采集土壤样品，测定项目：pH值、全盐、有机质、全氮、碱解氮、有效磷、速效钾。pH值（水土比为5∶1）用SH-3精密酸度计测定；全盐用DDS-11电导率仪测定；有机质采用重铬酸钾容量法-外加热法测定；碱解氮采用碱解扩散法测定；有效磷采用0.5mol/L NaHCO₃浸提-钼锑抗比色法测定；速效钾用1mol/L NH₄OAc溶液浸提-火焰光度计（FP 6400型）测定；全磷采用钼锑抗比色法测定；全氮采用半微量凯氏定氮法测定。

（2）玉米生育期生长指标测定。在拔节后测定一次玉米生理生态指标，玉米株高用钢尺测量，茎粗用数显游标卡尺（0.01mm）测定近地面茎粗（mm）每次测量10株。用SPAD-502便携式叶绿素仪测量一次叶绿素含量，每片叶子测定其基部、中部、尖部的叶绿素含量取其平均值。选择晴天采用CI-6400便携式光合测量仪测定光合速率、蒸腾速率、胞间CO_2浓度等。

在8月29日籽粒乳线达到1/2时收获青贮玉米，测产；9月22日玉米生理成熟后，各处理除去两边行及两端各1 m取中间8行，进行田间综合性状调查。生物学产量采用茎基部整株刈割，称取单株总鲜重；进一步分为果穗和植株体，分别称重，剪碎，带回室内，分样，烘干，称取干重；现场产量调查统计收获株数和果穗数，各小区连续取20株玉米的果穗进行室内考种。采用PM-8188谷物水分测定仪测定籽粒含水率，10次重复，取平均数。按14%含水量计算产量。测定不同处理小区产量。测产指标包括：有效收获穗数、穗长（cm）、穗粗（mm）、单穗重（g）、穗行数、行粒数、穗粒数、秃尖长（cm）、百粒重（g）、地上部干物质量（g）等指标，其中穗长用直尺测量，穗粗和秃尖用数显游标卡尺测定，穗重、百粒重及地上部干物质重用电子秤测定。

测定含水率：用谷物水分测定仪测定玉米籽粒含水率，计算公式。

青贮产量（kg/亩）＝有效收获穗数（株/亩）×单株总鲜重（kg）。

籽粒产量（kg/亩）＝有效收获穗数×穗粒数×百粒重（g）×10/1 000/1 000×（1-含水率）÷（1-14%）。

7. 数据统计分析

试验数据以Excel 2010软件整理数据和绘图，同时采用SPSS 17.0软件进行统计分析，并对相关性指标进行显著性检验（$P<0.05$，$n=5$）。

（二）结果与分析

1. 不同粪肥施用量对玉米生长发育的影响

由表7-3可知，施用不同数量奶牛生粪可以显著增加玉米株高、茎粗和SPAD值。

与 CK 相比，添加奶牛生粪使玉米株高分别增加了 27.51%、33.40%、41.45%、41.85%，且玉米株高随施肥量的增加而逐步增高；茎粗分别增加了 50.0%、50.45%、55.91%、61.36%，且茎粗随着施肥量的增加而加粗；随施肥量的增加，叶绿素（SPAD）分别增加了 12.79%、38.80%、44.24%、27.61%。

表 7-3 奶牛生粪不同施用量对玉米生长指标的影响

处理 （kg/田）	株高 （cm）	茎粗 （cm）	SPAD
0	254.50±13.46 c	2.20±0.14 b	33.07±1.57 c
250	324.50±0.71 b	3.30±0.14 a	37.30±9.42 bc
500	339.50±4.95 ab	3.31±0.09 a	45.90±3.53 abc
750	360.00±9.90 a	3.43±0.11 a	47.70±3.90 a
1 000	361.00±11.31 a	3.55±0.21 a	42.20±1.47 abc

2. 不同粪肥施用量对玉米光合特性的影响

净光合速率是指绿色植物实际光合作用减去呼吸消耗所得干物质积累量，是叶片光合性能优劣的最终体现。由表 7-4 可知除 CK 外，其他处理下随奶牛生粪施肥量的增加净光合速率先增加后降低，250kg/亩达到最高，与 1 000kg/亩和 CK 存在显著差异，500kg/亩和 750kg/亩处理间无差异，250kg/亩处理比其他各处理净光合速率分别高 4.68μmol/（$m^2 \cdot s$）、1.77μmol/（$m^2 \cdot s$）、2.8μmol/（$m^2 \cdot s$）、4.25μmol/（$m^2 \cdot s$），说明奶牛生粪的施用量越多可能限制净光合速率。气孔导度表示的是气孔的张开程度，影响光合作用，呼吸作用及蒸腾作用，CK 为较高，达到 0.25mmol/（$m^2 \cdot s$），施肥 250kg/亩有所降低，进一步增大施肥量，气孔导度显著增加。250kg/亩生粪施用量使得胞间 CO_2 浓度和蒸腾速率有所下降，进一步增大施肥量，二者显著增加。

表 7-4 不同施用量的奶牛生粪对饲用玉米抽雄期光合特征的影响

施肥量 （kg/亩）	净光合速率 ［μmol/（$m^2 \cdot s$）］	气孔导度 ［mmol/（$m^2 \cdot s$）］	胞间 CO_2 浓度 （mg/kg）	蒸腾速率 ［mmol/（$m^2 \cdot s$）］
0	30.22±0.48b	0.25±0.02bc	136.80±15.35c	3.13±0.11bc
250	34.90±1.03a	0.21±0.01c	86.10±8.94d	2.87±0.10c
500	33.13±1.55ab	0.36±0.04a	176.50±11.20b	4.00±0.29b
750	32.10±0.77ab	0.35±0.02ab	164.21±4.47bc	3.81±0.10b
1 000	30.65±0.01b	0.40±0.04a	226.65±7.08a	5.04±0.51a

3. 不同粪肥施用量对玉米农艺性状与产量的影响

由表 7-5 可知，添加不同量的奶牛生粪可以显著增加玉米的单穗行数、单穗行粒数、单穗粒数、穗长、穗粗、百粒重、鲜重和产量，且随施用量的增加而增大，同时显著降低凸尖长度。与对照相比，添加奶牛生粪可以显著降低玉米的秃尖长，降幅为 53.99%，各处理之间差异不显著。

表 7-5　不同施用量的奶牛生粪对玉米农艺性状的影响

处理 （kg/亩）	穗行数 （行）	行粒数 （粒）	穗长 （cm）	穗粗 （mm）	秃尖长 （cm）
0	13.33±0.67c	29.66±0.33c	13.60±0.20d	31.21±1.62b	3.26±0.18a
250	16.33±0.33bc	34.00±1.52b	17.43±043c	50.74±0.84a	1.96±0.51ab
500	16.00±1.15bc	38.66±1.45a	20.50±0.28a	52.51±0.55a	1.86±0.73ab
750	17.00±1.73bc	39.00±0.57a	20.46±0.53a	53.77±0.94a	1.50±0.28b
1000	17.33±0.67b	38.33±1.20a	19.16±0.16b	51.58±0.28a	1.53±0.27b

在不同奶牛生粪施用量下玉米产量差异显著（表 7-6）。与 CK 相比，奶牛生粪施用量为 1 000kg/亩时，单穗行数、单穗粒数、百粒重、理论产量、单株玉米鲜重、青贮产量达到最大，增幅分别为 23.08%、67.96%、55.20%、160.67%、200.0%、205.33%，奶牛生粪添加量为 750kg/亩时，单穗行粒数、穗长、穗粗达到最大，最大增幅分别为31.49%、50.44%、72.28%。

表 7-6　不同施用量的奶牛生粪对玉米产量的影响

处理 （kg/亩）	穗粒数 （粒）	百粒重 （g）	籽粒产量 （kg/亩）	单株鲜重 （kg/株）	青贮产量 （kg/亩）
0	395.33±18.12b	21.45±0.6c	483.32±13.52d	0.19±0.02c	1 068.75±99.75c
250	556.33±36.62a	24.97±0.58c	791.93±18.41c	0.36±0.03bc	2 023.50±142.5bc
500	615.33±21.79a	28.97±0.20b	1 015.99±70.15b	0.43±0.01ab	2 422.50±28.5ab
750	665.00±77.37a	29.23±0.71b	1 107.96±27.3b	0.50±0.09ab	2 864.25±498.75ab
1 000	664.00±28.84a	33.29±0.86a	1 259.86±32.98a	0.57±0.05a	3 263.25±299.25a

4. 不同粪肥施用量对玉米经济效益的影响

由表 7-7 可知，不同生粪施用量的经济效益不同，分析表明，施肥量为 1 000kg/亩，产值最高，经济效益最大，且产投比最高。

表 7-7　不同奶牛生粪施用量籽粒玉米的经济效益

处理 （kg/亩）	成本 （元/亩）	其他成本 （元/亩）	总成本 （元/亩）	产值 （元/亩）	经济效益 （元/亩）	产/投
0	0	465	465	724.97	259.97	1.55
250	30	465	495	1 187.89	692.89	2.39
500	60	465	525	1 523.98	998.98	2.90
750	90	465	555	1 661.93	1 106.93	2.99
1 000	120	465	585	1 889.78	1 304.78	3.23

注：其他成本包含机耕 45 元/亩、种子 50 元/亩、播种 25 元/亩、除草剂 15 元/亩、电费 50 元/亩、追肥 200 元/亩、农药 20 元/亩、机收 60 元/亩，籽粒玉米 1.5 元/kg；生粪 120 元/t；下同。

5. 粪肥的适宜施用量

进一步模拟生粪施用量与玉米籽粒产量关系，可得：$y = -0.000\ 3x^2 + 1.117\ 6x + 482.57$，决定系数为 $R^2 = 0.996\ 2$；生粪养分供应能力有限，二者的关系近乎线性关系，因而在设计范围内施肥量越大，产量越高（图7-1）。

计算得出最高理论产量施肥量为 2 093.33kg/亩，最大经济效益施肥量为 1 826.66kg/m²。

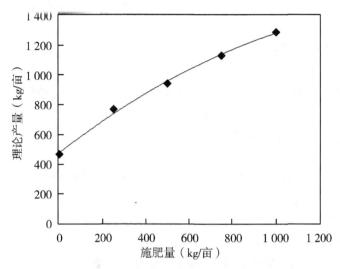

图7-1　不同奶牛粪肥施用量与籽粒玉米产量的相关关系

二、有机肥不同施用量对玉米生长发育及产量的影响

（一）材料和方法

1. 试验地土壤基本理化性质

同前。

2. 供试肥料

试验选用奶牛粪肥好氧发酵后产生的有机肥，符合 NY 525—2012 质量标准。其基本理化性质见表7-8。

表7-8　供试奶牛粪肥发酵有机肥理化性质

项目	pH 值	有机质（%）	全氮（g/kg）	全磷（g/kg）	全钾（g/kg）	全盐（g/kg）
数值	8.22	46.86	40.31	11.65	16.52	15.58

3. 供试作物

供试作物为玉米，品种为国家审定品种'绿博6号'。

4. 试验设计

采用单因素多水平随机区组设计。有机肥试验设置 6 个处理，分别为：CK；

200kg/亩；400kg/亩；600kg/亩；800kg/亩；1 000kg/亩。

小区面积 11m×30m＝330m²，每种处理重复 3 次，随机排列。

5. 田间管理

有机肥全部基施，于播前最后一次整地，划好小区后，电子秤称量，撒施于地表，翻耕，耙磨；气吸式精量播种机单粒播种，宽窄行播种，宽行 70cm，窄行 40cm，平均行距 55cm；株距 20cm，每亩 6 060 株。

只在窄行铺设 1 根滴灌带，生育期全程滴灌，共滴水 14 次，总滴灌量为 240m³/亩。

其余除草、喷药、收获均同大田。

6. 测定项目及指标

（1）土壤样品理化性质测定。玉米收获后，采集 0~20cm 耕作层，测定土壤基本化学性质，方法同前。

（2）玉米生育期生长指标测定。同前。

7. 数据统计分析

试验数据以 Excel 2010 软件整理数据和绘图，同时采用 SPSS 17.0 软件进行统计分析，并对相关性指标进行显著性检验（$P<0.05$，$n=5$）。

（二）结果与分析

1. 不同有机施用量对玉米生长发育的影响

由表 7-9 可知，施用腐熟的奶牛粪有机肥可以显著增加玉米株高、茎粗和 SPAD 值。与 CK 相比，施用奶牛有机肥使玉米株高分别增加了 37.92%、36.74%、46.56%、50.49%、48.13%，总体上随施用量增加而增高；茎粗分别增加了 86.36%、68.18%、64.55%、65.91%、59.55%；SPAD 分别增加了 28.73%、30.33%、54.43%、18.23%、19.44%。

表 7-9　不同有机肥施用量对玉米生长指标的影响

处理 （kg/亩）	株高 （cm）	茎粗 （cm）	SPAD
0	254.50±13.46 c	2.20±0.14 b	33.07±1.57 c
200	351.00±9.90 bc	4.10±0.29 a	42.57±2.11 b
400	348.00±11.31 c	3.70±0.21 a	43.10±0.91 b
600	373.00±7.07 abc	3.62±0.03 a	51.07±2.05 a
800	383.00±8.46 a	3.65±0.50 a	39.10±3.01 b
1 000	377.00±12.73 ab	3.51±0.35 a	39.50±2.11 b

2. 不同有机施用量对玉米生光合特性的影响

从表 7-10 可以看出，不同奶牛生物有机肥的施肥量对玉米光合作用有显著影响。600kg/亩处理的施肥量的净光合速率最高，与 CK 相比，提高了 2.35%，与 400kg/亩、

800kg/亩、1 000kg/亩处理间有显著差异；CK 的气孔导度、胞间 CO_2 浓度和蒸腾速率最低，除 200kg/亩低施肥量外，提高施肥量都可以显著提高气孔导度、胞间 CO_2 浓度和蒸腾速率。

表 7-10　不同有机肥施用量对玉米抽雄期光合特征的影响

施肥量 （kg/亩）	净光合速率 ［μmol/（$m^2 \cdot s$）］	气孔导度 ［mmol/（$m^2 \cdot s$）］	胞间 CO_2 浓度 （mg/kg）	蒸腾速率 ［mmol/（$m^2 \cdot s$）］
0	26.12±0.36d	0.17±0.01d	108.99±10.62c	2.36±0.12c
200	26.87±1.13cd	0.20±0.00cd	131.76±17.15bc	2.92±0.09bc
400	27.73±0.25bcd	0.29±0.05bc	187.32±20.46b	3.46±0.32b
600	30.93±1.71a	0.32±0.04ab	184.23±7.87b	3.67±0.22b
800	29.46±0.71abc	0.26±0.02bcd	167.93±2.87b	3.19±0.14bc
1 000	30.22±0.48ab	0.40±0.04a	226.64±7.08a	5.04±0.51a

3. 不同有机施用量对玉米农艺性状及产量的影响

由表 7-11 可知，不同奶牛有机肥处理的单穗行数相比于对照有显著差异，当有机肥施量为 1 000kg/亩，单穗行数最高，不同奶牛有机肥的施肥量分别为 1 000kg/亩、800kg/亩、600kg/亩、400kg/亩、200kg/亩时，分别较 CK 增加 35.33%、27.81%、30.07%、30.07%、25.26%。不同奶牛有机肥施肥量对单穗行粒数也有影响，奶牛有机肥施肥量分别为 1 000kg/亩、800kg/亩、600kg/亩、400kg/亩、200kg/亩时，较 CK 分别提高 18.00%、26.97%、23.60%、22.58%、9.02%。不同奶牛有机肥的单穗粒数相比于 CK 有显著差异，奶牛有机肥的施肥量分别为 1 000kg/亩、600kg/亩、400kg/亩时，其处理间差异不显著，不同有机肥处理的穗长相比于 CK 有显著差异，其中奶牛有机肥的施肥量为 600kg/亩时，穗最长，奶牛有机肥施肥量分别为 1 000kg/亩、800kg/亩、600kg/亩、400kg/亩、200kg/亩时，穗长较 CK 分别增长 36.02%、38.45%、48.23%、42.13%、21.32%。不同奶牛有机肥施肥量对玉米穗粗有影响，奶牛有机肥施肥量分别为 1 000kg/亩、800kg/亩、600kg/亩、400kg/亩、200kg/亩较 CK 增加了 64.43%、69.08%、63.39%、66.32%、69.59%。不同奶牛有机肥的施用秃尖长相比于 CK 较低，不同奶牛有机肥处理的百粒重有很大的影响，其中，当奶牛有机肥施肥量分别为 1 000kg/亩、800kg/亩、600kg/亩、400kg/亩、200kg/亩，较 CK 显著提高 60.93%、67.22%、36.17%、38.32%、19.62%。

不同奶牛有机肥的理论产量有显著影响。不同处理奶牛有机肥的单株玉米鲜重有不同的差异（表 7-12），当奶牛有机肥施肥量为 1 000kg/亩、800kg/亩，单株玉米鲜重最重。不同处理奶牛有机肥施肥量分别为 1 000kg/亩、800kg/亩、600kg/亩、400kg/亩、200kg/亩，相比于 CK，当奶牛有机肥施肥量为 800kg/亩时，籽粒产量与青贮玉米产量均最大，产量各处理间差异显著，进一步增加施肥量，产量受抑制。

表 7-11　不同有机肥施用量对玉米农艺性状的影响

处理 （kg/亩）	穗行数 （行）	行粒数 （粒）	穗长 （cm）	穗粗 （mm）	秃尖长 （cm）
0	13.33±0.33a	29.66±0.33c	13.60±0.20b	31.21±1.60b	3.26±0.18a
200	16.33±0.66b	32.33±1.45bc	16.50±3.03ab	52.93±0.35a	1.80±0.41b
400	16.67±0.66b	36.00±1.00ab	19.33±0.33a	51.91±0.33a	1.33±0.44b
600	17.33±0.33b	36.66±1.20a	20.16±0.60a	51.78±1.21a	1.30±0.47b
800	17.67±0.00b	37.66±0.88a	18.83±0.16a	52.77±0.51a	1.40±0.49b
1 000	18.00±0.66b	35.00±2.08ab	18.50±0.50a	51.823±0.35a	1.16±0.27b

表 7-12　不同有机肥施用量对玉米产量的影响

处理 （kg/亩）	单穗粒数 （粒）	百粒重 （g）	籽粒产量 （kg/亩）	单株鲜重 （kg/株）	青贮产量 （kg/亩）
0	395.33±18.12c	21.45±0.6d	483.32±13.52d	0.19±0.02d	1 068.75±99.75c
200	537.33±13.92b	25.66±0.44c	785.86±13.39c	0.30±0.02c	1 638.75±42.75bc
400	624.33±25.51ab	29.67±0.55b	1 055.89±19.53b	0.39±0.01bc	2 223.00±114bc
600	634.00±7.21ab	29.21±1.03b	1 055.52±37.04b5	0.47±0.01b	2 764.50±370.5ab
800	639.33±7.68a	35.87±0.61a	1 307.20±22.25a	0.71±0.05a	3 933.00±342a
1 000	631.33±64.54ab	34.52±1.22a	1 242.39±44.05a	0.72±0.15a	3 733.50±769.5a

4. 不同有机施用量对玉米经济效益的影响

表 7-13 表明，随着有机肥施用量的加大，籽粒玉米产值逐步提高，经济效益也逐步提高，但施肥量超过 800kg/亩时，二者都降低；产投比以 400kg/亩施肥量为最大，进一步提高施肥量，产投比下降。

表 7-13　不同有机肥施用量对籽粒玉米经济效益的影响

处理 （kg/亩）	成本 （元/亩）	其他成本 （元/亩）	总成本 （元/亩）	产值 （元/亩）	经济效益 （元/亩）	产/投
0	0	465	465	724.98	259.98	1.56
200	130	465	595	1 178.79	583.79	1.98
400	260	465	725	1 583.84	858.84	2.18
600	390	465	855	1 583.28	728.28	1.85
800	520	465	985	1 960.80	975.80	1.99
1 000	650	465	1 115	1 863.59	748.59	1.67

注：其他成本包含机耕 45 元/亩、种子 50 元/亩、播种 25 元/亩、除草剂 15 元/亩、电费 50 元/亩、追肥 200 元/亩、农药 20 元/亩、机收 60 元/亩，籽粒玉米 1.50 元/kg；有机肥 650 元/t。

5. 不同有机肥施用量对土壤基本化学性质的影响

如表 7-14 所示，在 0~20cm 土层范围内，随着有机肥施用量的增大，土壤 pH 值有降低的趋势，尤其是施用量达到 1 000kg/亩时，pH 值显著降低；土壤有机质则随有机肥施用量的增加而逐步增加，增幅分别为 5.98%、16.09%、21.95%、24.62%、29.01%；土壤速效性氮磷钾也随有机肥施用量的增加而又较大幅度的增加，其中碱解氮增幅分别为 0.77%、8.08%、7.99%、11.71% 和 14.96%，有效磷增幅分别为 3.67%、5.60%、20.20%、39.55%和44.02%，速效钾增幅分别为 16.74%、34.50%、35.40%、28.45%和44.42%；玉米对氮素吸收较多较快，从而碱解氮增幅相对较小，而磷钾的需求量比氮少，从而相对累积更多。在合理范围内增施腐熟的有机肥可有效培肥土壤，改善土壤化学性质，提高土壤速效养分，为下一季的正常作物生长提供基础保障。

表 7-14　不同有机肥施用量对 0~20cm 玉米地耕作层土壤化学性质的影响

处理 （kg/亩）	pH 值	有机质 （g/kg）	碱解氮 （mg/kg）	有效磷 （mg/kg）	速效钾 （mg/kg）
0	8.73±0.05a	15.72±0.83c	55.83±2.52b	36.23±0.94b	181.52±5.96b
200	8.69±0.07ab	16.66±1.43c	56.26±1.98b	37.56±1.03b	211.90±8.25b
400	8.73±0.02a	18.25±0.81bc	60.34±2.41ab	38.26±2.31b	244.15±5.59a
600	8.76±0.04a	19.17±1.04ab	60.29±3.14ab	43.55±1.08b	245.77±10.22a
800	8.65±0.02ab	19.59±2.52ab	62.37±2.94ab	50.56±2.92a	233.17±11.44a
1 000	8.56±0.05b	20.28±1.69a	64.18±3.62a	52.18±2.81a	262.15±12.58a

6. 有机肥适宜施用量

通过数值模拟，二者的关系为：

$$y = -0.000\ 9x^2 + 1.618\ 3x + 491.88, \quad r^2 = 0.962\ 6$$

通过计算得出，最高产量有机肥施用量为 899.01kg/亩，最大经济效益施肥量为 699.44kg/亩（图 7-2）。

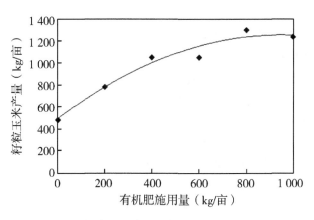

图 7-2　不同有机肥施用量与籽粒玉米产量的关系

三、不同生物有机肥施用量对玉米生长发育及产量的影响

（一）材料和方法

1. 试验地土壤基本理化性质

同前。

2. 供试肥料

试验选用奶牛粪肥好氧发酵后生产的生物有机肥，符合 NY 884—2012 质量标准。其基本理化性质见表 7-15。

表 7-15　供试奶牛粪肥发酵生物有机肥理化性质

项目	pH 值	有机质（%）	全氮（g/kg）	全磷（g/kg）	全钾（g/kg）
数值	8.32	41.33	33.19	14.52	14.72

3. 供试作物

供试作物为玉米，品种为国家审定品种'绿博 6 号'。

4. 试验设计

采用单因素多水平随机区组设计。生物有机肥设置 6 个处理，分别为：CK；200kg/亩；400kg/亩；600kg/亩；800kg/亩；1 000kg/亩，共 6 个处理。

小区面积 11m×30m＝330m²，每种处理重复 3 次，随机排列。

5. 田间管理

有机肥全部基施，于播前最后一次整地，划好小区后，电子秤称量，撒施于地表，翻耕，耙磨；气吸式精量播种机单粒播种，宽窄行播种，宽行 70cm，窄行 40cm，平均行距 55cm；株距 20cm，每亩 6 060 株。

只在窄行铺设 1 根滴灌带，生育期全程滴灌，共滴水 14 次，总滴灌量为 240m³/亩。

其余除草、喷药、收获均同大田。

6. 测定项目及指标

（1）土壤样品理化性质测定。同前。

（2）玉米生育期生长指标测定。同前。

7. 数据统计分析

试验数据以 Excel 2010 软件整理数据和绘图，同时采用 SPSS 17.0 软件进行统计分析，并对相关性指标进行显著性检验（$P<0.05$，$n=5$）。

（二）结果与分析

1. 不同生物有机肥施用量对玉米生长发育的影响

由表 7-16 可知，施用奶牛生物有机肥可以显著增加玉米株高、茎粗和 SPAD 值。与 CK 相比，施用奶牛生物有机肥使玉米株高显著增加了 34.77%、44.40%、48.13%、47.15%，随施用量增加而增高；茎粗随施肥量增加而加粗，分别增加了 56.36%、

68.18%、64.55%、65.91%、59.55%，但只有施肥量为 800kg/亩时，存在显著差异；SPAD 较 CK 分别显著增加了 28.42%、23.77%、12.19%、35.17%、44.84%。

表 7-16 不同生物有机肥施用量对玉米生长发育指标的影响

处理 （kg/亩）	株高 （cm）	茎粗 （cm）	SPAD
0	254.50±13.46c	2.20±0.14b	33.07±1.57c
200	323.00±12.73c	3.15±0.07ab	42.47±3.29a
400	343.00±8.49b	3.35±0.07ab	40.93±1.08a
600	367.50±6.36a	3.25±0.07ab	37.10±3.11a
800	377.50±3.54a	3.45±0.07a	44.70±5.41a
1000	374.50±3.54a	3.30±0.14ab	47.90±4.58a

2. 不同生物有机肥施用量对玉米光合特性的影响

从表 7-17 可以看出，不同奶牛生物有机肥的施肥量对玉米光合作用有显著影响。800kg/亩处理的施肥量的净光合速率最高，显著高于同期 CK、200kg/亩、400kg/亩处理，分别高 31.50%、29.47%、6.44%；随施肥量的增大，玉米的气孔导度、胞间 CO_2 浓度和蒸腾速率也相应提高，1 000kg/亩的处理的气孔导度、胞间 CO_2 浓度和蒸腾速率均达到最大值。

表 7-17 不同生物有机肥施用量对玉米抽雄期光合特征的影响

施肥量 （kg/亩）	净光合速率 [μmol/（m²·s）]	气孔导度 [mmol/（m²·s）]	胞间 CO_2 浓度 （mg/kg）	蒸腾速率 [mmol/（m²·s）]
0	22.98±0.33c	0.15±0.00d	107.72±1.87c	2.32±0.00cd
200	23.34±0.08c	0.15±0.01d	105.56±16.73c	2.03±0.16d
400	28.39±0.38b	0.29±0.01b	183.19±3.63b	3.01±0.13bc
600	29.59±0.02ab	0.27±0.00b	165.53±3.07b	3.6±0.03b
800	30.30±0.96a	0.21±0.01c	113.92±2.82c	2.35±0.02cd
1 000	30.22±0.48a	0.40±0.04a	226.65±7.08a	5.04±0.51a

3. 不同生物有机肥施用量对玉米农艺性状及产量的影响

从表 7-18 可知，奶牛生物有机肥的不同施用量会对玉米的农艺性状产生显著影响，秃尖长随着有机肥施用量的增加显著降低，穗粗穗长以及单穗行粒数，单穗行数各处理间差异不显著。施用奶牛生物有机肥，玉米的单穗行数、单穗行粒数以及穗长、穗粗、百粒重、理论产量、产量较对照均有显著差异，随施用量增加而显著增加，青贮产量和单株玉米鲜重在奶牛有机肥施用量最大时达到最大值，但施用量 1 000kg/亩和施用量 800kg/亩差异不显著，较施用量 600kg/亩差异显著，增长分别达到 1 407.75kg/亩和 121kg/亩，说明在 800kg/亩时青贮产量趋于最大，从节约资源的角度来讲，可以不将肥量增大到 1 000kg/亩。

表 7-18　不同生物有机肥施用量对玉米农艺性状的影响

处理 （kg/亩）	穗行数 （行）	行粒数 （粒）	穗长 （cm）	穗粗 （mm）	秃尖长 （cm）
0	13.33±0.33a	29.66±0.33b	13.60±0.20c	31.21±1.60b	3.26±0.18a
200	16.33±0.66b	35.00±0.57a	18.16±1.16b	54.24±1.18a	1.83±0.99ab
400	16.67±0.66b	36.66±1.20a	18.50±0.76ab	52.64±0.47a	1.70±0.15b
600	17.33±0.33b	36.33±1.20a	20.50±0.28a	53.23±1.46a	1.33±0.33b
800	17.67±0.00b	36.33±0.88a	19.83±0.16ab	53.87±0.60a	0.80±0.35b
1 000	18.00±0.66b	37.60±2.02a	20.50±0.50a	52.47±1.28a	1.16±0.16b

表 7-19　不同奶牛生物有机肥施用量对玉米产量影响

处理 （kg/亩）	穗粒数 （粒）	百粒重 （g）	理论产量 （kg/亩）	单株鲜重 （kg/株）	青贮产量 （kg/亩）
0	395.33±18.12c	21.45±0.6d	483.32±13.52f	0.19±0.02c	1 068.75±99.75c
200	571.60±14.8b	26.67±1.3c	869.08±42.21e	0.3±0.02bc	1 695.75±99.75bc
400	610±17.08ab	28.77±0.88c	1 000.25±30.51d	0.39±0.01bc	2 194.5.±28.5bc
600	628.60±18.7ab	33.27±0.82b	1 192.04±29.38c	0.47±0.01b	2 693.25±71.25b
800	642.30±25.84ab	35.88±0.5ab	1 313.59±18.46b	0.71±0.05a	4 047.00±285.0a
1 000	678.00±36.49a	37.06±0.93a	1 432.12±35.92a	0.72±0.15a	4 104.00±855.0a

4. 不同生物有机肥施用量对玉米经济效益的影响

从表 7-20 可知，不同生物有机肥理论产量的经济效益不同，产量分析表明，施肥量为 1 000kg/亩时，产值最高。施肥量为 600kg/亩时，经济效益最高，当施肥量为 200kg/亩时，产投比最高，继续增大施肥量，产投比随之下降。

表 7-20　不同生物有机肥施用量籽粒玉米的经济效益

处理 （kg/亩）	成本 （元/亩）	其他成本 （元/亩）	总成本 （元/亩）	产值 （元/亩）	经济效益 （元/亩）	产/投
0	0	465	465	724.97	259.97	1.55
200	200	465	665	1 303.61	638.61	1.96
400	400	465	865	1 500.37	635.37	1.73
600	600	465	1 065	1 788.07	723.06	1.67
800	800	465	1 265	1 970.38	705.38	1.55
1 000	1 000	465	1 465	2 148.17	683.17	1.46

注：其他成本包含机耕 45 元/亩、种子 50 元/亩、播种 25 元/亩、除草剂 15 元/亩、电费 50 元/亩、追肥 200 元/亩、农药 20 元/亩、机收 60 元/亩，生物有机肥 1 元/kg，籽粒玉米 1.5 元/kg。

5. 生物有机肥适宜施用量（图 7-3）

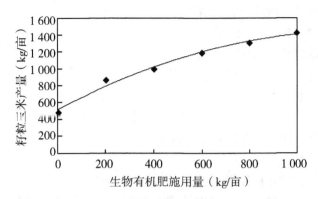

图 7-3　不同生物有机肥施用量与玉米产量的关系

依据公式 $y=-0.000\,6x^2+1.509\,3x+518.76$ 可得，决定系数为 $R^2=0.986\,5$，理论产量施肥量最高为 1 257. 75kg/亩，最大经济效益施肥量为 702.17kg/亩。

四、不同复合微生物肥施用量对玉米生长发育及产量的影响

（一）材料和方法

1. 试验地土壤基本理化性质

同前。

2. 供试肥料

试验选用奶牛粪肥好氧发酵后生产的复合微生物肥，符合 NY 798—2012 质量标准。其基本理化性质见表 7-21。

表 7-21　供试奶牛粪肥发酵复合微生物肥理化性质

项目	pH 值	有机质（%）	全氮（g/kg）	全磷（g/kg）	全钾（g/kg）
数值	8.32	31.22	92.55	31.14	33.67

3. 供试作物

供试作物为玉米，品种为国家审定品种'绿博 6 号'。

4. 试验设计

采用单因素多水平随机区组设计。复合微生物肥设置 6 个处理，分别为：CK；25kg/亩；50kg/亩；100kg/亩；200kg/亩；250kg/亩。

小区面积 11m×30m=330m²，每种处理重复 3 次，随机排列。

5. 田间管理

复合微生物肥全部基施，于播前最后一次整地，划好小区后，电子秤称量，撒施于地表，翻耕，耙磨；气吸式精量播种机单粒播种，宽窄行播种，宽行 70cm，窄行 40cm，平均行距 55cm；株距 20cm，每亩 6 060 株。

只在窄行铺设 1 根滴灌带，生育期全程滴灌，共滴水 14 次，总滴灌量为 240m³/亩。其余除草、喷药、收获均同大田。

6. 测定项目及指标

（1）土壤样品理化性质测定。同前。

（2）玉米生育期生长指标测定。同前。

7. 数据统计分析

试验数据以 Excel 2010 软件整理数据和绘图，同时采用 SPSS 17.0 软件进行统计分析，并对相关性指标进行显著性检验（$P<0.05$，$n=5$）。

（二）结果与分析

1. 不同复合微生物肥施用量对玉米生长发育的影响

从表 7-22 可知，添加不同量的复合微生物肥对玉米株高、茎粗和 SPAD 值有显著影响。与 CK 相比，奶牛复合微生物肥可以使玉米的株高显著增加 26.92%、45.97% 和 52.26%，且随施用量增加而增高；添加 200kg/亩和 250kg/亩的复合微生物有机肥，可以显著增加玉米茎粗，增幅分别为 70.45% 和 72.73%，其他处理可以增加玉米茎粗，但差异不显著；玉米的 SPAD 值较 CK 显著增加，增幅分别为 30.63%、11.67%、28.12%、31.45%、19.84%。

表 7-22　不同复合微生物肥施用量对玉米生长指标的影响

处理 （kg/亩）	株高 （cm）	茎粗 （cm）	SPAD
0	254.50±13.46c	2.20±0.14b	33.07±1.57c
25	323.00±1.41d	3.25±0.21b	43.20±3.29a
50	334.00±4.24cd	3.65±0.07ab	36.93±1.08a
100	353.50±7.78bc	3.45±0.07ab	42.37±3.11a
200	371.50±20.51ab	3.75±0.21a	43.47±5.41a
250	387.50±6.36a	3.81±0.14a	39.63±4.58a

2. 不同复合微生物肥施用量对玉米光合特性的影响

从表 7-23 可以看出，不同奶牛复合微生物肥施肥量对玉米的净光合速率、气孔导度、胞间 CO_2 浓度、蒸腾速率均有显著影响。250kg/亩处理的净光合速率最高，其次是 200kg/亩，较 CK 分别提高了 9.23%、4.40%，与 25kg/亩、50kg/亩、100kg/亩处理间有显著差异，250kg/亩处理的气孔导度最高，较 CK 提高了 22.5%，25kg/亩、50kg/亩、100kg/亩处理间的净光合速率均低于 CK，分别降低了 100%、33.33%、37.93%；250kg/亩处理的胞间 CO_2 浓度最高，与 CK 相比，提高了 6.71%，与 T1、T4 处理间有显著差异；250kg/亩处理的蒸腾速率最高，与 CK 相比，提高了 9.52%，与其他处理间的蒸腾速率含量没有显著差异。

表 7-23　不同复合微生物肥施用量对玉米抽雄期光合特征的影响

施肥量 （kg/亩）	净光合速率 [μmol/（m²·s）]	气孔导度 [mmol/（m²·s）]	胞间 CO_2 浓度 （mg/kg）	蒸腾速率 [mmol/（m²·s）]
0	30.22±0.48ab	0.40±0.04ab	226.65±7.08ab	5.04±0.51a
25	26.20±1.54c	0.20±0.05c	124.51±33.63c	2.86±0.41b
50	27.20±1.19bc	0.30±0.00bc	200.39±6.72ab	3.37±0.12b
100	28.03±0.40bc	0.29±0.00bc	188.16±0.30ab	3.11±0.26b
200	31.55±1.27a	0.40±0.04a	172.54±20.92bc	2.89±0.39b
250	33.01±0.41a	0.49±0.03a	241.86±1.86a	5.52±0.38a

3. 不同复合微生物肥施用量对玉米农艺性状及产量的影响

从表 7-24 和 7-25 可知，施用奶牛复合微生物肥可以显著增加玉米的单穗行数、单穗行粒数、单穗粒数、穗长、穗粗、百粒重、理论产量、单株玉米鲜重、青贮产量，降低玉米秃尖长。奶牛复合微生物肥施用量为 100kg/亩时，玉米单穗行数显著增加，增幅为 82.04%，秃尖长随施肥量的增加而显著降低，降幅为 34.86%~83.06%；奶牛复合微生物肥施用量为 50kg/亩时，穗粗和穗长显著增加了 50.74%、73.09%，各处理之间差异不显著。与 CK 相比，奶牛复合微生物肥施用量为 250kg/亩时，玉米单穗行数、百粒重、理论产量、单株玉米鲜重、青贮产量达到最大，最大增幅分别为 39.98%、63.82%、180.91%、278.95%、281.33%。

表 7-24　不同复合微生物肥施用量对饲用玉米农艺性状的影响

处理 （kg/亩）	穗行数 （行）	行粒数 （粒）	穗长 （cm）	穗粗 （mm）	秃尖长 （cm）
0	13.33±0.66b	29.6±0.33c	13.6±0.20b	31.21±1.6b	3.27±0.19a
25	17.33±1.33b	30.66±1.20bc	19.16±0.72a	50.06±2.72a	1.83±0.73bc
50	17.66±1.20a	30.66±4.05bc	20.5±0.28a	54.02±1.31a	2.13±0.23ab
100	17.66±0.88a	40.66±1.20a	19.83±0.60a	53.21±1.33a	1.23±0.2bc
200	17.66±0.33a	39±0.57a	20.16±0.44a	52.32±1.18a	1.03±0.5bc
250	18.66±0.67a	36.33±0.66ab	20±0.5a	52.6±0.63a	0.63±0.19c

表 7-25　不同复合微生物施用量对玉米产量的影响

处理 （kg/亩）	穗粒数 （粒）	百粒重 （g）	理论产量 （kg/亩）	单株鲜重 （kg/株）	青贮产量 （kg/亩）
0	395.33±18.12a	21.45±0.6d	483.32±13.52d	0.19±0.02d	1 068.75±99.75d
25	534.66±62.83b	26.60±1.31c	810.69±40.06c	0.31±0.01cd	1 752.75±71.25cd
50	532.66±38.64b	24.76±2.11cd	751.65±63.99c	0.46±0.06bc	2 607.75±14.25bc
100	719.66±51.85b	27.74±0.17bc	1 137.75±6.95b	0.62±0.08ab	3 519.75±441.75ab
200	688.66±6.76a	32.41±1.73ab	1 272.25±68.03b	0.70±0.05a	3 990.00±285.00a
250	678.67±32.37a	35.10±1.44a	1 357.70±55.83a	0.72±0.09a	4 075.50±484.50a

4. 不同复合微生物肥施用量对玉米经济效益的影响

从表7-26可以看出,不同复合微生物肥施用量显著影响玉米产种植效益。复合微生物肥兼具有机肥和无机肥的综合优势,既能发挥有机肥养分全面供应时间长,从而改良土壤的优势,也因含较高水溶性氮磷钾而能够快速促进作物生长。随着施肥量的增加,成本的增加,产值也在增长,但经济效益却下降,尤其施肥量超过100kg/亩时,经济效益和产投比均下降。

表7-26　不同复合微生物肥施用量对玉米经济效益的影响

处理（kg/亩）	成本（元/亩）	其他成本（元/亩）	总成本（元/亩）	产值（元/亩）	经济效益（元/亩）	产/投
0	0	465	465.00	704.69	239.69	1.52
25	50	465	515.00	1 155.94	640.94	2.24
50	100	465	565.00	1 223.47	658.47	2.17
100	200	465	765.00	1 717.06	952.06	2.24
200	400	465	965.00	1 806.33	841.33	1.87
250	500	465	1 165.00	1 952.81	787.81	1.68

注:其他成本包含机耕45元/亩、种子50元/亩、播种25元/亩、除草剂15元/亩、电费50元/亩、追肥200元/亩、农药20元/亩、机收60元/亩;籽粒玉米1.5元/kg,复合微生物肥2元/kg。

5. 复合微生物肥适宜施用量（图7-4）

依据公式 $y = 0.015\ 4x^2 + 7.042\ 1x + 531.99$ 可得,决定系数为 $R^2 = 0.947\ 6$,以此计算得出最高产量复合微生物肥施肥量为228.64kg/亩,最大经济效益施肥量为185.35kg/亩。

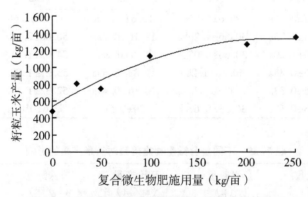

图7-4　不同复合微生物施用量与玉米产量的关系

以此计算得出籽粒玉米最高产量复合微生物肥施肥量为228.64kg/亩,最大经济效益施肥量为185.35kg/亩。

（三）小结

（1）施生粪、有机肥、生物有机肥及复合微生物,都能显著促进玉米的生长发育、产量,并显著提高经济效益。

（2）不同有机肥类型的施肥是有较大差别，未发酵生粪最大经济效益施肥量为1 826.66kg/m²；发酵后有机肥最大经济效益施肥量为699.44kg/亩；进一步制成生物有机肥，风沙土中微生物发挥作用能力受限，最大经济效益施肥量为702.17kg/亩，与有机肥施肥量相当。

（3）将有机肥、无机肥及有益微生物复合后生产的复合微生物肥，兼具三种营养成分的优点，其最大经济效益施肥量大大降低，为166.91kg/亩。

（4）构建了高热量低土壤肥力条件区域玉米高产施肥模式。50～100kg/亩复合微生物肥作种肥，种、肥分层同播；全程水肥一体化，追施玉米专用大量元素水溶肥50kg/亩，分7次分别在4叶期、拔节期、大喇叭口期、抽雄期、吐丝期、灌浆前期和灌浆中期滴灌施入，能够稳定获得1 200kg/亩以上的高产量。

第二节 月牙湖风沙土青贮玉米粪肥高效施用技术模式

一、不同类型有机肥对玉米生长发育及产量的影响

（一）材料和方法

1. 试验地土壤基本理化性质

供试土壤为干旱土土纲，钙成干旱土亚纲，正常钙成干旱土土类（灰钙土土类）。前茬青贮玉米。其基本理化性质见表7-27和表7-28。

表7-27 供试土壤物理性质

深度 (cm)	水分 (%)	容重 (g/cm³)	总孔度 (%)	饱和含水量水 (%)	田间持水量 (%)
0～26	11.14	23.58	23.58	36.02	23.58
26～60	10.53	18.74	18.74	26.96	18.74
60～75	9.32	19.29	19.29	29.25	19.29

表7-28 供试土壤化学性质

深度 (cm)	有机质 (g/kg)	碱解氮 (mg/kg)	速效磷 (mg/kg)	速效钾 (mg/kg)	全盐 (g/kg)	pH 值
0～26	11.70	101.92	19.64	180	0.45	8.96
26～60	9.02	124.74	26.03	140	0.47	8.86
60～75	8.27	67.38	9.86	100	0.39	8.98

2. 供试肥料

试验选用四种粪肥及其好氧发酵后生产的有机肥和生物有机肥，其基本理化性质见表7-29至表7-31。

表 7-29　验用家畜粪肥基本性质

编号	粪污类型	有机质（%）	全氮（g/kg）	全磷（g/kg）	全钾（g/kg）	pH 值	全盐（g/kg）
1	生鸡粪	29.86	32.37	24.33	24.56	7.44	25.58
2	奶牛粪	36.09	20.26	13.22	8.15	7.62	23.12
3	肉牛粪	37.56	18.92	10.12	11.54	8.04	5.80
4	羊粪	41.15	21.26	13.56	7.49	7.93	4.69

表 7-30　试验用家畜粪肥发酵后腐熟有机肥（NY 525—2012）基本性质

编号	有机肥类型	有机质（%）	全氮（g/kg）	全磷（g/kg）	全钾（g/kg）	pH 值	全盐（g/kg）
5	腐熟鸡粪	46.26	38.37	20.33	25.77	8.34	14.33
6	腐熟奶牛粪	46.86	40.31	11.65	16.52	8.22	15.58
7	腐熟肉牛粪	49.09	38.26	14.28	19.34	8.17	5.12
8	腐熟羊粪	47.56	41.53	16.88	12.66	8.24	4.80

表 7-31　试验用家畜粪肥发酵生产的生物有机肥（NY 884—2012）基本性质

编号	有机肥类型	有机质（%）	全氮（g/kg）	全磷（g/kg）	全钾（g/kg）	pH 值	全盐（g/kg）
5	鸡粪生物有机肥	40.52	35.22	21.61	22.32	8.11	—
6	奶牛粪生物有机肥	41.33	33.19	14.52	14.72	8.32	—
7	肉牛粪生物有机肥	42.46	32.55	15.17	16.77	8.04	—
8	羊粪生物有机肥	42.89	33.46	14.27	17.51	8.12	—

3. 供试作物

供试作物为玉米，品种为国家审定品种'屯玉 168 号'。

4. 试验设计

采用多因素单水平随机区组设计，设置施肥+滴清水和施肥+2 次尿素追肥两种模式。

生粪试验设计 5 个处理。CK；鸡粪 1 000kg/亩，奶牛粪 1 000kg/亩；肉牛粪 1 000kg/亩；羊粪 1 000kg/亩。

有机肥试验设计 5 个处理，分别为：CK；鸡粪有机肥 500kg/亩，奶牛粪有机肥 500kg/亩；肉牛粪有机肥 500kg/亩；羊粪有机肥 500kg/亩。

生物有机肥试验设计 5 个处理，分别为：CK；鸡粪基生物有机肥 300kg/亩，奶牛粪基生物有机肥 300kg/亩；肉牛粪基生物有机肥 300kg/亩；羊粪基生物有机肥 300kg/亩。

小区面积 5.5m×20m=110m² ，每种处理重复 3 次，随机排列。

5. 田间管理

试验与 2018 年 4 月 26 日播种，2018 年 9 月 2 日刈割青贮玉米，测产；2018 年 9 月 28 日行进籽粒收获及考种。所有的有机肥全部基施，于播前最后一次整地，划好小区后，电子秤称量，撒施于地表，翻耕，耙磨；气吸式精量播种机单粒播种，宽窄行播种，宽行 70cm，窄行 40cm，平均行距 55cm；株距 20cm，每亩 6 060 株。

只在窄行铺设 1 根滴灌带，只施各种有机肥的处理，生育期全程滴灌，共滴水 12 次，总滴灌量为 220m³/亩。

施有机肥+追肥的处理，生育期全程滴灌，共滴水 12 次，总滴灌量为 220m³/亩，生育期内追施 2 次尿素，每次 10kg/亩，共追施尿素 20kg/亩。

其余除草、喷药、收获均同大田。

6. 测定项目及指标

（1）土壤样品理化性质测定。播前按采集土壤样品，测定项目：pH 值、全盐、有机质、全氮、碱解氮、有效磷、速效钾。pH 值（水土比为 5∶1）用 SH-3 精密酸度计测定；全盐用 DDS-11 电导率仪测定；有机质采用重铬酸钾容量法-外加热法测定；碱解氮采用碱解扩散法测定；有效磷采用 0.5mol/L NaHCO₃ 浸提-钼锑抗比色法测定；速效钾用 1mol/L NH₄OAc 溶液浸提-火焰光度计（FP 6400 型）测定；全磷采用钼锑抗比色法测定；全氮采用半微量凯氏定氮法测定。

（2）玉米生育期生长指标测定。在玉米拔节后测定一次玉米生理生态指标，玉米株高用钢尺测量，茎粗用数显游标卡尺（0.01mm）测定近地面茎粗（mm）每次测量 10 株。用 SPAD-502 便携式叶绿素仪测量一次叶绿素含量，每片叶子测定其基部、中部、尖部的叶绿素含量取其平均值。

在玉米生理成熟后，各处理除去两边行及两端各 1m 取中间 8 行，进行田间综合性状调查。9 月 2 日生物学产量采用茎基部整株刈割，称取单株总鲜重；进一步分为果穗和植株体，分别称重，剪碎，带回室内，分样，烘干，称取干重；进一步测定植株氮磷钾的样品分样，磨碎，备测；9 月 28 日现场产量调查统计收获株数、果穗数、穗粒数、百粒重，各小区连续取 20 株玉米的果穗进行室内考种。采用 PM-8188 谷物水分测定仪测定籽粒含水率，10 次重复，取平均数。按 14% 含水量计算产量。测定不同处理小区产量。测产指标包括：穗长（cm）、穗粗（mm）、穗重（g）、行数、行粒数、秃尖长（cm）、百粒重（g）、穗粒数、地上部干物质量（g）等指标，其中穗长用直尺测量，穗粗和秃尖用数显游标卡尺测定，穗重、百粒重及地上部干物质重用电子秤测定。

测定含水率：用谷物水分测定仪测定玉米籽粒含水率，计算公式。

理论产量（kg/亩）= 有效株数×穗粒数×百粒重（g）×10/1 000/1 000× {100/[100+（含水率-14）]}。

7. 数据统计分析

试验数据以 Excel 2010 软件整理数据和绘图，同时采用 SPSS 17.0 软件进行统计分析，并对相关性指标进行显著性检验（$P<0.05$，$n=5$）。

（二）结果与分析

1. 不同粪肥（1t/亩）对玉米生长发育和产量的影响

从表 7-32 可知，施入不同类型粪肥使玉米的株高、茎粗、叶绿素存在一定差异性，各处理之间株高、茎粗、叶绿素均高于 CK，存在显著差异。奶牛粪、肉牛粪、羊粪、鸡粪均可以促进玉米株高和茎粗及叶绿素含量的增加；鸡粪由于全氮含量相对较高，氮在土壤中转化慢，因而对株高和叶绿素的促进作用相对较低，但鸡粪含钾量相对较高，对茎粗的促进作用显著。施入羊粪的处理株高和叶绿素含量达到最大值，分别达到 300.80 cm 和 52.90，比 CK 增加了 131.80 cm 和 12.80，分别增加了 78% 和 42.5%。

表 7-32　不同类型粪肥对玉米株高、茎粗、叶绿素的影响

处理	株高（cm）	茎粗（mm）	叶绿素（SPAD 值）
CK	169.00±13.00c	20.25±0.03b	30.10±2.56b
生鸡粪	257.60±1.60b	34.27±3.02a	35.60±1.74b
奶牛粪	292.50±6.50a	30.23±0.00a	44.20±2.97a
肉牛粪	291.50±0.50a	32.25±4.03a	50.55±2.32a
羊粪	300.80±10.80a	33.25±3.03a	52.90±4.05a

从表 7-33 中可以看出，由于土壤基础肥力条件较好，只滴水不施肥也能获得 300kg/亩的产量；增施粪肥 1t/亩后，不同粪肥处理对玉米的生长状况和产量有显著影响，表现为穗长增加，穗行数显著增加，行粒数显著增多百粒重显著增加，产量也显著增加。

表 7-33　不同粪肥对玉米农艺性状和产量的影响

处理	穗长（cm）	穗行数（行）	行粒数（粒）	百粒重（g）	籽粒产量（kg/亩）
CK	11.25±0.35d	11.00±1.00b	20.50±2.50b	23.75±1.85b	301.91±37.73c
生鸡粪	13.85±0.35c	14.00±0.00a	29.50±2.50a	29.00±0.40a	652.54±64.11ab
奶牛粪	14.75±0.35bc	14.00±0.00a	32.50±1.50a	28.60±0.90a	706.88±44.23ab
肉牛粪	15.65±0.45ab	15.00±1.00a	34.00±0.00a	16.90±14.3b	439.54±367.04bc
羊粪	16.35±0.55a	15.00±1.00a	33.00±2.00a	31.10±0.80a	869.17±143.54a

从表 7-34 可以看出，施用 1t/亩后粪肥影响出苗，收获株数下降，但青贮产量显著增加，与 CK 相比提高了近 200%，尽管只滴清水，也能获得较高的产量。

表 7-34　不同粪肥对青贮玉米产量的影响

处理	收获株数（株/亩）	地上总鲜重（kg/亩）
CK	5 676.00±57.00a	1 061.60±183.70b
生鸡粪	5 442.00±1.00ab	2 894.50±61.10a
奶牛粪	5 430.50±81.50ab	3 389.70±157.10a
肉牛粪	5 278.50±152.50b	3 335.70±121.01a
羊粪	5 593.50±75.50ab	3 382.45±131.05a

2. 不同有机肥（500kg/亩）对玉米生长发育和产量的影响

从表7-35可知，施入不同类型有机肥对玉米对株高、茎粗、叶绿素有一定差异性，各处理之间株高、茎粗、叶绿素均显著高于CK。鸡粪有机肥显著促进玉米株高、茎粗和叶绿素含量，而其他三种有机肥又能够显著促进玉米株高；除鸡粪外的三种有机肥之间对于玉米生育指标影响的差异不显著。

表7-35　不同类型有机肥对玉米株高、茎粗、叶绿素的影响

处理	株高（cm）	茎粗（mm）	叶绿素（SPAD值）
CK	169.00±13.00c	20.25±0.03b	30.10±2.56c
腐熟鸡粪	260.15±4.85b	32.28±1.99a	44.63±5.62a
腐熟奶牛粪	305.00±9.00a	36.80±0.50a	32.26±1.73bc
腐熟肉牛粪	286.00±10.00a	33.77±1.51a	34.63±3.51b
腐熟羊粪	300.30±1.30a	29.34±5.95a	37.60±3.16ab

从表7-36中可以看出，不同有机肥处理对玉米农艺性状和产量有显著影响，腐熟的四种有机肥能否显著提高玉米的穗长、穗行数、行粒数和百粒重，从而能够显著增产，四种有机肥之间各项指标达不到显著差异水平。但与生粪相比，腐熟后有机肥施用量减半，穗长增加，行粒数增加，但穗行数减小，百粒重没有显著增加，从而籽粒产量相对较低；仅靠有机肥供应养分很难获得高产。

表7-36　不同有机肥对玉米农艺性状和籽粒产量的影响

处理	穗长（cm）	穗行数（行）	行粒数（粒）	百粒重（g）	籽粒产量（kg/亩）
CK	11.25±0.35c	11.0±1.00b	20.50±2.50b	23.75±1.85b	301.91±37.73b
腐熟鸡粪	17.45±0.65ab	14.0±0.00a	31.12±1.00a	29.85±1.25a	708.14±46.04a
腐熟奶牛粪	16.25±0.95ab	15.0±1.00a	30.06±1.00a	28.85±0.05a	701.45±79.63a
腐熟肉牛粪	15.75±0.85ab	15.0±1.00a	28.50±0.50a	30.80±0.50a	763.28±49.19a
腐熟羊粪	17.70±1.1b	14.0±0.00a	29.31±0.00a	29.95±0.15a	663.03±19.25a

从表7-37可以看出，施用500kg/亩腐熟有机肥后仍然会影响出苗，除肉牛有机肥外，收获株数下降，但青贮产量显著增加，与CK相比提高了近200%，尽管只滴清水，也能获得较高的产量。四种有机肥之间青贮玉米产量的差异不显著。

表7-37　不同有机肥对青贮玉米产量的影响

处理	收获株数（株/亩）	地上总鲜重（kg/亩）
CK	5 676±57.00a	1 061.6±183.7b
腐熟鸡粪	5 462.5±49.5b	3 145.25±106.35a

（续表）

处理	收获株数 （株/亩）	地上总鲜重 （kg/亩）
腐熟奶牛粪	5 383.5±65.5b	3 280.25±62.55a
腐熟肉牛粪	5 799.5±20.5a	3 264.15±137.35a
腐熟羊粪	5 452±131b	3 082.05±74.64a

3. 不同生物有机肥（300kg/亩）对玉米生长发育和产量的影响

表7-38表明，按照国家NY884标准制成的生物有机肥，尽管施用量进一步降低到300kg/亩，仅占生粪施用量的30%，但其对玉米生长发育仍然表现出强劲的促进作用，且能达到显著差异水平。奶牛粪生物有机肥、肉牛粪生物有机肥、羊粪生物有机肥处理之间无显著差异。除CK外，鸡粪生物有机肥与各处理之间差异不显著；各处理株高、茎粗和叶绿素均显著高于CK。

表7-38　不同类型生物有机肥对玉米株高、茎粗、叶绿素的影响

处理	株高（cm）	茎粗（mm）	叶绿素（SPAD值）
CK	169.00±13.00c	20.25±0.03b	30.10±2.56b
鸡粪生物有机肥	280.50±1.50ab	30.24±2.20a	49.56±0.84a
奶牛生物有机肥	290.50±1.50a	31.77±1.53a	40.00±1.81a
肉牛生物有机肥	296.50±5.50a	33.83±0.46a	37.67±2.49a
羊粪生物有机肥	288.50±4.50a	30.24±5.04a	35.07±2.83a

从表7-39中可以看出，不同生物有机肥处理对玉米的农艺性状和产量有显著影响，生物有机肥理化性质更加优良，尽管施肥量进一步降低至只有生粪的30%，但显著促进穗长、行粒数和百粒重显著增加，从而将粒产量显著增加。

表7-39　不同类型生物有机肥对玉米农艺性状和产量的影响

处理	穗长 （cm）	穗行数 （行）	行粒数 （粒）	百粒重 （g）	籽粒产量 （kg/亩）
CK	11.25±0.35c	11.0±1.00b	20.52±2.50b	23.75±1.85b	301.91±37.73b
鸡粪生物有机肥	16.25±0.65ab	15.0±1.00a	28.51±1.5a	29.90±0.30a	735.72±87.22a
奶牛粪生物有机肥	16.85±0.35ab	15.0±1.00a	28.50±0.5a	29.65±0.75a	737.09±44.23a
肉牛粪生物有机肥	18.50±0.60a	15.0±1.00a	28.12±1.00a	30.05±0.45a	727.06±55.38a
羊粪生物有机肥	18.05±0.15ab	15.0±1.00a	30.50±0.5a	29.60±0.80a	791.15±53.57a

从表7-40中可以看出，不同生物有机肥处理对青贮玉米的出苗保苗率和产量有显著差异；生物有机肥理化性质更加优良，300kg/亩施用量下，增加了出苗率和收获穗数，从而显著增加青贮产量。

表 7-40　不同类型生物有机肥对青贮玉米产量的影响

处理	收获株数 （株/亩）	地上总鲜重 （kg/亩）
CK	5 676.00±57.00a	1 061.60±183.70b
鸡粪生物有机肥	5 736.5.±59.50a	3 155.50±14.30a
奶牛粪生物有机肥	5 821.00±84.00a	3 058.55±53.64a
肉牛粪生物有机肥	5 761.50±64.50a	3 318.30±217.10a
羊粪生物有机肥	5 845.00±56.00a	3 121.20±94.29a

4. 在追肥条件下不同粪肥（1t/亩）对玉米生长和产量的影响

从表 7-41 可知基施不同类型粪肥，生育期追施两次尿素，每次 5kg/亩奶牛粪、肉牛粪、羊粪、鸡粪均可以促进玉米株高和茎粗及叶绿素含量的增加，各处理之间株高、茎粗、叶绿素均高于 CK，存在显著差异。但追尿素对玉米株高、茎粗、叶绿素的影响与只滴清水比没有明显差异。

表 7-41　在追肥条件下不同类型粪肥对玉米株高、茎粗、叶绿素的影响

处理	株高（cm）	茎粗（mm）	叶绿素（SPAD 值）
CK	173.50±4.50c	20.11±1.22b	29.83±0.84c
生鸡粪	268.50±3.50b	25.37±3.01ab	43.70±0.20ab
奶牛粪	283.00±4.00a	25.65±0.55ab	44.30±1.23ab
肉牛粪	289.00±2.00a	27.66±0.54a	49.10±0.86a
羊粪	285.50±0.50a	29.74±0.50a	39.76±3.50b

从表 7-42 中可以看出，不同粪肥处理对玉米的生长状况和产量有显著差异。羊粪和奶牛粪处理中的穗行数最高，其次是肉牛粪和生鸡粪，与 CK 的穗行数差异显著，分别提高了 45.45%、36.36%；肉牛粪处理的行粒数最高，其次是羊粪和奶牛粪，较 CK 的行粒数差异显著，分别提高了 71.43%、66.67% 和 59.52%，且与生鸡粪处理的行粒数差异显著；CK 的百粒重最低，其他处理的百粒重均显著高于 CK，其中生鸡粪处理的百粒重最高，其次是羊粪、肉牛粪和奶牛粪，分别提高了 43.43%、42.32% 和 37.42%；羊粪处理的籽粒产量最高，其次是肉牛粪、奶牛粪和生鸡粪，较 CK 有显著差异，分别提高了 232.38%、212.06%、194.60% 和 169.05%。

表 7-42　在追肥条件下不同类型粪肥对玉米农艺性状和产量的影响

处理	穗行数 （行）	行粒数 （粒）	百粒重 （g）	籽粒产量 （kg/亩）
CK	11.00±0.58b	21.00±0.58c	22.45±1.07b	294.50±39.85b
生鸡粪	15.00±0.58a	30.50±0.87b	32.20±0.81a	792.35±138.85a
奶牛粪	16.00±0.00a	33.50±0.87a	30.85±0.38a	867.60±77.01a

（续表）

处理	穗行数 （行）	行粒数 （粒）	百粒重 （g）	籽粒产量 （kg/亩）
肉牛粪	15.00±0.58a	36.00±1.15a	31.50±0.52a	919.02±43.69a
羊粪	16.00±0.00a	35.00±0.58a	31.95±0.43a	978.87±6.27a

生粪，尤其是生鸡粪施用时奇臭无比，入土后转化过程复杂，从而影响出苗，相对而言羊粪的直接还田效果好于其他粪肥。如表 7-43 所示，CK 与生鸡粪、奶牛粪的亩收获株数含量间差异显著，分别降低了 6.7%、8.44%，与其他处理间没有显著差异；施粪肥能够显著提高青贮玉米产量，奶牛粪、肉牛粪和羊粪也都比鸡粪增产显著，肉牛粪的地上总鲜重最高，比 CK 和生鸡粪分别提高了 39.44% 和 174.14%（表 7-43）。

表 7-43　在追肥条件下不同类型粪肥对青贮玉米产量的影响

处理	收获株数 （株/亩）	地上总鲜重 （kg/亩）
CK	5 676.00±57a	1 489.10±173.3c
生鸡粪	5 319.50±93.5b	2 938.75±215.85b
奶牛粪	5 234.00±121b	3 789.05±8.45a
肉牛粪	5 419.50±42.5ab	4 097.85±42.95a
羊粪	5 475.00±63ab	3 810.20±51.4a

5. 追肥下不同有机肥（500kg/亩）对玉米生长和产量的影响

表 7-44 表明，粪肥腐熟后，与生粪相比施用量减半，肥效相当。由于各种原料的成分性质不同，制造有机肥的工艺，以及添加的辅料各不相同，施用效果有差异，其中，对株高的促进作用鸡粪有机肥最弱，但茎粗和叶绿素增加显著；而腐熟的肉牛粪对株高的促进作用最强。施用腐熟的粪肥并追施尿素，株高增长的快，叶绿素增加的多；施入肉牛粪有机肥的处理株高达到最大值，达到 317cm，比 CK 增加了 144cm。

表 7-44　在追肥条件下不同类型有机肥对玉米株高、茎粗、叶绿素的影响

处理	株高（cm）	茎粗（mm）	叶绿素（SPAD 值）
CK	173.50±4.50c	20.11±1.22b	29.83±0.84c
腐熟鸡粪	296.50±5.50b	31.74±3.52a	56.60±3.58a
腐熟奶牛粪	306.50±8.50ab	24.20±2.02ab	50.76±3.97a
腐熟肉牛粪	317.00±1.00a	27.17±2.07ab	43.83±3.03bc
腐熟羊粪	306.50±3.50ab	25.15±0.05ab	41.03±2.22b

从表 7-45 中可以看出，不同有机肥处理对玉米的农艺性状和产量有显著影响，与生粪相比，穗行数增加，但与生粪相比施肥量减半，养分供应有限，行粒数与百粒重并

未明显增加，从而籽粒产量差异很小。相对而言，肉牛粪腐熟有机肥各项指标均高于其他粪肥。

表 7-45　在追肥条件下不同类型有机肥对玉米农艺性状和产量的影响

处理	穗行数 （行）	行粒数 （粒）	百粒重 （g）	籽粒产量 （kg/亩）
CK	11.00±0.58b	21.00±0.58c	22.45±1.07b	294.50±39.85b
腐熟鸡粪	16.00±0.00a	32.00±0.58ab	31.90±0.4a	868.37±23.35a
腐熟奶牛粪	15.00±0.58a	31.00±0.00ab	31.65±0.49ab	810.32±94.51a
腐熟肉牛粪	17.00±0.58a	30.50±0.29b	31.55±0.61ab	945.18±84.79a
腐熟羊粪	17.00±0.58a	31.50±0.29ab	31.15±0.61ab	911.20±18.96a

表 7-45 及表 7-46 结果看出，粪肥腐熟后，对出苗的不良影响大大降低，但鸡粪有机肥 500kg/亩施用量条件下对出苗的不良影响增加，出苗率降低且达到显著差异水平。相对而言肉牛粪有机肥的施用效果好于其他有机肥，收获株数与青贮产量均达到最高。

表 7-46　在追肥条件下不同类型有机肥对青贮玉米产量的影响

处理	收获株数 （株/亩）	地上总鲜重 （kg/亩）
CK	5 676.00±57.00a	1 489.10±173.30c
腐熟鸡粪	5 319.50±93.50c	3 492.15±137.45b
腐熟奶牛粪	5 484.00±129.00bc	3 798.85±182.35ab
腐熟肉牛粪	5 769.50±107.50ab	3 910.70±55.60a
腐熟羊粪	5 475.00±63.00bc	3 730.85±151.25ab

6. 在追肥下不同生物有机肥（300kg/亩）对玉米生长和产量的影响

表 7-47 表明，按照国家 NY884—2012 标准制成的生物有机肥，尽管施用量进一步降低到 300kg/亩，仅占生粪施用量的 30%，但其对玉米生长发育仍然表现出强劲的促进作用，且能达到显著差异水平。奶牛粪生物有机肥、肉牛粪生物有机肥、羊粪生物有机肥处理之间无显著差异，但显著高于鸡粪生物有机肥，应该与鸡粪有机肥为了有机质达标添加的辅料多有直接关系。追肥后不同处理的叶绿素含量显著增高，光合能力大大增强，对增产有很好的作用。

表 7-47　在追肥条件下不同类型生物有机肥对玉米生长发育的影响

处理	株高（cm）	茎粗（mm）	叶绿素（SPAD 值）
CK	173.50±4.50c	20.11±1.22a	29.83±0.84c
鸡粪生物有机肥	294.50±4.50b	24.70±0.50a	53.03±1.07ab

（续表）

处理	株高（cm）	茎粗（mm）	叶绿素（SPAD 值）
奶牛生物有机肥	315.50±6.50a	25.17±0.99a	42.20±0.70b
肉牛生物有机肥	319.50±3.50a	28.70±3.50a	53.13±2.28a
羊粪生物有机肥	299.50±2.50a	24.87±2.50a	50.53±1.53a

从表7-48中可以看出，不同生物有机肥处理对玉米的农艺性状和产量有显著影响，表现为穗行数显著增加，行粒数显著增多，百粒重显著增大。尽管施用量进一步下降至仅有生粪的30%，仅为有机肥的60%，但穗行数、行粒数、百粒重和产量均达到较高水平，表现出生物有机肥因有益微生物增加且含有更多微生物次生代谢产物而表现出独有的功能。

表7-48　在追肥条件下不同类型生物有机肥对玉米农艺性状和产量的影响

处理	穗行数（行）	行粒数（粒）	百粒重（g）	籽粒产量（kg/亩）
CK	11.00±0.58b	21.00±0.58c	22.45±1.07b	294.50±39.85b
鸡粪生物有机肥	17.00±0.58a	30.50±0.29b	31.20±0.35a	934.73±79.01a
奶牛粪生物有机肥	17.00±0.58a	31.50±0.87ab	30.15±0.03a	930.90±15.53a
肉牛粪生物有机肥	16.00±0.00a	31.50±0.87ab	31.70±0.69a	976.89±74.96a
羊粪生物有机肥	16.00±1.15a	32.50±0.29a	32.15±0.32a	971.47±104.61a

从表7-48和表7-49可以看出，生物有机肥施用量相对较低，理化性质更趋合理，从而出苗率高，有效收获穗增加，青贮产量显著增加。

表7-49　在追肥条件下不同类型生物有机肥对玉米鲜产量的影响

处理	收获株数（株/亩）	地上总鲜重（kg/亩）
CK	5 676.00±57.00b	1 489.10±173.3c
鸡粪生物有机肥	5 769.50±56.50ab	3 899.85±110.35a
奶牛粪生物有机肥	5 784.00±171.00ab	4 011.45±118.50a
肉牛粪生物有机肥	5 919.50±42.50a	3 712.45±99.85ab
羊粪生物有机肥	5 825.00±87.00ab	3 787.35±14.15ab

二、基施有机肥+追施水溶肥对玉米生长发育及产量的影响

（一）材料和方法

1. 试验地土壤基本理化性质

供试土壤为风沙土推平耕种多年后形成的改良型土壤，曾连续堆置奶牛粪稀，风干

后直接翻耕入土改良土壤。前茬露地蔬菜，沟灌起垄种植。

土壤基本理化性质见表7-50。

表7-50　土壤基本理化性质

项目	pH 值	有机质 （g/kg）	碱解氮 （mg/kg）	速效磷 （mg/kg）	速效钾 （mg/kg）	全盐 （g/kg）
数值	8.26	12.62	77.72	34.16	312.55	0.46

2. 供试肥料

试验用基肥选用牛粪发酵后制作的有机肥，符合 NY 525—2012 质量标准。其基本理化性质见表7-51。供试追施水溶肥为宁夏润禾丰生物科技有限公司生产的'绿萌嘉禾'牌大量元素水溶肥，其质量标准符合 NY 1107—2010 要求，基本参数指标为：$N+P_2O_5+K_2O \geqslant 50\%$，螯合态微量元素 $Fe+Mn+Cu+Zn+B$ 含量 $\geqslant 0.5\%$。

表7-51　供试牛粪发酵有机肥基本理化性质

项目	pH 值	有机质 （%）	全氮 （g/kg）	全磷 （g/kg）	全钾 （g/kg）	全盐 （g/kg）
数值	8.22	46.86	40.31	11.65	16.52	15.58

3. 供试作物

供试作物为玉米，品种为国家审定品种'绿博6号'。

4. 试验设计

采用单因素多水平随机区组设计。

有机肥统一基施施用量 200kg/亩；滴灌肥施用量设置：CK；20kg/亩；40kg/亩；60kg/亩；80kg/亩；100kg/亩，共6个处理。

小区面积 $11m \times 30m = 330m^2$，每种处理重复3次，随机排列。

5. 田间管理

试验与2018年5月8日播种，2018年8月29日刈割青贮玉米，测产；2018年9月22日行进籽粒收获及考种。所有的有机肥全部基施，于播前最后一次整地，划好小区后，电子秤称量，撒施于地表，翻耕，耙磨；气吸式精量播种机单粒播种，宽窄行播种，宽行 70cm，窄行 40cm，平均行距 55cm；株距 20cm，每亩6 060株。

只在窄行铺设1根滴灌带，生育期全程滴灌，共滴水14次，总滴灌量为 $240m^3$/亩；共滴肥7次，分别于苗期、拔节期、大喇叭口期、抽雄期、吐丝期和灌浆前期和灌浆中期施入。

其余除草、喷药、收获均同大田。

6. 测定项目及指标

（1）土壤样品理化性质测定。播前按采集土壤样品，测定项目：pH 值、全盐、有机质、全氮、碱解氮、有效磷、速效钾。pH 值（水土比为 5∶1）用 SH-3 精密酸度计测定；全盐用 DDS-11 电导率仪测定；有机质采用重铬酸钾容量法-外加热法测定；碱解氮采用碱解扩散法测定；有效磷采用 0.5mol/L NaHCO$_3$ 浸提-钼锑抗比色法测定；速效钾用 1mol/L NH$_4$OAc 溶液浸提-火焰光度计（FP 6400 型）测定；全磷采用钼锑抗比色法测定；全氮采用半微量凯氏定氮法测定。

（2）玉米生育期生长指标与产量测定。在抽雄后进行测定，玉米株高用钢尺测量，茎粗用数显游标卡尺（0.01mm）测定近地面茎粗（mm）测量 10 株。用 SPAD-502 便携式叶绿素仪测量叶绿素含量，每片叶子测定其基部、中部、尖部的叶绿素含量取其平均值。选择晴天采用 CI-6400 便携式光合测量仪测定光合速率、蒸腾速率、胞间 CO$_2$ 浓度等。

分别在玉米灌浆中期（8 月 29 日籽粒乳线达到 50%）和生理成熟后（9 月 22 日），各处理除去两边行及两端各 1 m 取中间 8 行，进行田间综合性状调查。生物学产量采用茎基部整株刈割，称取单株总鲜重；现场产量调查统计收获株数和果穗数，各小区连续取 20 株玉米的果穗进行室内考种。采用 PM-8188 谷物水分测定仪测定子粒含水率，10 次重复，取平均数。按 14% 含水量计算产量。测定不同处理小区产量。测产指标包括：穗长（cm）、穗粗（mm）、穗重（g）、行数、行粒数、秃尖长（cm）、百粒重（g）、穗粒数、地上部干物质质量（g）等指标，其中穗长用直尺测量，穗粗和秃尖用数显游标卡尺测定，穗重、百粒重及地上部干物质重用电子秤测定。

青贮产量（kg/亩）= 有效收获穗数（株/亩）×单株鲜重（kg/亩）

测定含水率：用谷物水分测定仪测定玉米籽粒含水率，计算公式。

理论产量（kg/亩）= 有效收获穗数（株/亩）×穗粒数×百粒重（g）×10/1 000/1 000×（1-含水率）÷（1-14%）。

7. 数据统计分析

试验数据以 Excel 2010 软件整理数据和绘图，同时采用 SPSS 17.0 软件进行统计分析，并对相关性指标进行显著性检验（$P<0.05$，$n=5$）。

（二）结果与分析

1. 不同水溶肥施用量对玉米生长发育的影响

由表 7-52 可知，施用不同用量滴灌肥可以显著增加玉米株高、茎粗和 SPAD 值。与 CK 相比，随追施水溶肥量的增大玉米株高增高 33.20%、45.04%、49.00%、48.45%、40.0%，超过 80kg/亩反而下降；随水溶肥施用量增大，茎粗分别增加了 48.40%、54.11%、54.79%、54.57% 和 50.46%；随水溶肥施肥量的增加，叶绿素（SPAD）分别增加了 15.75%、41.53%、47.89%、33.33% 和 30.74%。

表 7-52　不同水溶肥施用量对玉米生长指标的影响

处理 （kg/亩）	株高 （cm）	茎粗 （cm）	叶绿素 SPAD
0	250.00±12.73d	2.19±0.11b	32.43±0.93d
20	333.00±2.83c	3.25±0.01a	37.54±0.91c
40	362.50±4.95ab	3.38±0.05a	45.90±2.20ab

（续表）

处理 （kg/亩）	株高 （cm）	茎粗 （cm）	叶绿素 SPAD
60	372.50±6.36a	3.39±0.04a	47.96±3.38a
80	371.00±2.83a	3.39±0.02a	43.24±1.62b
100	350.00±7.07bc	3.30±0.09a	42.40±2.10b

2. 不同水溶肥施用量对玉米光合特性的影响

净光合速率是指绿色植物实际光合作用减去呼吸消耗所得干物质积累量，是叶片光合性能优劣的最终体现。从表7-53可知，除CK外随水溶肥施肥量的增加净光合速率先增加后降低，60kg/亩达到最高，与其他存在显著差异，水溶肥施用量超过此值会限制净光合速率。气孔导度表示的是气孔的张开程度，影响光合作用，呼吸作用及蒸腾作用，随水溶肥施用量提高，玉米气孔导度也存在先增大后减小的规律，40kg/亩达到最高，超过60kg/亩显著降低。胞间CO_2浓度和蒸腾速率也存在类似的规律，不过水溶肥施用量超过60kg/亩胞间CO_2浓度显著下降，而水溶肥施用量超过80kg/亩蒸腾速率显著下降。

表7-53　不同水溶肥施用量对玉米抽雄期光合特征的影响

施肥量 （kg/亩）	净光合速率 [μmol/（m²·s）]	气孔导度 [mmol/（m²·s）]	胞间CO_2浓度 （mg/kg）	蒸腾速率 [mmol/（m²·s）]
0	26.24±1.71d	0.350±0.027c	227.54±5.02d	6.17±0.83d
20	26.95±1.34cd	0.390±0.027c	237.61±5.46c	7.54±0.38c
40	27.56±0.23bcd	0.580±0.017a	258.07±4.29ab	8.51±0.07b
60	30.78±0.28a	0.527±0.075a	258.80±9.19a	9.86±0.03a
80	28.93±0.52b	0.457±0.058b	249.22±2.53b	10.54±0.52a
100	28.02±0.39bc	0.463±0.012b	232.24±0.99cd	8.39±0.41b

3. 不同水溶肥施用量对玉米农艺性状与产量的影响

从表7-54可知，添加不同量的水溶肥可以增加玉米的单穗行数、行粒数，显著提高穗长、穗粗，显著降低秃尖长。

表7-54　不同水溶肥施用量对玉米农艺性状的影响

处理 （kg/亩）	穗行数 （行）	行粒数 （粒）	穗长 （cm）	穗粗 （mm）	秃尖长 （cm）
0	14.00±0.00b	30.67±1.76b	13.70±0.71b	29.74±2.33b	3.00±0.21a
20	16.33±0.33ab	32.33±0.88b	17.33±0.33a	50.59±0.86a	1.33±0.17b
40	16.67±0.67ab	35.33±0.88ab	18.00±0.29a	51.73±0.67a	1.50±0.29b
60	18.67±0.67a	35.67±2.03ab	18.50±0.29a	51.61±0.24a	1.33±0.17b

（续表）

处理 （kg/亩）	穗行数 （行）	行粒数 （粒）	穗长 （cm）	穗粗 （mm）	秃尖长 （cm）
80	17.33±1.76a	40.67±0.67a	18.33±0.33a	49.89±0.25a	0.77±0.37b
100	16.67±0.33ab	40.00±2.89a	17.90±0.46a	52.96±1.05a	0.83±0.17b

由表 7-55 可知，添加不同量的水溶肥可以增加玉米的穗粒数和百粒重，施肥量超过 40kg/亩时达到显著差异水平，从而显著提高籽粒玉米和青贮玉米的产量。

表 7-55　不同水溶肥施用量的奶牛生粪对玉米产量的影响

处理 （kg/亩）	穗粒数 （粒）	百粒重 （g）	籽粒产量 （kg/亩）	单株鲜重 （kg/株）	青贮产量 （kg/亩）
0	429.33±24.69d	24.66±0.83b	603.37±20.24c	0.21±0.02c	1 191.30±131.10c
20	528.00±16.00cd	30.87±2.29ab	929.08±68.86b	0.42±0.01b	2 365.50±28.50b
40	588.00±15.14bc	31.21±0.58ab	1 046.00±19.38b	0.61±0.09ab	3 448.50±484.50ab
60	663.33±19.47ab	28.05±0.19ab	1 060.62±7.21b	0.67±0.06a	3 790.50±313.50a
80	702.67±61.81a	35.25±4.28a	1 411.96±171.36 a	0.71±0.10a	4 032.75±555.75a
100	665.00±36.86ab	32.67±1.59a	1 238.51±60.32b	0.75±0.03a	4 246.50±142.50a

4. 不同水溶肥施用量对玉米经济效益的影响

从表 7-56 可知，不同水溶肥施用量籽粒玉米的经济效益不同，分析表明，施肥量为 80kg/亩，产值最高，经济效益最大，且产投比最高；进一步增大施肥量，产量、产值、经济效益、产投比均下降。

表 7-56　不同水溶肥施用量籽粒玉米的经济效益

处理 （kg/亩）	成本 （元/亩）	其他成本 （元/亩）	总成本 （元/亩）	产值 （元/亩）	经济效益 （元/亩）	产/投
0	130	465	595	905.06	310.06	1.52
20	250	465	715	1 393.62	678.62	1.95
40	370	465	835	1 569.00	734.00	1.88
60	490	465	955	1 590.93	635.93	1.67
80	610	465	1 075	2 117.94	1 042.94	1.97
100	730	465	1 195	1 857.77	662.77	1.55

注：其他成本包含机耕 45 元/亩、种子 50 元/亩、播种 25 元/亩、除草剂 15 元/亩、电费 50 元/亩、追肥 200 元/亩、农药 20 元/亩、机收 60 元/亩，籽粒玉米 1.5 元/kg；水溶肥 6 000 元/t；肥料成本含 200kg 有机肥 130 元/亩，下同。

从表 7-57 可知，水溶肥不同施用量青贮玉米的经济效益不同，由于基施 200kg/亩有机肥，因而不施水溶肥尽管有一定的产量，但入不敷出而亏本。随施肥量的增高，效益增大，产投比提高。但施肥量超过 60kg/亩效益下降，产投比降低。

表 7-57 不同水溶肥施用量青贮玉米的经济效益

处理 （kg/亩）	成本 （元/亩）	其他成本 （元/亩）	总成本 （元/亩）	产值 （元/亩）	经济效益 （元/亩）	产/投
0	130	465	595	500.35	-94.65	0.84
20	250	465	715	993.51	278.51	1.39
40	370	465	835	1 448.37	613.37	1.73
60	490	465	955	1 592.01	637.01	1.67
80	610	465	1 075	1 693.73	618.73	1.58
100	730	465	1 195	1 783.53	588.53	1.49

注：其他成本包含机耕 45 元/亩、种子 50 元/亩、播种 25 元/亩、除草剂 15 元/亩、电费 50 元/亩、追肥 200 元/亩、农药 20 元/亩、机收 60 元/亩，青贮玉米 0.42 元/kg；水溶肥 6 000 元/t；肥料成本含 200kg 有机肥 130 元/亩。

5. 水溶肥的适宜施用量

依据公式 $y = -0.364\ 5x^2 + 65.908 + 1\ 220.3$ 可得，决定系数为 $R^2 = 0.991\ 3$，以此计算得出青贮玉米最高产量水溶肥施肥量为 90.41kg/亩，最大经济效益施肥量为 70.81kg/亩（图 7-5）。

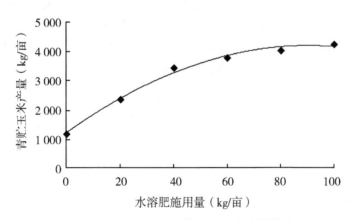

图 7-5 不同水溶肥施用量与青贮玉米产量的关系

三、化肥减施及有机替代对玉米生长发育及产量的影响

（一）材料和方法

1. 试验地土壤基本理化性质

供试土壤为干旱土土纲，钙成干旱土亚纲，正常钙成干旱土土类（灰钙土土类）。前茬青贮玉米。其基本理化性质见表 7-58 及表 7-59。

表 7-58　供试土壤物理性质

深度 （cm）	水分 （%）	容重 （g/cm³）	总孔度 （%）	饱和含水量水 （%）	田间持水量 （%）
0~26	11.14	23.58	23.58	36.02	23.58
26~60	10.53	18.74	18.74	26.96	18.74
60~75	9.32	19.29	19.29	29.25	19.29

表 7-59　供试土壤化学性质

深度 （cm）	有机质 （g/kg）	碱解氮 （mg/kg）	速效磷 （mg/kg）	速效钾 （mg/kg）	全盐 （g/kg）	pH 值
0~26	11.70	101.92	19.64	180	0.45	8.96
26~60	9.02	124.74	26.03	140	0.47	8.86
60~75	8.27	67.38	9.86	100	0.39	8.98

2. 供试肥料

试验选用羊粪好氧发酵后生产的有机肥，符合 NY 525—2012 质量标准。其基本理化性质见表 7-60。有机肥施用量 200kg/亩。供试常规施肥化肥为磷酸二铵和尿素，其中，种肥施用磷酸二铵 30kg/亩，追施尿素 40kg/亩，分两次追入。供试追施水溶肥为宁夏润禾丰生物科技有限公司生产的'绿萌嘉禾'牌大量元素水溶肥，其质量标准符合 NY 1107—2010 要求，基本参数指标为：$N+P_2O_5+K_2O \geqslant 50\%$，螯合态微量元素 $Fe+Mn+Cu+Zn+B$ 含量 $\geqslant 0.5\%$；水溶肥施用量 24kg/亩。

表 7-60　供试羊粪发酵有机肥理化性质

项目	pH 值	有机质 （%）	全盐 （g/kg）	全氮 （g/kg）	全磷 （g/kg）	全钾 （g/kg）
数值	8.22	46.86	15.58	40.31	11.65	16.52

3. 供试作物

供试作物为玉米，品种为国家审定品种'绿博 6 号'。

4. 试验设计

采用单因素多水平随机区组设计（表 7-61）。

①常规施肥（30kg/亩磷酸二铵与播种时种肥分层同播；拔节期和大喇叭口期分别追施尿素 20kg/亩，2 次合计 40kg/亩）②有机肥（200kg/亩+水溶肥 24kg/亩）；③水溶肥（24kg/亩）共 3 个处理；小区面积 5.5m×20m＝110m²，每种处理重复 3 次，随机排列。

表 7-61　试验设计养分施用量

处理	施肥量（kg/亩）			总量（kg/亩）	化肥减量（%）
	N	P_2O_5	K_2O		
常规施肥	23.8	13.8	0	37.6	0.00
有机肥+水溶肥	15.74	4	5.94	25.68	31.70
只施水溶肥	7.68	1.68	2.64	12	68.09

5. 田间管理

试验与 2018 年 4 月 26 日播种，2018 年 9 月 2 日刈割青贮玉米，测产；2018 年 9 月 28 日行进籽粒收获及考种。所有的有机肥全部基施，于播前最后一次整地，划好小区后，电子秤称量，撒施于地表，翻耕，耙磨；气吸式精量播种机单粒播种，宽窄行播种，宽行 70cm，窄行 40cm，平均行距 55cm；株距 20cm，每亩 6 060 株。

只在窄行铺设 1 根滴灌带，只施各种有机肥的处理，生育期全程滴灌，共滴水 12 次，总滴灌量为 220m³/亩。

生育期全程滴灌，共滴水 12 次，总滴灌量为 220m³/亩，拔节期和大喇叭口期追施 2 次水溶肥，每次 12kg/亩，共追施 40kg/亩。

其余除草、喷药、收获均同大田。

6. 测定项目及指标

（1）土壤样品理化性质测定。播前按采集土壤样品，测定项目：pH 值、全盐、有机质、全氮、碱解氮、有效磷、速效钾。pH 值（水土比为 5∶1）用 SH-3 精密酸度计测定；全盐用 DDS-11 电导率仪测定；有机质采用重铬酸钾容量法—外加热法测定；碱解氮采用碱解扩散法测定；有效磷采用 0.5mol/L $NaHCO_3$ 浸提-钼锑抗比色法测定；速效钾用 1mol/L NH_4OAc 溶液浸提-火焰光度计（FP 6400 型）测定；全磷采用钼锑抗比色法测定；全氮采用半微量凯氏定氮法测定。

（2）玉米生育期生长指标与产量测定。在抽雄后进行测定，玉米株高用钢尺测量，茎粗用数显游标卡尺（0.01mm）测定近地面茎粗（mm）测量 10 株。用 SPAD-502 便携式叶绿素仪测量叶绿素含量，每片叶子测定其基部、中部、尖部的叶绿素含量取其平均值。选择晴天采用 CI-6400 便携式光合测量仪测定光合速率、蒸腾速率、胞间 CO_2 浓度等。

分别在玉米灌浆中期（8 月 29 日籽粒乳线达到 50%）和生理成熟后（9 月 22 日），各处理除去两边行及两端各 1 m 取中间 8 行，进行田间综合性状调查。生物学产量采用茎基部整株刈割，称取单株总鲜重；现场产量调查统计收获株数和果穗数，各小区连续取 20 株玉米的果穗进行室内考种。采用 PM-8188 谷物水分测定仪测定籽粒含水率，10 次重复，取平均数。按 14% 含水量计算产量。测定不同处理小区产量。测产指标包括：穗长（cm）、穗粗（mm）、穗重（g）、行数、行粒数、秃尖长（cm）、百粒重（g）、穗粒数、地上部干物质量（g）等指标，其中穗长用直尺测量，穗粗和秃尖用数显游标卡尺测定，穗重、百粒重及地上部干物质重用电子秤测定。

青贮产量（kg/亩）＝有效收获穗数（株/亩）×单株鲜重（kg/亩）

测定含水率：用谷物水分测定仪测定玉米籽粒含水率，计算公式。

理论产量（kg/亩）＝有效收获穗数（株/亩）×穗粒数×百粒重（g）×10/1 000/1 000×（1-含水率）÷（1-14%）。

7. 数据统计分析

试验数据以 Excel 2010 软件整理数据和绘图，同时采用 SPSS 17.0 软件进行统计分析，并对相关性指标进行显著性检验（$P<0.05$，$n=5$）。

（二）结果与分析

1. 化肥减施及有机替代对玉米生长发育的影响

小区面积 5.5m×20m＝110m²，每种处理重复 3 次，随机排列。

由表 7-62 可知，在化肥减施 32% 和 68% 的处理下，玉米株高显著降低，但茎粗和叶绿素差异不显著施。

表 7-62　化肥减施对玉米生长发育的影响

处理 （kg/亩）	株高 （cm）	茎粗 （cm）	叶绿素 SPAD
常规施肥	324.00±3.11a	34.79±0.51a	45.63±7.89a
有机肥+水溶肥	295.00±3.06b	30.25±4.04a	44.97±2.81a
只施水溶肥	291.50±10.50b	32.26±3.03a	51.97±6.55a

2. 化肥减施及有机替代对玉米农艺性状与产量的影响

由表 7-63 可知，在化肥减施 32% 和 68% 的处理下，玉米穗长、行粒数、产量均有降低趋势，其中，产量分别降低 5% 和 21%，但差异不显著。

表 7-63　化肥减施对玉米生长发育的影响

处理 （kg/亩）	穗长 （cm）	行粒数 （粒）	百粒重 （g）	有效 （穗数）	籽粒产量 （kg/亩）	青贮产量 （t/亩）
常规施肥	20.3±0.5a	32.0±2.8a	31.7±1.2a	5522.5±156.2a	952.4±100.4a	3.8±0.1a
有机+水溶	17.6±0.7a	32.5±2.1a	32.2±0.2a	5390.5±91.2a	904.2±68.3a	3.6±0.1a
水溶肥	17.0±1.2a	28.5±0.7a	30.6±3.0a	5773.0±55.1a	752.7±7.7a	3.2±0.1a

3. 化肥减施与有机替代对玉米经济效益的影响

从表 7-64 可知，在化肥减施 32% 和 68% 的处理下，玉米产值、经济效益和产投都有下降的趋势，其中，产值相应下降 5.06% 和 20.97%，经济效益则明显下降 23.66% 和 35.68%。在土壤供肥力较弱的宁夏中部干旱带，化肥减施幅度应该控制在 30% 以内。

表 7-64 化肥减施籽粒玉米的经济效益

处理 （kg/亩）	成本 （元/亩）	其他成本 （元/亩）	总成本 （元/亩）	产值 （元/亩）	经济效益 （元/亩）	产/投
常规施肥	155.00	465	620.00	1 428.68	808.68	2.30
有机+水溶	274.00	465	739.00	1 356.36	617.36	1.84
水溶肥	144.00	465	609.00	1 129.16	520.16	1.85

注：其他成本包营机耕 45 元/亩、种子 50 元/亩、播种 25 元/亩、除草剂 15 元/亩、电费 30 元/亩、追肥 200 元/亩、农药 20 元/亩、机收 60 元/亩，籽粒玉米 1.5 元/kg；磷酸二铵 2.4 元/kg，尿 2.0 元/kg，有机肥 0.65 元/kg，水溶肥 6.0 元/kg。

（三）小结

（1）在供肥力较弱的灰钙土上施用生粪、有机肥和生物有机肥分别为 1 000kg/亩、500kg/亩、300kg/亩时，有机肥投入成本均在 300 元/亩左右，产量分别为 667.03kg/亩、708.98kg/亩和 747.76kg/亩，但差异不显著，生物有机肥施用量少，效果好，更具优势。同样的处理增施水溶后，产量达到 889.51kg/亩、883.82kg/亩和 953.56kg/亩，增产幅度达到 33.35%、24.65%和 27.51%，但三者之间差异不显著；生粪的增产幅度最高，表明有机肥+滴灌肥的组合更容易发挥二者的优势而进一步增产。

（2）在海拔 1 300m，土壤肥力瘠薄的宁夏中部干旱带，化肥减施 32%和 68%的处理下，玉米产量降低 5%和 21%，产值相应下降 5.06%和 20.97%，净收益则下降 23.66%和 35.68%。

（3）在基施 200kg/亩有机肥的基础上增施水溶肥，能够更大幅度提高产量，增产幅度达到 53.98%~105.27%，最大经济效益水溶肥施用量为 68.84kg/亩，最高产量可达 1 100kg/亩，最大经济效益可达 1 050 元/亩。

（4）综合多点试验结果，推荐宁夏中部干旱带玉米生产中采用每亩基施有机肥为 250~350kg/亩，或基施生物有机肥 100~200kg/亩，不基施化肥，全程水肥一体化，施用大量元素水溶肥 50~60kg/亩，比传统施肥减少化肥投入 20.21%~33.51%，籽粒玉米增产 15.56%，青贮玉米增产 10.39%，玉米节本增效 323.83 元/亩。

第三节 甘城子砾石灰钙土籽粒玉米粪肥高效施用技术模式

一、不同鸡粪有机肥施用量对玉米产量及土壤肥力状况的影响

（一）材料与方法

1. 试验区概况

试验地设在宁夏引黄灌区青铜峡市邵岗镇甘城子村，其海拔 1 150m，平均年日照时数 2 897h，日照率达 65%。年均降水量为 147.7mm，年均蒸发量在 2 902mm，是降水量的 20 倍左右，有明显的大陆性气候特征。该地区土壤肥力较贫瘠，砂砾含量高，

在2018年，采用五点法取样，采集0~40cm土层土样，测定基础理化指标，其中pH值在8.3~8.5，呈碱性，土壤有机质9.87g/kg、全氮0.64g/kg、碱解氮57.65mg/kg、速效磷31.75mg/kg、速效钾271.25mg/kg、全盐0.25g/kg。

2. 供试材料

试验于2018—2019年，连续2年定位试验。供试玉米为当地主栽品种'登海605'。供试有机肥为鸡粪有机肥，pH值为8.1，全盐含量为24.6g/kg、有机质为50.6%、全氮为2.58%、全磷为2.35%、全钾为3.81mg/kg。

3. 试验设计

试验采用单因素完全随机区组设计，共设6个处理。CK：不施肥；T1：施有机肥3.75t/hm²；T2：施有机肥7.50t/hm²；T3：施有机肥15.00t/hm²；T4：有机肥30.00t/hm²；T5：有机肥45.00t/hm²；小区面积8m×12m＝96m²，采用机械宽窄行种植，宽行70cm，窄行40cm，株距20cm，灌溉方式为滴灌，滴灌带铺设于窄行中间位置，全生育期等量灌溉，灌溉6次，灌溉定额为5 400m³/hm²；施肥方式：于播种前将所有有机肥一次性撒施后深耕。全生育期其他农艺操作及病虫害防控措施一致。2018年与2019年田间管理措施一致。

4. 测定指标及方法

（1）土壤养分测定方法。土壤pH值在水土比例5∶1混匀静止后直接用pH计测定；DDS-11电导率仪测定全盐含量；重铬酸钾容量法测定有机质含量；碱解扩散法测定碱解氮含量；用0.5mol/L碳酸氢钠浸提-钼锑抗比色法测定速效磷含量；用1mol/L醋酸铵溶液浸提-火焰光度计测定速效钾含量。

（2）玉米产量及构成因素测定方法。在玉米成熟期，选取适当比例的样方，采用卷尺测定穗长及秃尖长，采用游标卡尺测定穗粗，并对穗行数以及行粒数进行计数，称取单穗重和百粒重；按照1m×2m规格设置样方，测定产量，重复3次。

（3）土壤微生物测定方法。采用稀释平板分离计数法测定土壤细菌、真菌和放线菌三大微生物类群数量，以每克干土所含菌落数（CFU）表示。细菌用牛肉膏蛋白胨培养基在37℃下培养2~3d，真菌用马丁氏-孟加拉红培养基在27~28℃下培养3d，放线菌用高氏一号培养基27~28℃下培养6d，记录每类菌种的菌落数，再依据土壤含水量计算出每克干土所含菌落数。

（4）土壤酶活性测定方法。土壤蔗糖酶活性采用3,5-二硝基水杨酸比色法测定，以24h后1g土壤葡萄糖的质量分数（mg/g）表示；脲酶活性采用苯酚-次氯酸钠比色法测定，以24h后1g土壤中NH_3-N质量分数（mg/g）表示；碱性磷酸酶活性采用磷酸苯二钠比色法测定，以24h后1g土壤中酚的质量分数（mg/g）表示；过氧化氢酶活性采用高锰酸钾滴定法测定，以20min内1g土壤消耗的0.1mol/L $KmnO_4$体积数（mL）表示。

5. 数据处理

试验数据以Excel 2010软件整理数据和作图，采用SPSS 25.0软件进行统计分析，采用LSD法进行方差分析和多重比较（$P<0.05$）。

（二）结果与分析

1. 不同用量有机肥对玉米产量构成因素及产量的影响

从表7-65可知，不同施肥量对玉米产量构成指标的影响不同，总体来说，与不施肥（CK）相比，施用有机肥可以改善土壤肥力状况，从而提高玉米生长指标。2年各个处理玉米产量构成指标年际间表现为2018年优于2019年，这可能与2年间玉米各个生育期的气候与降水分布有关。2018年各处理玉米穗长、穗粗、行粒数及穗重没有明显差异，处理T4的百粒重显著高于CK，而其他施肥量之间没有明显差异，秃尖长度总体上偏长，但处理T5显著高于其他处理。2019年玉米整体生长指标虽然低于2018年，但是处理间表现出相对明显的差异，总体以处理T3和T4最好。施用有机肥处理的玉米穗长显著高于CK，但个各个施肥处理间没有显著性差异；穗粗上处理T3显著高于其他处理，极显著高于CK，且比CK粗5.9mm；穗重以处理T4显著高于处理T2，极显著高于CK，且分别比T2和CK重16.6g和48.6g；百粒重和行粒数均是处理T3明显高于其他施肥处理，显著高于CK；秃尖长以CK最长，其次是处理T1，是因为土壤肥力差，植株吸取的养分不足，从而导致秃尖。连续2年施用不同量有机肥，总体以处理T4>T3>T5>T2>T1>CK。

表7-65　不同用量有机肥对玉米产量构成因素的影响

年份	处理	穗长（cm）	穗粗（mm）	穗重（g）	百粒重（g）	行粒数（粒）	秃尖长（mm）
2018	CK	21.9±0.5a	51.4±0.4a	244.7±22.7a	26.2±0.4b	40.7±0.5a	16.3±0.7b
	T1	22.4±0.3a	50.9±0.4a	286.4±10.8a	28.6±0.7ab	42.8±0.5a	17.9±0.9b
	T2	22.4±0.2a	51.4±0.9a	345.2±20.0a	29.9±1.3ab	44.5±0.9a	15.6±0.1b
	T3	22.4±0.5a	51.4±0.3a	343.4±12.3a	28.6±0.5ab	41.7±0.8a	16.9±0.5b
	T4	22.7±0.3a	51.0±0.7a	357.0±5.4a	31.8±0.9a	43.7±0.8a	17.0±0.7b
	T5	22.1±0.4a	51.9±0.7a	347.2±18.9a	28.6±0.5ab	42.2±0.5a	22.1±0.4a
2019	CK	16.3±0.2b	48.2±0.7c	206.7±4.8c	24.0±0.1b	30.0±1.2c	22.1±0.3a
	T1	17.2±0.2a	49.3±0.3bc	238.7±2.9b	24.7±0.8ab	33.3±1.2bc	19.2±0.1ab
	T2	17.4±0.4a	50.1±0.4bc	245.7±3.4ab	24.8±0.9ab	33.7±1.2b	9.5±0.5c
	T3	17.6±0.5a	54.1±0.4a	250.0±6.1ab	26.8±1.0a	38.3±0.3a	12.1±0.3bc
	T4	17.7±0.2a	51.6±0.2b	255.3±2.9a	25.4±0.5ab	36.0±1.5ab	11.8±0.1c
	T5	17.9±0.1a	50.8±0.6bc	249.7±3.7ab	24.8±0.8ab	33.7±0.7b	17.5±0.1abc

注：CK为不施肥；T1为有机肥3 750kg/hm²；T2为有机肥7 500kg/hm²；T3为有机肥15 000kg/hm²；T4为有机肥30 000kg/hm²；T5为有机肥45 000kg/hm²。同列不同小写字母表示处理间差异显著（$P<0.05$），下同。

从表7-66可以看出来，产量构成因素之间具有相关性。行粒数和穗长呈显著正相关；穗重和穗长呈极显著正相关，穗重与穗粗呈显著正相关，穗重与行粒数呈极显著正相关。百粒重与其他产量构成因素之间无相关性。

表7-66 各产量构成因素相关系数

	穗长	穗粗	行粒数	百粒重
穗粗	0.377			
行粒数	0.487*	0.085		
百粒重	0.124	0.043	0.435	
穗重	0.779**	0.500*	0.593**	0.281

注：* 和 ** 分别表示在 $P<0.05$ 水平显著相关和 $P<0.01$ 水平极显著相关。

通过对玉米的产量和有机肥施用量进行曲线拟合，如图7-6，2018年拟合曲线（$Y= 0.000\,005x^2+ 0.278\,7x+ 6\,761.4$，$R^2= 0.927\,9$）可得最高产量施肥量为27 880kg/hm²，且最高产量为 10 647.87kg/hm²，说明当有机肥施用量为 27 880kg/hm²时，随着有机肥的施用量增加，玉米产量呈下降趋势。2019 年拟合曲线（$Y= 0.000\,005x^2+0.250\,3x+5\,811.1$，$R^2= 0.913\,8$）可得最高产量施肥量为 25 030kg/hm²，且最高产量为 8 943.60kg/hm²，说明当有机肥施用量为 25 030kg/hm² 时，随着有机肥的施用量增加，玉米产量呈下降趋势。由于 2 年气候条件相差较大，导致 2019 年玉米产量低于 2018 年产量，但是同一年相比，随着有机肥还田年限的增加，有机肥最佳产量施肥量由第一年的 27 880kg/hm² 向第二年 25 030kg/hm² 有减少的趋势。

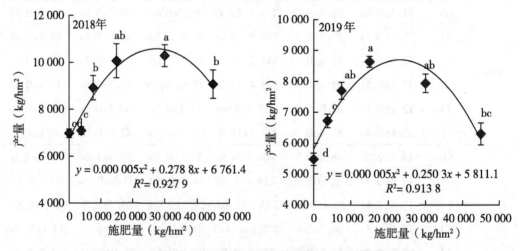

图7-6 2018年、2019年不同处理施肥量-玉米产量拟合曲线

2. 不同用量有机肥对土壤养分的影响

从表7-67可知，2018年和2019年有机肥不同量还田下，土壤养分含量均比CK不同程度增加。两年间土壤 pH 值没有明显变化，各个处理均维持在 8.2~9，土壤盐分含量随着有机肥施用量的增加而增加，各个施肥处理土壤养分含量均比 CK 增加，施肥处理间规律不明显，总体上 2019 年土壤养分累积量高于 2018 年。与 CK 相比，2018 年土壤全盐含量增幅为 4.3%~65.2%，2019 年全盐增幅为 32.0%~80.0%；两年间有机肥

还田不同处理下 0~40cm 土层土壤有机质含量均极显著高于 CK，2018 年以处理 T4 有机质含量最高，其次是处理 T3，显著高于其他施肥处理，极显著高于 CK，分别比 CK 增加 56.31% 和 39.5%。2019 年土壤有机质随着施肥量的增加呈逐渐上升的趋势，处理 T5 有机质含量达到 23.8g/kg，比 CK 提高 141.4%，处理 T1、T2、T3、T4 分别比 CK 增加 34.3%、57.84%、84.0% 及 89.0%。有机肥施用可以显著增加 0~40cm 土层碱解氮、速效磷和速效钾含量。土壤碱解氮含量 2018 年与 2019 年均以处理 T5 积累量最高，分别比对照增加 34.2% 和 57.9%。2018 年土壤速效磷含量处理 T4 显著高于其他处理，但 2019 年则以处理 T5 含量最高。土壤速效钾含量整体随着施肥量的增加而呈上升趋势，以处理 T5 积累量最高，2018 年与 2019 年分别比 CK 增加 125.3% 和 86.9%。由此可见，有机肥施用可以显著增加 0~40cm 土层土壤养分，并且随着施肥量的增加，养分含量呈上升趋势，但是相应的土壤全盐含量也随有机肥施用量的增加而增加。

表 7-67 不同用量有机肥还田对 0~40cm 土层土壤养分含量的影响

年份	处理	pH 值	全盐 （g/kg）	有机质 （g/kg）	碱解氮 （mg/kg）	速效磷 （mg/kg）	速效钾 （mg/kg）
2018	CK	8.6±0.1b	0.23±0.04c	10.05±0.53d	67.52±2.01d	35.11±1.02c	174.52±12.47c
	T1	8.7±0.1ab	0.24±0.03c	10.62±0.95d	68.53±2.11d	43.32±0.95c	186.53±14.52c
	T2	8.9±0.2ab	0.33±0.01b	11.01±0.48d	89.12±3.47c	39.13±0.39c	286.15±15.76b
	T3	8.6±0.1b	0.38±0.00a	14.02±0.32b	98.24±3.21b	60.85±2.16b	322.55±17.32a
	T4	9.0±0.1a	0.39±0.05a	15.71±0.21a	89.22±4.55c	73.97±2.34a	241.27±12.31b
	T5	8.9±0.2ab	0.39±0.02a	12.65±0.11c	104.11±6.72a	59.35±1.09b	393.21±11.59a
2019	CK	8.2±0.4b	0.25±0.01d	9.56±0.05c	72.12±1.24d	28.49±0.58e	189.51±11.3d
	T1	8.6±0.2ab	0.33±0.02c	12.84±0.49bc	74.33±3.2d	45.50±0.53d	177.65±12.4d
	T2	8.9±0.1a	0.38±0.01b	15.09±0.11bc	91.47±2.7c	37.15±0.68c	282.34±20.42c
	T3	8.6±0.3ab	0.39±0.02b	17.59±0.02ab	89.12±5.2c	46.29±0.12c	254.57±19.38c
	T4	8.6±0.1ab	0.43±0.03a	18.07±0.79ab	108.27±4.8b	56.42±0.01b	303.55±25.41b
	T5	8.6±0.3ab	0.45±0.01a	23.80±2.21a	113.91±2.9a	84.46±0.71a	354.14±15.56a

3. 不同用量有机肥对土壤微生物区系特征的影响

表 7-68 表示的是 2 年间不同有机肥施用量对土壤可培养微生物数量的影响。2018 年与 2019 年各个施肥处理的细菌、真菌及放线菌数量明显高于不施肥处理（CK），因此微生物总数明显高于 CK，总体表现为随着有机肥施用量的增加，各种可培养微生物的数量呈先增加后减少的趋势，且各种微生物数量 2019 年高于 2018 年。2018 年以处理 T3 细菌数量最多，为 $2.5×10^8$ 个/g，比 CK 增加 252.1%；真菌数量也以处理 T3 显著高于其他处理；放线菌数量则以处理 T2 最高，微生物总数 T3>T2>T1>T4>T5>CK。2019 年细菌数量以处理 T2 最高，其次是处理 T3，且分别比 CK 增加 215.2% 和 202.4%；真菌数量以处理 T3 最高，为 $12.3×10^5$ 个/g，显著高于处理 T2，极显著高于其他处理；放线菌数量呈现增加后减少的趋势，以处理 T2 数量最高，为 $23.89×10^6$ 个/g；微生物总数 T2>T3>T1>T4>T5>CK，细菌/真菌比值以处理 T4 最高，其次是处理 T1。

表 7-68　不同用量有机肥对 0 ~ 20 cm 土层土壤微生物的影响

年份	处理	细菌 (×10⁸CFU/g)	真菌 (×10⁵CFU/g)	放线菌 (×10⁶CFU/g)	总数 (×10⁸CFU/g)	细菌/真菌
2018	CK	0.71±0.1d	2.81±0.1e	1.85±0.2e	0.73	253
	T1	1.83±0.2b	5.50±0.4b	7.81±0.6c	1.91	333
	T2	1.91±0.2b	4.43±0.2c	11.52±0.9a	2.03	431
	T3	2.50±0.3a	8.25±0.4a	10.24±0.3b	2.61	303
	T4	1.24±0.3c	3.43±0.1d	3.32±0.1d	1.28	362
	T5	1.23±0.2c	3.52±0.1d	3.18±0.2d	1.27	349
2019	CK	1.25±0.2c	6.83±1.2cd	4.51±0.4c	1.30	183
	T1	2.57±0.7b	6.2±0.7de	11.80±1.6bc	2.69	415
	T2	3.94±0.6a	10.2±1.1b	23.89±3.5a	4.19	386
	T3	3.78±0.1a	12.3±1.6a	17.56±0.7ab	3.97	307
	T4	2.61±0.6b	4.6±0.4e	2.08±0.3c	2.64	567
	T5	2.32±0.2b	7.43±0.9c	4.95±0.8c	2.38	312

4. 不同用量有机肥对土壤酶活性的影响

有机肥连续施用 2 年对土壤酶活性的影响如表 7-69 所示，与 CK 相比，2019 年土壤 0 ~ 20cm 与 20 ~ 40cm 土壤酶活性均显著高于 CK，且 0 ~ 20cm 土层土壤酶活性高于 20 ~ 40cm 土壤酶活性。土壤脲酶是尿素水解的专一性酶，其活性可反映土壤供氮能力的强弱，从 0 ~ 20cm 土层来看，处理 T3 的土壤脲酶含量最高，比 CK 增加 63.6%，并且随着施肥量的增加，土壤脲酶活性呈现先增加后降低的趋势；土壤过氧化氢酶活性总体表现出高施肥量活性强于低施肥量活性，处理 T3、T4 及 T5 分别比 CK 高 26.2%、25.1% 及 18.7%；土壤蔗糖酶和磷酸酶活性与土壤脲酶活性变化规律相似，总体以处理 T3 和 T4 土壤酶活性高于其他处理，极显著高于对照土壤。20 ~ 40cm 土壤酶活性随着施肥量的增加呈逐渐升高的趋势，总体以处理 T5 土壤酶活性最高，分别比对照增加 202.3%、37.4%、97.4% 及 56.3%。

表 7-69　不同用量有机肥对土壤酶活性的影响

土层 (cm)	处理	脲酶 [mg/ (g·24h)]	过氧化氢酶 [mL/ (g·20mim)]	蔗糖酶 [mg/ (g·24h)]	磷酸酶 [mg/ (g·24h)]
0 ~ 20	CK	0.99±0.01f	6.21±0.18d	5.87±0.54e	2.12±0.07d
	T1	1.10±0.02e	6.17±0.23d	7.98±0.12d	2.19±0.08d
	T2	1.19±0.03d	6.87±0.16c	10.72±0.53c	2.74±0.09c
	T3	1.62±0.02a	7.84±0.28a	15.20±0.21a	3.05±0.03b
	T4	1.43±0.03b	7.77±0.34a	13.09±0.84b	3.55±0.04a
	T5	1.26±0.01c	7.37±0.19ab	10.68±0.19c	2.84±0.09c

（续表）

土层 (cm)	处理	脲酶 [mg/ (g·24h)]	过氧化氢酶 [mL/ (g·20mim)]	蔗糖酶 [mg/ (g·24h)]	磷酸酶 [mg/ (g·24h)]
20～40	CK	0.43±0.01d	5.16±0.16c	3.41±0.21c	1.35±0.05c
	T1	0.86±0.15c	5.32±0.07c	3.44±0.25c	1.34±0.06c
	T2	0.88±0.16bc	6.69±0.14b	3.84±0.12c	1.53±0.02c
	T3	0.87±0.06bc	6.63±0.04b	4.89±0.07b	1.89±0.13b
	T4	1.13±0.09ab	7.08±0.06a	5.31±0.15b	1.86±0.12b
	T5	1.30±0.08a	7.09±0.18a	6.73±0.32a	2.11±0.01a

（三）结论

（1）不同施肥量对玉米产量及构成指标和土壤肥力状况影响不同，与不施肥相比，从而提高玉米生长指标。2 年各个处理玉米产量构成指标年际间表现为 2018 年优于2019 年。由于 2 年气候条件相差较大，导致 2019 年玉米产量低于 2018 年产量，但是同一年相比，随着有机肥还田量的增加，产量呈现先增加后降低的趋势，最佳产量施肥量由第一年 27 880kg/hm² 降低至第二年 25 030kg/hm²。

（2）施用有机肥可以显著增加 0～40cm 土层土壤养分，并且随着施肥量的增加，养分含量呈上升趋势，同时土壤全盐含量也随之增加。

（3）2018 年与 2019 年各个施肥处理的细菌、真菌及放线菌数量明显高于不施肥处理，总体表现为随着有机肥施用量的增加，微生物的数量呈先增加后减少的趋势，且2019 年微生物数量高于 2018 年。

（4）连续 2 年施用有机肥，在 2019 年玉米成熟期 0～20cm 与 20～40cm 土层土壤酶活性均显著高于不施肥，且 0～20cm 土层土壤酶活性高于 20～40cm 土壤酶活性，0～20cm 土层土壤酶活性随有机肥施用量的增加呈先增加后降低的趋势，20～40cm 土壤酶活性随有机肥施用量的增加呈逐渐升高的趋势。

二、有机无机配施对玉米产量和土壤肥力状况的影响

（一）材料与方法

1. 研究区概况

研究区域位于宁夏平原引黄灌区青铜峡市甘城子乡，地理坐标北纬 37°49′—39°23′，东经 105°37′—106°39′。海拔 1 150m，平均年日照时数 2 897h，日照率达 65%，年均降水量 147.7mm，年均蒸发量在 2 902mm，约是降水量的 20 倍，有明显的大陆性气候特征。该地区土壤肥力较贫瘠，沙砾较大，pH 值在 8.3～8.5，呈碱性。

2. 试验设计和田间管理

采用完全随机区组试验设计，设有机肥与无机肥不同配比为：1∶0、0∶1、1∶1、1∶3 和不施氮肥（CK）处理 5 个，各设 3 个重复，每个小区面积为 50m²，具体配比

为：O100：100%有机肥（1 000kg/亩）；O50F50：50%有机肥+50%化肥；O25F75：25%有机肥+75%化肥；F100：100%化肥（常规施肥）。

CK（常规施肥）：磷酸二铵22kg/亩，硫酸钾10kg/亩，全部基施；O100：100%有机肥（1 000kg/亩）；F100（常规施肥）：尿素49kg/亩（其中70% 即34.3kg/亩基施，剩余30% 即14.7kg/亩在玉米拔节期、大喇叭口期分1~2次追施）；磷酸二铵22kg/亩、硫酸钾10kg/亩一次性全部基施。

供试玉米为当地主栽品种'登海605'。供试鸡粪生物有机肥由宁夏顺宝现代农业有限公司生产。采用宽窄行种植，宽行70cm，窄行30cm，株距22cm。种植密度为9万株/hm²。

3. 样品采集及测定指标

（1）土壤酶活性。在玉米收获期采集0~40cm土样，取样时将每个小区平均划分为3个区域采集5个样点。样品带回实验室后手工拣去植物残体、砾石等，过2mm筛，用于测定土壤养分，剩余部分风干过1mm筛测定土壤酶活性。土壤酶活性的测定根据关松荫的方法，土壤脲酶活性（活性用24h后每克土中铵态氮的毫克数表示）、蔗糖酶活性（活性用24h后每克土中葡萄糖的毫克数表示）、过氧化氢酶活性［活性以每分钟每克土消耗的0.1mol/L KMnO₄溶液的体积（mL）］表示，分别采用苯酚钠-次氯酸钠比色法、3,5-二硝基水杨酸比色法、高锰酸钾滴定法测定。

（2）土壤养分。参照鲍士旦编写的《土壤农化分析》（鲍士旦，2007），测定玉米收获后0~40cm土层土壤有机质、速效磷钾等指标，分析其对土壤养分的影响。

（3）玉米产量及产量构成因素。收获前，调查小区内收获穗数，均重法选取20个果穗考察穗长、穗粗、秃尖长、穗行数、行粒数、百粒重等，按小区实收计产。

4. 数据处理

采用Microsoft Excel 2010进行数据处理与图表制作，使用DPS 6.55软件进行数据的方差比较，采用LSD法进行差异显著性检验（$P<0.05$）。

（二）结果与分析

1. 不同施肥处理对土壤酶活性的影响

（1）土壤脲酶。脲酶的酶促反应产物氨是植物氮源之一，其活性可以表示土壤氮素状况。两年研究结果（图7-7a）显示，不同施肥处理均可显著提高土壤脲酶活性，具体表现为O50F50处理最高，CK处理最低，且在不同年限间表现相同。2018年，O50F50处理的脲酶活性较CK、O100、F100、O25F75分别显著提高38.82%、34.94%、15.69%、38.10%，F100处理的脲酶活性较CK、O100、O25F75分别显著提高19.99%、16.64%、19.37%（$P<0.05$），CK、O100、O25F75处理间差异不显著。2019年，各处理间脲酶活性表现为O50F50>F100>O25F75>O100>CK，各个处理间差异显著。

（2）土壤过氧化氢酶。过氧化氢酶是表征土壤生物氧化过程强弱的氧化还原酶。从图7-7（b）可知，过氧化氢酶在不同年限间均呈现为在O50F50处理中最高，CK处理中最低。2018年，不同处理间的过氧化氢酶具体表现为O50F50>O25F75>O100>F100>CK，其中O50F50处理较CK、O100、F100、O25F75分别显著提高18.24%、13.40%、15.78%、11.53%（$P<0.05$），各个处理间差异显著。2019年，O50F50处理

的过氧化氢酶较 CK、O100、F100、O25F75 分别显著提高 22.30%、20.63%、20.10%、15.30%（$P<0.05$），且 CK、O100、F100、O25F75 处理间无显著差异。

（3）土壤蔗糖酶。蔗糖酶又名转化酶，参与土壤中碳水化合物的转化，对增加土壤中易容性营养物质起着重要的作用。由图 7-7c 可知，土壤蔗糖酶在两年间的表现一致，均表现为 O50F50＞O25F75＞O100＞F100＞CK，其中 O50F50 处理较 CK、O100、F100、O25F75 分别显著提高 78.60%～82.30%、31.91%～45.59%、34.36%～46.96%、23.47%～30.43%，O25F75 处理较 CK、O100、F100 分别显著提高 36.93%～47.65%、6.84%～11.62%、8.82%～12.67%（$P<0.05$），且 CK、O100、F100 处理间无显著差异。

（4）土壤磷酸酶。从图 7-7d 可知，土壤磷酸酶在不同年限间均呈现为在 O50F50 处理中最高，CK 处理中最低。具体在两年间均表现为 O50F50＞O25F75＞F100＞O100＞CK，其中 O50F50 处理较 CK、O100、F100、O25F75 分别显著提高 19.44%～32.69%、13.31%～25.42%、10.61%～11.09%、3.83%～5.277%，O25F75 处理较 CK、O100、F100 分别显著提高的范围是 13.46%～27.79%、7.64%～20.79%、5.54%～6.53%（$P<0.05$）。

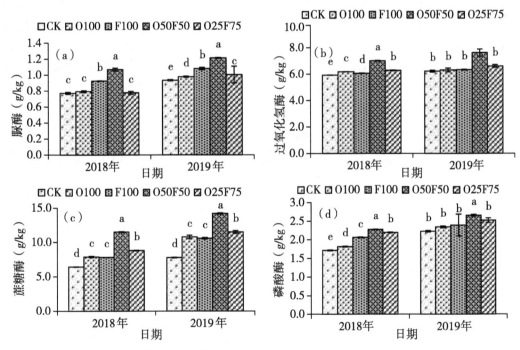

图 7-7　不同处理对土壤脲酶、过氧化氢酶、蔗糖酶、磷酸酶的影响

2. 不同施肥处理对土壤有机质及养分含量的影响

（1）土壤有机质。2018—2019 年玉米收获后不同处理的土壤有机质变化情况如表 7-70 所示。2018 年，土壤有机质含量最大值出现在 O50F50 处理上，较 CK、O100、F100、O25F75 处理分别显著提高 15.09%、6.60%、4.85%、5.32%（$P<0.05$），而

O100、F100、O25F75 处理间差异不显著。相较于 2018 年，2019 年 O100、F100、O50F50 及 O25F75 处理分别增加了 0.69%、0.50%、0.92% 及 2.26%，而 CK 处理降低了 0.09%。从 2019 年不同处理间来看，O50F50 处理的有机质含量较 CK、O100、F100、O25F75 处理分别显著增加了 16.25%、6.85%、6.24%、8.80%，O100、F100、O25F75 较 CK 分别提高了 9.43%、0.57%、2.41%（$P < 0.05$），且 O100、F100 与 O25F75 处理间差异不显著。

（2）土壤速效磷。如表 7-70 所示，2018 年玉米收获后，O50F50 处理的速效磷含量较 CK、O100、F100、O25F75 处理分别显著提高 62.72%、38.08%、20.45%、23.25%（$P < 0.05$）。相较于 2018 年，2019 年 CK、O100、O50F50 处理分别增加了 17.72%、9.22%、3.18%。2019 年 O50F50 处理的有机质含量较 CK、O100、F100、O25F75 处理分别显著增加了 104.06%、30.45%、50.08%、28.23%（$P < 0.05$），且各个处理间差异显著。

（3）土壤速效钾。如表 7-70 所示，2018 年玉米收获后，O50F50 处理的速效钾含量在不同处理间的表现同速效磷含量一样，均表现为 O50F50>F100>O25F75>O100>CK，其中 O50F50 处理的速效钾含量较 CK、O100、F100、O25F75 处理分别显著提高 87.12%、23.41%、12.60%、15.50%，O100、F100、O25F75 较 CK 处理分别显著提高 51.63%、66.18%、62.01%（$P < 0.05$）。同 2018 年相比，2019 年 O100、F100 处理间的速效钾含量分别下降了 23.68%、26.99%，而 CK、O50F50、O25F75 处理的速效钾含量分别增加了 9.41%、19.44%、6.49%。相同的是 2019 年有机无机配施处理（O50F50、O25F75）的速效钾含量出现最高值，分别较 CK 高出 104.27%、57.69%（$P < 0.05$），且各个处理间差异显著。

表 7-70　2018—2019 年玉米收获后不同处理土壤有机质及养分含量变化

处理	有机质（g/kg）		速效磷（mg/kg）		速效钾（mg/kg）	
	2018 年	2019 年	2018 年	2019 年	2018 年	2019 年
CK	13.66c	11.12c	26.92d	22.15d	213.88d	234.00e
O100	14.75b	15.85b	31.72c	34.65b	324.30c	247.50d
F100	14.86b	15.94b	36.37b	30.45c	355.43b	259.50c
O50F50	15.72a	16.23a	43.81a	45.20a	400.21a	478.00a
O25F75	14.26b	14.58b	35.54b	35.25b	346.51b	369.00b

3. 不同施肥处理对玉米产量及产量构成因素的影响

（1）玉米产量。从图 7-8 可以看出，随着试验年限的增加，各处理产量均有所增加，但 CK 处理的产量增幅不大。在 2018 年，O50F50 处理的产量较 CK、O100、F100、O25F75 分别显著增加 8.17%、7.55%、5.39%、4.85%（$P < 0.05$），其中 CK、O100、F100、O25F75 处理间无显著差异。与 2018 年相比，2019 年各处理的产量分别显著增加了 7.29%、41.41%、54.44%、56.99%、55.73%（$P < 0.05$），其中 O50F50 处理的产量增幅最大。2019 年，O50F50 处理的产量较 CK、O100、F100、O25F75 处理分别显著

增加 58.29%、19.39%、7.13%、5.70%（P<0.05），其中 F100 与 O25F75 处理间差异不显著。综合两年试验研究结果表明，有机无机配施（O50F50）处理玉米增产效果最佳。

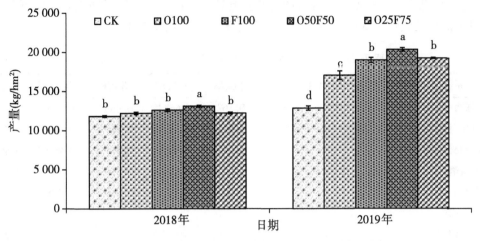

图 7-8　2018 年和 2019 年不同处理对玉米产量的影响

（2）玉米产量构成因素。从表 7-71 可知，2018 年不同施肥处理对玉米穗长、秃尖长、穗粗、百粒重的影响均达到显著水平，2019 年仅 O50F50 处理对秃尖长度、不同施肥处理对百粒重的影响达到显著水平。2018 年有机无机配施（O50F50、O25F75）处理降低了玉米秃尖长，提高了穗长、穗粗、百粒重，分别较 CK 秃尖长降低了 28.87%、7.26%；穗长提高了 20.70%、19.54%；穗粗增加了 15.05%、7.41%；百粒重提高了 16.52%、13.72%（P<0.05）。O25F75 较 O100、F100 处理的穗长增加了 10.85%、10.18%；穗粗增加了 6.08%、1.27%；百粒重增加了 7.16%、3.86%；另外 O50F50 与 O25F75、O100 与 F100 处理间的差异不显著。相比较 2018 年，2019 年各处理的穗长、穗粗、百粒重均有所增加，秃尖长均有所降低。2019 年各处理间的穗长及穗粗无显著差异，而 O50F50 处理的秃尖长较 CK 显著降低 45.87%，O100、F100、O50F50、O25F75 处理的百粒重较 CK 分别显著增加 0.81%、2.91%、6.09%、3.45%（P<0.05），且 4 种不同施肥处理间无显著差异。

表 7-71　不同处理对玉米产量构成因素的影响

处理	穗长（cm）		秃尖长度（mm）		穗粗（mm）		百粒重（g）	
	2018 年	2019 年	2018 年	2019 年	2018 年	2019 年	2018 年	2019 年
CK	15.30c	21.41a	17.91a	15.82a	47.07c	50.39a	36.78c	42.83b
O100	16.50b	21.67a	16.74a	12.96b	47.66b	50.09a	39.03b	43.18a
F100	16.60b	21.85a	16.97a	12.04b	49.93b	50.99a	40.27b	44.08a
O50F50	18.47a	22.45a	12.74b	8.57c	54.15a	51.41a	42.86a	45.44a
O25F75	18.29a	22.42a	16.65a	15.49a	50.56a	51.40a	41.83a	44.31a

4. 土壤酶活性、养分与玉米产量之间的相关性分析

表 7-72 是土壤酶活性、土壤养分和产量之间的相关性，通过分析可知，土壤酶活性、养分和玉米产量之间呈正相关且相关性显著（除磷酸酶与其他酶之间无显著相关性外）。可见不同施肥处理对玉米产量的影响较大，这说明通过不同施肥措施可改善玉米种植的土壤质量，提高土壤肥力，从而可显著提高玉米产量。

表 7-72　土壤酶活性、养分与玉米产量之间的相关性分析

相关系数	脲酶	过氧化氢酶	蔗糖酶	磷酸酶	有机质	有效磷	速效钾	理论产量
脲酶	1	0.935**	0.915**	0.362	0.667**	0.836**	0.825**	0.668**
过氧化氢酶		1	0.937**	0.315	0.742**	0.881**	0.904**	0.725**
蔗糖酶			1	0.497	0.901**	0.981**	0.960**	0.854**
磷酸酶				1	0.610*	0.550*	0.551*	0.732**
有机质					1	0.950**	0.905**	0.912**
有效磷						1	0.973**	0.898**
速效钾							1	0.916**
理论产量								1

（三）结论

在施用化肥或有机肥的基础上，配施有机肥或化肥能有效提高土壤酶活性、有机质以及速效钾和速效磷含量，其中以有机无机配施（O50F50）处理效果最好，可显著增加玉米产量，尤其是在试验开始后的第二年。与不施肥或只施化肥、只施有机肥相比，有机无机各施 620kg/亩能够改善玉米生育期土壤肥力状况，实现最大幅度的增产。

第四节　甘城子砾石灰钙土青贮玉米粪肥高效施用技术模式

一、不同奶牛粪有机肥施用量对青贮玉米产量及土壤肥力状况的影响

（一）材料与方法

1. 试验地概况

试验地位于宁夏青铜峡市邵岗镇大沟村，海拔 1 150m，属于温带大陆季风性气候，平均年日照时数 2 897h，日照率达 65%，年均降水量为 147.7mm，年均蒸发量为 2 902mm，约是降水量的 20 倍。该地区土壤较贫瘠，砂砾较大。

2. 试验材料

供试牛粪为腐熟奶牛粪有机肥（pH 值为 6.3、全氮 1.83%、全磷 1.84%、全钾 1.68%、有机质 55.4%）；供试玉米品种为'乐农 79'；供试土壤为砂壤土，基础化学性质见表 7-73。

表 7-73 供试土壤基础化学性质

土层深度（cm）	有机质（mg/kg）	水解性氮（mg/kg）	有效磷（mg/kg）	速效钾（mg/kg）
0~30	6.25	46.5	13.1	86

3. 试验设计

以玉米为研究对象，采用单因素随机区组设计，设置处理 6 个，具体如下：CK（不施肥）；T1 为奶牛粪有机肥 7.5t/hm²；T2 为奶牛粪有机肥 15t/hm²；T3 为奶牛粪有机肥 30t/hm²；T4 为奶牛粪有机肥 45t/hm²；T5 为奶牛粪有机肥 60t/hm²。每个处理重复 3 次，共 18 个小区，小区面积 8.0m×10.0m＝80m²，行距 0.7m，株距 0.2m。

4. 测定项目及方法

（1）土壤理化性质测定。玉米收获后，在各处理小区分别以"S"形多点混合法采集土壤 0~30cm 层次土样，测定土壤基础理化性质，其中，pH 值采用（水土比 5：1）PHS-25 精密酸度计测定；全盐采用电导率仪测定；有机质采用重铬酸钾-硫酸亚铁滴定法测定；碱解氮用碱解扩散法测定；有效磷用钼锑抗比色法测定；速效钾用火焰光度计测定。

（2）玉米生长生理指标测定。

①根系特性。玉米收获期，各处理选取长势一致、有代表性的植株 3 株，采用完全采样法采集完整根系样本，冲洗干净后，用 WinRHIZO 根系图像分析系统分析计算根系长度、直径、面积、体积、根尖记数等指标。之后，在 105℃ 杀青 30min，于 70℃ 烘干至恒重，分析天平称量，测得根干重。

②生理指标。在玉米关键生育期，对不同处理玉米固定位置叶片，采用叶绿素 SPAD-502 测定叶片叶绿素相对含量；采用便携式光合作用测量系统 LI-6400 测定光合特征指标。

（3）玉米品质测定。成熟期每小区随机取 3 株玉米进行烘干，并将玉米全株干物质用锤式粉碎机粉碎，粉碎机筛孔直径为 0.6mm。粗蛋白质（CP）采用凯氏定氮法测定。中性洗涤纤维（NDF）和酸性洗涤纤维（ADF）分别采用 Van Soest 法和 Roberston 法测定。木质素采用硫酸法测定。

5. 数据处理

试验数据以 Excel 2010 软件整理，采用 orgin 2018 作图，SPSS 21.0 软件进行统计分析，用 LSD 法进行显著性检验，显著性水平 $P<0.05$（$n=5$）。

（二）结果与分析

1. 不同奶牛粪有机肥施用量对玉米根系构型的影响

如表 7-74 所示，不同处理玉米的总根长、根表面积、分枝数和交叉数随有机肥施用量的增加表现出先增加后减少的趋势，且在有机肥施用量为 15t/hm²（T2 处理）时达到最大值；玉米的根系平均直径、总根体积和根尖数各处理间均无显著差异。T2 处理玉米的总根长较 CK、T1、T4、T5 处理分别显著增加了 34%、32.9%、34.2%、66.9%；总根表面积较 T5 处理显著增加了 58.8%，与其他处理无显著差异；分枝数较 T4、T5

处理分别显著增加了 46.6%、84.3%，与其他处理差异不显著；交叉数较 T5 处理显著增加 104.5%，与其他处理差异不显著。由此说明施用奶牛粪有机肥可促进玉米根系生长，且施用量为 15t/hm² 时增效最显著。

表 7-74 不同处理玉米根系构型比较

处理	总根长 （cm）	总根表面积 （cm²）	根系平均直径 （mm）	总根体积 （cm³）	根尖数 （个）	分枝数 （个）	交叉数 （个）
CK	3 436±190.73bc	855.84±78.06ab	0.75±0.04a	17.47±2.33a	20 743±2 740a	18 085±2 015ab	1 583±141.00ab
T1	3 464±80.63bc	816.69±215.15ab	0.83±0.00a	15.54±4.11a	19 187±5 162a	16 374±4 647ab	1 454±439.50ab
T2	4 605±189.81a	1 131.49±40.22a	0.79±0.01a	22.54±0.71a	28 260±1 663a	22 571±1 549a	2 018±148.36a
T3	3 858±259.13ab	958.47±65.83ab	0.79±0.02a	19.32±1.43a	22 729±2 161a	17 424±1 873ab	1 531±180.71ab
T4	3 431±257.41bc	864.28±72.18ab	0.79±0.02a	18.12±2.04a	19 202±1 809a	15 396±1 032b	1 397±107.30ab
T5	2 759±335.06c	712.65±126.68b	0.81±0.06a	15.36±3.64a	19 749±2 870a	12 245±1 492b	987±118.15b

2. 不同奶牛粪有机肥施用量对玉米光合特性的影响

如表 7-75 所示，施用粪肥处理玉米的净光合速率、蒸腾速率均高于 CK 处理，且处理间无显著差异。气孔导度随施肥量的变化趋势为先增加后减少，且 T2 处理最高，较 CK 显著增加了 31.3%。玉米胞间 CO_2 浓度、水分利用效率及叶绿素 SPAD 值均在 T2 处理时达到最大值，T2 处理的胞间 CO_2 浓度较 T5 处理显著增加了 34%，与其他处理差异不显著；水分利用效率施用有机肥处理均高于 CK 处理，大小顺序为 T2>T3>T5>T4>T1>CK，T2 处理较 CK 显著增加 10.9%；叶绿素 SPAD 值施用有机肥处理均高于 CK 处理，T2 处理较 CK、T2、T5 处理分别显著增加了 3.7%、4.3%、11.5%。

表 7-75 不同处理玉米光合特性比较

处理	净光合速率 ［μmol/（m²·s）］	气孔导度 ［mol/（m²·s）］	胞间 CO_2 浓度 ［mg/kg］	蒸腾速率 ［mmol/（m²·s）］	水分利用效率 （%）	叶绿素 （SPAD 值）
CK	25.41±1.97a	0.16±0.02b	101.88±13.59ab	3.62±0.26a	6.61±0.13b	48.84±0.2b
T1	26.27±0.71a	0.19±0.01ab	121.61±12.2ab	3.89±0.14a	6.78±0.18ab	48.59±0.55b
T2	27.88±0.48a	0.21±0.01a	126.18±6.19a	3.81±0.21a	7.33±0.3a	50.66±0.44a
T3	27.63±0.83a	0.18±0.01ab	105.95±7.28ab	3.83±0.13a	7.06±0.38ab	49.43±0.30ab
T4	26.76±1.14a	0.18±0.01ab	104.40±6.67ab	3.9±0.2a	6.87±0.11ab	49.80±0.48ab
T5	26.42±1.00a	0.17±0.01ab	94.15±3.06b	3.8±0.19a	6.97±0.13ab	45.43±0.34c

3. 不同奶牛粪有机肥施用量对玉米产量的影响

如图 7-9 所示，玉米产量随有机肥施用量的增加表现出先升高后降低的趋势，T1 至 T4 处理产量均高于 CK 处理，且 T1、T2 处理达到显著差异。玉米产量在有机肥施用量为 15t/hm²（T2 处理）时最高，为 82 698kg/hm²，较 CK、T1、T3、T4、T5 处理分别增加了 13.4%、3.9%、8.4%、13.0%、34.4%，且与 CK、T3、T4 处理达到显著差异

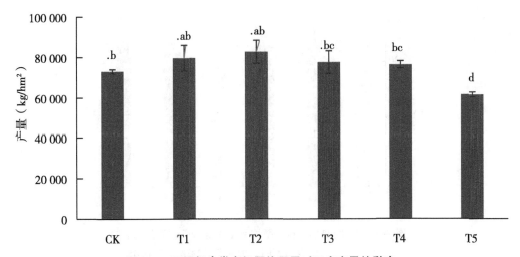

图 7-9 不同奶牛粪有机肥施用量对玉米产量的影响

注：图中小写字母表示不同处理间差异显著（$P<0.05$）。

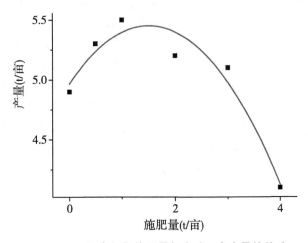

图 7-10 不同有机肥施用量与青贮玉米产量的关系

水平。

如图 7-10 所示，通过数值模拟，产量和施肥量的关系为：

$Y=-0.21x^2+0.64x+4.97$　　　$R^2=0.9$

通过计算得出，最高产量有机肥施用量为 22.8t/hm²，最大经济效益施肥量为
13.8t/hm²。

从图 7-11 可知，随着有机肥施用量的增加，玉米干物质量呈现先降低后增加的趋
势，T3、T4 处理显著低于其他处理，T1 处理干物质量最高，与 CK、T2、T5 处理无显
著差异。

4. 不同用量奶牛粪有机肥对玉米品质的影响

粗蛋白质、酸性洗涤纤维、中性洗涤纤维及木质素是评价玉米品质的重要指标。生

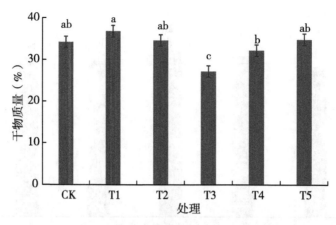

图 7-11　不同奶牛粪有机肥施用量对玉米干物质量的影响

注：图中小写字母表示不同处理间差异显著（$P<0.05$）。

产上推广的青贮杂交种应该满足粗蛋白质含量大于 7.0%、酸性洗涤纤维含量小于 22%、中性洗涤纤维含量小于 45%、木质素含量小于 0.3%。如表 7-76 所示，各处理玉米粗蛋白质含量无显著差异；酸性洗涤纤维与动物的消化率有关，含量越高，消化率越低，T1~T5 处理酸性洗涤纤维含量均高于 CK 处理，大小顺序为 T5>T4>T3>T1>T2>CK，其中 T1、T2 处理与 CK 无显著差异；中性洗涤纤维的含量与动物的采食量有关，含量越低，动物的采食量越高，T1 至 T5 处理中性洗涤纤维含量均显著低于 CK 处理，分别降低了 36.2%、47.1%、35%、32.6%、18.4%，其中 T2 处理的中性洗涤纤维含量小于 45%；木质素是不能被动物消化的部分，是限制植物细胞壁被消化利用的主要因素，T1~T5 处理木质素含量均低于 CK 处理，分别降低了 66.7%、87.5%、50%、25%、7.1%，其中 T1~T4 处理与 CK 处理达到显著差异水平。

表 7-76　不同用量奶牛粪有机肥对玉米品质的影响　　　　　　　　　　（%）

处理	粗蛋白质	酸性洗涤纤维	中性洗涤纤维	木质素
CK	8.05±018a	22.40±0.53c	63.5±0.50a	0.15±0.01a
T1	7.04±0.25a	24.30±0.61bc	46.63±0.55c	0.09±0.01cd
T2	7.93±0.49a	22.93±1.09c	43.17±0.42d	0.08±0.00d
T3	6.62±0.31a	25.37±0.34b	47.03±0.86c	0.10±0.01bc
T4	7.81±0.35a	25.87±0.41b	47.90±0.06c	0.12±0.01b
T5	8.06±0.78a	28.33±0.70a	53.63±0.27b	0.14±0.01a

5. 不同奶牛粪有机肥施用量对土壤化学性质的影响

如表 7-77 所示，T1~T5 处理土壤有机质、碱解氮、有效磷、速效钾及全盐含量较 CK 均增加，有机质分别增加了 10.1%、11.9%、6.4%、25.1%、10.2%，其中 T2、T4 处理具有显著差异。碱解氮含量分别增加了 12.8%、10.2%、20.5%、21.8%、11.6%，均达到显著差异水平；有效磷含量分别显著增加了 32.2%、106.2%、36.3%、90.1%、

179.5%；速效钾含量分别显著增加7.3%、9.3%、4.1%、42.8%、12.5%；T2处理pH值较CK显著降低。随着奶牛粪有机肥施用量的增加，土壤全盐含量表现出逐渐增加的趋势，T5处理显著高于其他处理，同比CK增加38.02%，和奶牛粪有机肥含盐量较高，导致土壤全盐积累量显著增加。

表7-77 不同用量奶牛粪有机肥对土壤化学性质的影响

十层 （cm）	处理	有机质 （g/kg）	碱解氮 （mg/kg）	有效磷 （mg/kg）	速效钾 （mg/kg）	pH值	全盐 （g/kg）
0~30	CK	5.10±0.00c	27.09±0.01c	6.89±0.17e	55.58±0.69e	8.70±0.02c	0.71±0.01d
	T1	5.67±0.16bc	30.55±0.00b	9.11±0.07d	59.63±0.26cd	8.85±0.03ab	0.77±0.01cd
	T2	5.79±0.15b	29.86±0.70b	14.21±0.17b	60.73±0.04bc	8.60±0.04d	0.81±0.03bc
	T3	5.45±0.37bc	32.64±0.70a	9.39±0.21d	57.88±0.70d	8.80±0.02b	0.87±0.04b
	T4	6.81±0.01a	32.99±0.34a	13.10±0.00c	79.37±0.10a	8.81±0.03b	0.81±0.03bc
	T5	5.68±0.01bc	30.22±1.04b	19.26±0.40a	62.51±0.84b	8.91±0.01a	0.98±0.01a

（三）结论

施用奶牛粪有机肥对促进青贮玉米根系生长，产量的增加及玉米品质的提升有显著作用。不同有机肥施用量中，以施用量15t/hm²时，玉米的产量最高，显著促进了玉米根系生长，降低了玉米中性洗涤纤维及木质素的含量，不施肥或过度施用有机肥不利于青贮玉米的生长。同时施用奶牛粪有机肥显著增加了土壤有机质、速效氮、磷、钾的含量。综合分析得出奶牛粪肥还田利用第一年，有机肥施用量为15t/hm²时较为适宜，增产效果显著，品质最佳。

二、有机无机配施对青贮玉米生长及土壤肥力状况的影响

（一）材料与方法

1. 试验地概况

试验地位于宁夏青铜峡市邵岗镇大沟村，当地海拔1 150m，属于温带大陆季风性气候，平均年日照时数2 897h，日照率达65%，年均降水量147.7mm，年均蒸发量2 902mm，约是降水量的20倍。该地区土壤较贫瘠，砂砾含量较大。

2. 试验材料

供试牛粪为腐熟奶牛粪有机肥（pH值为6.3、全盐22.2g/kg、全氮1.83%、全磷1.84%、全钾1.68%、有机质55.4%）。供试玉米为'乐农79'，供试土壤为砂壤土，基础化学性质见表7-78。

表7-78 供试土壤基础化学性质

土层深度（cm）	有机质（mg/kg）	水解性氮（mg/kg）	有效磷（mg/kg）	速效钾（mg/kg）
0~40	6.25	46.5	13.1	86

3. 试验设计

试验采用单因素随机区组设计，以玉米为研究对象，以当地农技推广部门玉米推荐施肥量 $N-P_2O_5-K_2O=32:12:8$ 为统一养分推荐标准；设计处理 6 个，具体如下：CK（常规施肥）、T1 为 100% 有机肥、T2 为 50% 有机肥+50% 化肥、T3 为 33% 有机肥+67% 化肥、T4 为 25% 有机肥+75% 化肥、T5 为 20% 有机肥+80% 化肥，各处理氮肥按照设计比例供应；磷钾肥保持一致，有机肥磷钾不足部分用单质化肥磷钾补足；每个处理重复 3 次，共 18 个小区，小区面积 $8.0m×10.0m=80m^2$，行距 0.7m，株距 0.15m。

4. 测定项目及方法

（1）土壤理化性质测定。玉米收获后，在各处理小区分别以"S"形多点混合法采集土壤 0~30cm 层次土样，测定土壤基础理化性质，其中，pH 值采用（水土比 5:1）PHS-25 精密酸度计测定；全盐采用电导率仪测定；有机质采用重铬酸钾-硫酸亚铁滴定法测定；碱解氮用碱解扩散法测定；有效磷用钼锑抗比色法测定；速效钾用火焰光度法测定（张宪政，1994）。

（2）玉米生长生理指标测定。

①根系特性：玉米收获期，各处理选取长势一致、有代表性的植株 3 株，采用完全采样法采集完整根系样本，冲洗干净后，用 WinRHIZO 根系图像分析系统分析计算根系长度、直径、面积、体积、根尖记数等指标。之后，在 105℃ 杀青 30min，于 70℃ 烘干至恒重，分析天平称量，测得根干重。

②生理指标：在玉米关键生育期，对不同处理玉米固定位置叶片，采用叶绿素 SPAD-502 测定叶片叶绿素相对含量；采用便携式光合作用测量系统 LI-6400 测定光合特征指标。

（3）玉米品质测定。成熟期每小区随机取 3 株玉米进行烘干，并将玉米全株干物质用锤式粉碎机粉碎，粉碎机筛孔直径为 0.6mm。粗蛋白质（CP）采用凯氏定氮法测定。中性洗涤纤维（NDF）和酸性洗涤纤维（ADF）分别采用 Van Soest 法和 Roberston 法测定（张宪政，1994）。

5. 数据处理

试验数据以 Excel 2010 软件整理，采用 orgin 2018 作图，SPSS 21.0 软件进行统计分析，用 LSD 法进行显著性检验，显著性水平 $P<0.05$（$n=5$）。

（二）结果与分析

1. 有机无机配施对玉米根系构型的影响

如表 7-79 所示，各处理玉米的总根表面积、根系平均直径、分枝数及交叉数均无显著差异。T3（33% 有机肥+67% 化肥）处理玉米的总根长显著高于其他处理，较 CK 显著增加 18.2%；T1、T3、T5 处理玉米的总根体积与常规施肥无显著差异，其他处理显著低于常规施肥；T1、T3 处理玉米的根尖数较常规施肥显著增加了 17.4%、24.1%，其他处理间无显著差异。

表7-79　不同处理玉米根系构型比较

处理	总根长 （cm）	总根表面积 （cm²）	根系平均直径 （mm）	总根体积 （cm³）	根尖数 （个）	分枝数 （个）	交叉数 （个）
CK	4 351±165.27b	1 045±38.71a	0.75±0.03a	21.64±0.93a	21 997±1 263b	19 058±956.96a	1 674±108.44a
T1	4 332±144.35b	1 060±29.24a	0.78±0.01a	21.57±0.55a	25 799±848a	22 064±714.27a	1 927±73.94a
T2	4 259±92.44b	964±28.63a	0.72±0.02a	17.63±0.79b	23 768±838ab	20 334±506.45a	1 706±50.99a
T3	5 141±117.92a	1 051±32.48a	0.76±0.03a	19.38±1.30ab	27 303±1 501a	20 645±1 332.39a	1 885±124.94a
T4	4 394±211.58b	992±46.57a	0.73±0.03a	18.14±1.14b	22 024±1 148b	21 336±1 240.43a	1 873±128.41a
T5	4 284±121.64b	1 001±17.68a	0.74±0.01a	18.9±0.38ab	24 472±1 225ab	20 300±1 047.15a	1 841±116.96a

2. 有机无机配施对玉米光合特性的影响

如表7-80所示，各处理玉米的胞间 CO_2 浓度及蒸腾速率均无显著差异。T3处理玉米的净光合速率最高，较常规施肥显著增加了9.2%，其他处理与常规施肥无显著差异；T3处理玉米的气孔导度及水分利用效率显著增加，与其他处理均达到显著差异水平，较常规施肥分别显著增加了19.0%、15.6%。

表7-80　不同处理玉米光合特性比较

处理	净光合速率 [μmol/（m²·s）]	气孔导度 [mol/（m²·s）]	胞间 CO_2 浓度 （mg/kg）	蒸腾速率 [mmol/（m²·s）]	水分利用效率 （%）
CK	28.06±0.94b	0.21±0.01b	110.82±7.71a	4.84±0.2a	5.82±0.15b
T1	27.13±0.78b	0.20±0.01b	122.07±5.46a	4.03±0.14b	5.93±0.1b
T2	27.05±1.08b	0.19±0.01b	118.29±10.32a	4.73±0.14a	5.72±0.13b
T3	30.64±0.45a	0.25±0.01a	131.41±4.58a	5.18±0.11a	6.73±0.05a
T4	28.32±0.37ab	0.21±0.01b	108.53±9.08a	4.68±0.17a	6.09±0.19b
T5	28.08±1.11b	0.21±0.01b	114.27±7.18a	4.93±0.21a	5.72±0.17b

3. 有机无机配施对玉米产量及干物质量的影响

有机无机配施对玉米产量的影响如图7-12所示，T2、T3处理玉米的产量均高于常规施肥。随着化肥含量的增加，产量呈现先升高后降低的趋势，在T3处理时达到最大值，为84 997.5kg/hm²，较常规施肥显著增加16.1%。其他处理间无显著差异。

如图7-13所示，T1至T4处理玉米的干物质量与常规施肥均无显著差异，其中T3处理含量最高，为35%。T5处理显著低于常规施肥。

4. 有机无机配施对玉米品质的影响

如图7-14所示，T3处理玉米粗蛋白质含量最高，各处理间均无显著差异。从图7-15可知，随着化肥含量的增加，玉米酸性洗涤纤维及中性洗涤纤维的含量的变化趋势均为先降低后升高。T3处理含量最小。T1、T2、T3、T4、T5处理酸性洗涤纤维含量

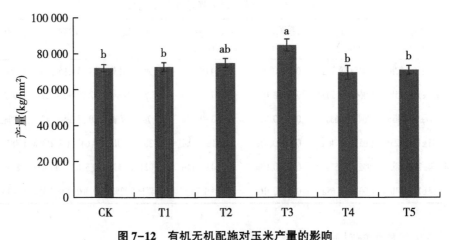

图 7-12 有机无机配施对玉米产量的影响

注：图中小写字母表示不同处理间差异显著（*P*<0.05）。

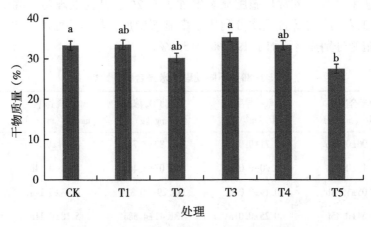

图 7-13 有机无机配施对玉米干物质量的影响

均显著低于常规施肥，较常规施肥分别显著降低了 25.1%、33.8%、55.1%、28.5%、23.8%；T1、T2、T3、T4 处理中性洗涤纤维的含量显著低于常规施肥，较常规施肥分别显著降低 3.1%、13.0%、31.1%、8.3%。由此可见，有机无机配施可显著降低玉米酸性和中性洗涤纤维的含量。T3 处理效果最佳。

5. 有机无机配施对土壤化学性质的影响

从表 7-81 可知，有机无机配施对土壤化学性质有显著影响。T4、T5 处理土壤有机质含量显著高于常规施肥处理，分别较常规施肥显著增加 30.3%、6.2%，T3 处理与常规施肥无显著差异。同比常规施肥，T2 至 T5 处理土壤碱解氮含量显著增加。有机无机配施各处理中，T3 处理碱解氮含量最高，较常规施肥显著增加了 86.7%；T1 至 T5 处理有效磷含量较常规施肥分别显著增加了 4.8%、12.5%、23.6%、36.9%、5.2%；T3 至 T5 处理速效钾含量较常规施肥分别显著增加了 7.1%、18.6%、24.3%；各处理土壤 pH 值及全盐含量的变化无明显规律。

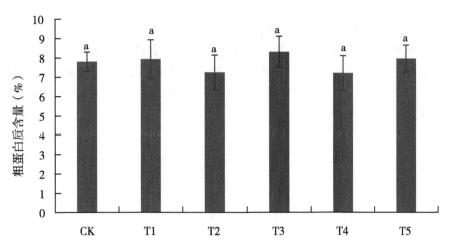

图7-14　有机无机配施对玉米粗蛋白质含量的影响

注：图中小写字母表示不同处理间差异显著（$P<0.05$）。

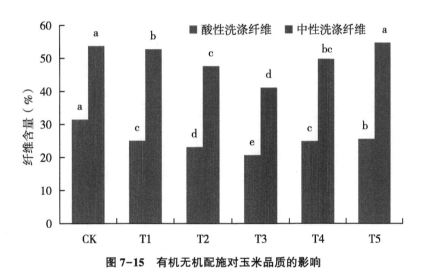

图7-15　有机无机配施对玉米品质的影响

表7-81　有机无机配施对土壤化学性质的影响（0~40cm）

处理	有机质（g/kg）	碱解氮（mg/kg）	有效磷（mg/kg）	速效钾（mg/kg）	pH值	全盐（g/kg）
CK	6.93±0.15c	36.45±0.35c	13.55±0.25e	70.00±1.00d	8.96±0.02a	0.75±0.02d
T1	5.79±0.15e	29.90±0.70d	14.20±0.20d	61.00±0.00e	8.91±0.01a	0.81±0.03c
T2	6.50±0.01d	44.15±0.65b	15.25±0.15c	68.50±0.50d	8.59±0.00c	1.11±0.02b
T3	6.95±0.14c	68.05±0.75a	16.75±0.05b	75.00±0.00c	8.38±0.03d	1.56±0.00a
T4	9.03±0.00a	45.85±0.65b	18.55±0.05a	83.00±0.00b	8.75±0.00b	0.80±0.00cd
T5	7.36±0.00b	44.80±0.30b	14.25±0.25b	87.00±1.00a	8.57±0.01c	1.11±0.02b

（三）结论

有机无机肥配施对促进青贮玉米根系生长，产量的增加及玉米品质的提升有显著作用。33%有机肥+67%化肥处理玉米的产量最高，显著促进了玉米根系生长，增加了粗蛋白质的含量，降低了玉米酸性及中性洗涤纤维的含量，同时有机无机配施显著增加了土壤有机质、速效氮、磷、钾的含量。综合分析得出，33%有机肥+67%化肥是实现青贮玉米优质高产的适宜比例。

第八章　宁夏畜禽养殖废弃物综合利用建议与对策

改革开放以来，随着我国社会经济的快速发展和城乡居民人均收入的提高，人们的食物消费模式发生了很大的变化，畜禽产品的需求量越来越大，畜禽养殖业已经成为农业生产经济的主体。随着畜禽养殖业的快速发展，养殖废弃物也随之逐年增加，预计到 2020 年我国畜禽粪便产生量将达到 41 亿 t，畜禽养殖废弃物处理利用问题随即引起整个社会各个阶层的广泛关注。

党中央、国务院高度重视畜禽养殖废弃物处理和资源化利用工作，习近平总书记强调，加快推进畜禽养殖废弃物处理和资源化利用，关系 6 亿多农村居民生产生活环境，关系农村能源革命，关系能否不断改善土壤地力、治理好农业面源污染，是一件利国利民的大好事。李克强总理明确要求，要把农业废弃物转化成为资源和财富，化害为利、变废为宝。中央财经领导小组第十四次会议确定，要坚持政府支持、企业主体、市场化运作的方针，以沼气和生物天然气为主要处理方向，以就地就近用于农村能源和农用有机肥为主要使用方向，力争在"十三五"时期，基本解决大规模畜禽养殖场粪污处理和资源化问题。2017 年，国务院出台《关于加快推进畜禽养殖废弃物资源化利用的意见》（国办发〔2017〕48 号）、原农业部《关于印发畜禽粪污资源化利用行动方案（2017—2020 年）》（农牧发〔2017〕11 号），明确提出到 2020 年，全国畜禽粪污综合利用率达到 75%以上，规模养殖场粪污处理设施装备配套率达到 95%以上、大规模养殖场提前一年达到 100%。2019 年的中央一号文件明确指出，扎实推进乡村建设，加快补齐农村人居环境和公共服务短板，其中要求加强农村污染治理和生态环境保护，推进畜禽粪污、秸秆、农膜等农业废弃物资源化利用，实现畜牧养殖大县粪污资源化利用整县治理全覆盖。"推进畜禽养殖废弃物处理和资源化利用，是贯彻绿色发展理念的必然要求，是促进畜牧业转型升级的具体行动，是加强生态文明建设的重要举措，也是回应人民群众关切的紧迫任务。"农业农村部部长韩长赋表示。因此，如何治理规模化养殖业废弃物污染，开展有机废弃物的资源化综合利用，使之转变为肥料、燃料和饲料，成为有价值的资源，从而实现规模化畜禽养殖和农村生态环境的协调发展已成为亟待解决的重大现实问题。

养殖业历来在宁夏农业中占有十分重要的地位，培育了世界著名的轻裘和优良的奶产品生产基地，也是"中国六盘肉牛之乡"，为保供给、惠民生、促稳定做出了突出贡献，但由于养殖总量逐渐加大，畜禽粪污防治任务也较繁重，是畜牧业绿色发展必须迈过去的一道坎。随着社会经济的发展，人民生活水平的提高，宁夏的养殖业还将会有较大发展，根据《宁夏回族自治区草畜产业发展"十三五"规划》《宁夏回族自治区现代农业"十三五"发展规划》等文件，预计到 2020 年底，宁夏将着力实现"六个提高、一个率先、一个基本"工作，使全区肉牛规模化养殖比例达到 60%，饲养量比"十二五"期间增长 20%，预计达到 300 万头，出栏胴体达到 300kg；肉羊规模化养殖比例将达到 65%，比"十二五"期间增长 17.6%，预计达到 2 000 万头，胴体质量为 20kg。以环六盘山区为主的优质肉牛产业板块，肉牛饲养量将达到 200 万头，占全区 66.7%，努力打造宁夏六盘山百万头肉牛养殖基地。饲草料种植面积达到 66.67 万 hm²，中南部地区占到 90%，南部山区基本实现农业现代化。同时由于环保和技术的要求，全区养殖业将加快集约化、大型化的发展进程，在未来几年，全区养殖业总数将会持续增加，这就对养殖业废弃物的处理与开发利用提出了更高要求和需求。下一步，宁夏畜禽养殖废弃物资源化利用工作，要紧紧围绕实施乡村振兴战略，进一步明确思路、解放思想、更新观念，深入推进畜禽养殖废弃物资源化利用工作，加快构建种养结合、农牧循环的畜牧业绿色发展新格局。

一、总体要求

（一）指导思想

全面贯彻落实党的十九大精神，深入学习贯彻习近平新时代中国特色社会主义思想、习近平总书记系列重要讲话精神及习近平总书记来宁视察重要讲话精神，牢固树立创新、协调、绿色、开放、共享的发展理念，坚持政府支持、企业主体、市场化运作的方针，坚持源头减量、过程控制、末端利用的机制，以提高畜禽粪污综合利用率、消除面源污染、提高土地肥力为目标，以种养结合、农牧循环、就近消纳、综合利用为主线，以农用有机肥和农村能源为主要利用方向，健全制度体系，强化主体责任落实，加大政策扶持，严格执法监督，加强科技支撑，创新体制机制，加快畜禽养殖粪污处理设施建设，推进养殖废弃物资源化利用，促进畜牧业转型升级、提高农业可持续发展能力，构建种养结合、农牧循环的长效机制。

（二）基本原则

政策引导，统筹兼顾。积极采取财政、金融、税收等措施，引导社会资本参与畜禽废弃物综合利用，鼓励发展畜牧业环保化社会服务组织。统筹考虑畜牧业生产发展、粪污资源化利用和农牧民增收等重要任务，明确落实行业主管部门、生产经营者和环保主管部门的环保责任，正确处理经济效益、社会效益和环境效益之间的关系，统筹推进经济、社会和环境协调发展。

因地制宜，分类利用。立足当地资源，结合养殖实际，以发展新型种养结合模式为重点，以就近肥料化利用为基础，因地制宜采取不同处理模式，宜肥则肥，宜气则气，宜电则电。规模化养殖场重点推广畜禽粪便集中处理就地就近还田利用模式、粪污能源化利用模式；污水灵活采用达标排放、肥料化利用和分质利用模式；分散养殖通过第三方社会化服务机构采用集中处理就近还田模式。

创新机制，产业驱动。加快培育新主体、新业态、新产业，创新畜禽粪污收集处理利用机制。鼓励发展畜禽粪污收集处理社会化服务组织，探索建立第三方治理机制，形成多路径、多形式、多层次的畜禽粪污资源化利用新格局。坚持科技引领和创新驱动，以"绿色""生态""美丽"统领转型升级，进一步加大技术集成攻关，综合施策，不断提升畜禽粪污治理水平。

种养循环，绿色发展。以习近平新时代中国特色社会主义思想为指导，坚持青山绿水就是金山银山原则，树立绿色发展理念，统筹兼顾保供给、保生态、促稳定多重目标，坚持环保优先，促进畜牧业生产与环境保护协调发展；推动高质量发展与生态环境保护协同并进，推进由粗放高耗型向节能高效型转变。按照循环经济理念，正确评估农田消纳承载量及粪污加工利用情况，设定畜禽养殖饱和基数，科学合理布局规模养殖场，保持区域内畜禽养殖总量在耕地承载红线范围内；积极发展生态循环农业，推进粪污资源化利用，鼓励粪肥安全还田利用，实现种养常年平衡，推进种养循环利用，废弃物零排放。

二、建议与对策

（一）加快调优农业产业布局

1. 优化畜牧业布局，合理划定"三区"

以土地承载能力为基础，进一步优化畜牧生产布局，合理调减养殖规模超过土地承载能力县的养殖总量，积极推动畜禽养殖向环境容量大的地区转移，以就近利用为原则，确保粪污能处理，好消纳。政府应依据有关法律法规，结合当地畜禽养殖实际和环境保护需要，科学划定禁养区、限养区和适养区。禁养区内，严格控制畜禽养殖场的数量和规模。限养区和适养区内，新建畜禽养殖场要严格审批、严格执行环境影响评价制度。合理布局畜种结构，统筹设计污水产生量大的奶牛和生猪等畜种养殖比例与饲料转化率高、污水产生量少的肉牛、肉羊、肉鸡、蛋鸡等畜种养殖比例，实现结构性减排，避免粪污集中巨量产生，难以有效处理利用。引导各地对荒山、荒滩、荒坡、林下等适养区域积极利用，发展畜禽养殖。

2. 优化调整农业结构

根据全区耕地资源结构，再结合畜牧业发展状况以及水热气候条件，通过土地流转或饲草料订单生产，利用中低产田，大力发展紫花苜蓿和全株青贮玉米种植，引进发展高产量高品质优新饲草料资源，充分挖掘饲草料生产潜力，同步提高饲草、秸秆饲用量和饲用效率；以国家"粮改饲"政策实施为主抓手，加快建立"粮经饲"三元种植结构，提高土地产出率、资源利用率，保障畜禽养殖业饲草饲料需求。同时，增加专用饲料作物种植面积，加强作物营养体饲料化利用研究，推进牧草饲草料收获加工机械化作业，提高饲草料饲用效率。

3. 优化种养配套布局

一是统筹设计，做好全区种养殖业发展规划和畜禽粪污防治利用规划，因地制宜，发展畜—肥—草、畜—肥—果、畜—肥—菜等多种形式的种养结合模式，实现粪污资源化利用和特色产业绿色发展有机结合，形成养殖业、种植业生态循环格局。

二是使种植与养殖在规模数量上相配套，各行政区域要进行畜禽粪污土壤承载能力测算，合理配置养殖量和养殖规模，宜增则增、宜减则减，引导超过土地承载能力的区域和规模养殖场，逐步调减养殖总量，使养殖生产能配套废弃物消纳用地。

三是使种植与养殖在空间布局上配套，引导养殖生产向粮经饲主产区、果菜优势区地区转移，引导大型龙头企业养殖基地向环境容量大的地区转移，引导规模养殖场与周边果菜等种植大户签订协议，实现畜禽粪污就近就地消纳。

（二）全面开展环境承载能力评估

一是建设省级畜禽养殖污染监测评估中心，提升监测评估与预警能力。

二是按照可利用粪肥养分、土壤养分供应水平和作物养分需求综合平衡要求，开展畜禽养殖环境承载能力评估，根据畜禽粪肥供给量与农田负荷量，合理确定养殖规模。

三是针对城市资源禀赋和承载负荷，构建多要素、多尺度、多层级的资源环境承载能力评价方法与指标体系，建立全区资源环境综合承载功能区划与功能定位，探索建立畜禽养殖污染评估机制和承载能力预警机制。

四是对畜禽养殖规模超过土地承载能力的县区，提出承载能力预警，限期调减养殖总量，实现农业生态环境良性循环。

（三）大力推行标准化清洁化生产技术

一是推进养殖场实施节水减排清洁生产。大力推进畜禽养殖标准化，改自由用水为控制用水、改明沟排污为暗沟排污，改进节水设备，控制用水量，压减污水产生量；改造建设漏缝地面、雨污分流、暗沟布设的污水收集输送系统，实现雨污分离；改变水冲粪、水泡粪等湿法清粪工艺，推行干法清粪工艺，实现干湿分离；配套建设防渗、防雨、防溢流设施。完善技术、设备的组装配套，引导大型奶牛场和养猪场不断完善精细化管理制度，采用先进适用生产技术，加强养殖全程监控，提高生产管理水平。

二是大力提高畜禽养殖生产效率。采用现代生物配合饲料新技术，研制氨基酸、微量元素有机螯合物、植酸酶、益生菌和除臭剂等新型功能添加剂，研发低蛋白、低磷、低铜、低锌含量的环保新型饲料产品，有效提高饲料利用率；积极推广生物饲料科学配方、新型饲料添加剂、分阶段高效饲养技术，提高畜禽生产效率，降低污染物排放量。

三是提升粪污无害化处理水平。以畜禽养殖集中区和规模化养殖场为重点，加大固体粪便肥料化利用、污水分质利用、粪污专业化能源利用、生物发酵床、粪便垫料回用、防臭除臭等粪污处理利用新技术推广力度，提高粪污无害化处理能力和水平。

四是全力推进粪肥安全还田利用。基于有机肥、沼液本底特性，利用测土配方施肥技术，研制功能型生物有机肥、液体肥产品，推广应用有机肥限量还田、有机肥替代化肥、沼液替代化肥、有机肥+沼液肥等绿色安全还田技术，建立粪肥安全还田利用技术标准，确保养殖粪污科学合理、安全还田利用。

（四）强化分类处理和综合利用

一是厌氧发酵还田利用。厌氧堆肥发酵是传统的堆肥方法，在无氧条件下，借助厌氧微生物将有机质进行分解，主要适用于各类中小型畜禽养殖场和散养户固体粪便的处理。液体粪污，在氧化塘自然发酵处理后还田，主要适用于各类中小型畜禽养殖场和散养户。

二是发酵床养殖利用。将发酵菌种与秸秆等混合制成有机垫料，利用其中的微生物对粪便进行分解形成有机肥还田。主要适用于中小型生猪养殖场、肉鸭养殖场等。

三是好氧发酵堆肥利用。有机肥生产主要是采用好氧堆肥发酵。好氧堆肥发酵，是在有氧条件下，依靠好氧微生物的作用使粪便中有机物质稳定化的过程。好氧堆肥有条垛、静态通气、槽式、容器等4种堆肥形式。堆肥过程中可通过调节碳氮比、控制堆温、通风、添加沸石和采用生物过滤床等技术进行除臭。主要适用于各类大型养殖场、养殖密集区和区域性有机肥生产中心对固体粪便进行处理。

四是厌氧发酵沼气工程。养殖场畜禽粪便、尿液及其冲洗污水经过预处理后进入厌氧反应器，经厌氧发酵产生沼气、沼渣和沼液。一般1t鲜粪产生沼气50m³左右，1m³沼气相当于0.7kg标准煤，能够发电约2度。主要适用于大型畜禽养殖场、区域性专业化集中处理中心。厌氧发酵出来的沼液，可以采用多级膜进行浓缩分离，基于不同倍数浓缩液配制沼液复合微生物肥料。主要适用于中大型蛋鸡、生猪养殖场等。

五是垫料回用。粪污进行固液分离，分离后的固体粪便经过高温快速发酵和杀菌处理后作为牛床垫料。主要适用于中大型规模化奶牛养殖场。

六是粪污专业化能源利用。依托大规模养殖场或第三方粪污处理企业，对一定区域内的粪污进行集中收集，通过大型沼气工程或生物天然气工程，沼气发电上网或提纯生物天然气，沼渣生产有机肥，沼液通过农田利用或浓缩使用。主要适用于各类大型养殖场、养殖密集区。

（五）实施耕地质量提升工程

一是实施耕地质量提升行动。实施退化耕地综合治理、土壤肥力提升、轮作休耕、污染耕地阻控修复、精准施肥与数字施肥等技术措施，因地制宜开展耕地质量建设，有效提升耕地质量。

二是实施有机肥替代化肥行动。实施有机肥替代化肥、绿肥还田、化肥减量增效等技术措施，优化有机肥施用技术与配套设施水平，形成一套可复制、可推广的有机肥替代化肥模式，提升标准化生产与品牌创建水平，促进耕地质量提升和农民持续增收。

三是实施农药施用量零增长行动。实施绿色农药减量、精准施药、农机农药融合等技术，推行数字化防治与统防统治协同技术，大力推动农药施用量减量增效，提升耕地质量。

四是实施农作物秸秆综合利用行动。优先满足畜禽养殖饲草料需求条件下，合理引导秸秆炭化还田、粉碎还田、促腐还田、覆盖还田等肥料化改土培肥利用方式，有效提升土壤有机碳含量，改善土壤结构，提升土壤质量；推进秸秆的基料化、燃料化利用以及其他综合利用途径，推进农牧结合、种养循环。

（六）构建种养一体化循环农业机制

1. 树立种养循环农业发展思路

按照"以种带养、以养促种、种养结合、循环利用"的原则，以就地就近消纳、综合利用为主要途径，根据畜禽养殖规模配套相应粪污消纳土地，根据种植需要发展相应养殖规模。种植养殖通过流转土地一体运作、建立合作社联动运作、签订粪污产用合同订单运作等方式，畜禽粪便和污水无害化处理后直接用于饲草料生产或特色种植，形成健康养殖—有机肥生产—改土培肥—优质饲草料（高端农产品）一体化农牧循环利用模式，实现经济、社会、生态效益协同增效。

2. 创新种养循环农业发展技术

一是科学编制种养循环发展规划，大力发展种养循环农业，推广农牧结合生态治理模式，精准引导畜牧业和种植业发展；重点支持在种养配套工程、粪污高效处理、有机肥高效利用、生物饲料和有机微量元素等方面开展研发与推广应用，建立种养循环技术支撑体系；要严格畜禽规模养殖环境准入，必须满足配套的粪污消纳条件，落实资源化利用措施，促进粪污资源就地就近循环。

二是根据畜禽粪污土地承载力和畜牧业发展水平，鼓励养殖场通过利用自有土地、流转土地或合同订单等方式，建立与养殖规模相配套的饲草料生产基地和畜禽粪污消纳基地，实现畜禽粪污就地就近还田利用；对不能就近还田消纳的，引导养殖企业与种植业生产者建立互利互惠的合作方式，构建新型种养关系，实现畜禽养殖粪污的异地还田利用。

三是充分发挥大中型沼气工程、有机肥加工企业作用，通过农牧对接、沼气利用、水肥一体化、智能化设施等建设，构建产业融合、种养平衡、农牧结合的区域多向循环。以县域为单位，结合当地实际，统筹农牧产业、沼气工程建设、有机肥加工、农牧业废弃物收集加工、休闲农业、美丽乡村等配套服务措施，构建县域生态农牧业立体大循环。

四是制定实施《畜禽养殖场粪便和有机肥水还田利用技术规范》，因地制宜推广粪便全量收集还田利用、"固体粪便堆肥+污水肥料化利用"等技术模式，促进养殖粪污就近就地资源化利用。

3. 建立种养循环长效机制

一是加强监督考核。对畜禽粪污资源化利用工作定期开展考核，建立绩效评价考核制度，纳入各级政府绩效评价考核体系，逐级开展考核，层层传导压力；建立定期调度机制和直联直报数据平台，实时跟踪进展情况。

二是建立种养循环机制。推进粮改饲统筹、种养加结合、农林牧渔融合发展；统筹畜禽粪污资源化利用整县推进与畜牧业绿色发展示范县创建，构建农牧循环新机制；鼓励第三方建立作物秸秆、畜禽粪污、经果林枝条、果蔬下脚料等集中收集处理利用体系，引导农民和新型经营主体施用有机肥，构建种养循环发展机制。

（七）发展第三方社会化专业化运营机制

一是创新畜禽粪污资源化利用设施建设和运营模式，通过政府和社会资本合作（PPP）的方式，降低运行成本，调动社会资本参与粪污资源化利用的积极性，探索建立政府引导、部门监管、业主付费、专业处理、市场运作的第三方运营机制，形成畜禽粪污收集、存储、运输、处理和综合利用全产业链。

二是推动建立畜禽粪污等农业有机废弃物收集、转化、利用网络体系，鼓励在养殖密集区域建立粪污集中处理中心；支持建设若干区域性沼液配送服务中心，加强与其他农业社会化服务组织合作，开展沼液储运、垫料供应、管网管护、统一防虫防臭施肥等专业化、社会化服务；鼓励依托符合环保要求的专业化粪污处理利用企业，发展商品有机肥、生物天然气生产使用和沼气发电并网。

三是鼓励建立受益者付费机制，保障第三方处理企业和社会化服务组织合理收益；

采取先建后补的方式，对完善养殖粪污处理利用设施设备的养殖业主和第三方给予一定补助，减轻养殖业主负担，提高积极性；推动落实财政、土地、电价、税收、金融等方面的优惠政策，让从事粪污资源化利用的企业和组织有合理的收入。

三、保障措施

（一）强化顶层设计与统筹布局

科学规划，顶层设计。政府牵头，根据畜牧现代化的发展要求，遵循发展与环保并重的理念，按照适度规模，合理布局，畜地平衡的发展思路，实行畜禽养殖总量控制、污染物排放总量控制的"双项指标控制"，确定畜禽养殖区域和养殖规模，匹配粪污消纳土地，推进畜牧业集约化、规模化循环发展。制定发布区域畜禽养殖粪污处理利用实施意见和畜禽养殖污染防治规划，确定目标，明确重点，制定政策，落实措施。

（二）强化科技支撑

整合高等院校、科研院所和龙头企业优势力量，开展产学研合作，加快引进国外先进技术，加强对畜禽养殖废弃物利用技术装备领域共性、关键技术装备的研发，加快科技成果转化步伐，形成经济实用、轻便简洁的集成资源循环利用技术体系。一是要根据畜禽生产性能、环境污染及资源利用情况，研制低氮磷饲料配方，解决饲料配制中营养成分平衡问题，提高饲料转化率。二是要采取节水减排措施和工艺，降低用水量，减少粪便中氮的排放量和污水的产生，减轻环境压力。三是要研发具有耐低温、高效木质素、纤维素降解、解淀粉、除臭等功能的菌种，研制高效微生物复合菌剂，解决低温堆肥发酵效率低下、臭气环境污染和产品品质不高的问题。四是要解决低温厌氧发酵、沼气发电产能不足、有机肥生产工艺及设备技术含量低、投入高等关键性问题。五是要积极推广符合当地实际的粪污治理模式，在养殖场标准化改造中落实干清粪、雨污分离等防治措施。六是设立农牧循环重大应用专项，开展环保型畜禽舍设计、新型微生态制剂生产、微量元素减量化使用、地源性饲料应用、废弃物高值化利用、水肥一体化等技术研究开发；同时要攻关研发前瞻技术，如畜禽粪便综合养分管理计划编制、粪污利用环境风险防控、高端智能装备与在线监测等技术，尽快提升科技支撑能力，破解技术制约瓶颈。

（三）强化科技服务与示范引领

加强示范创建，开展不同畜禽、不同规模、不同模式的畜禽粪污处理技术示范和典型培育，引导畜禽养殖场进行标准化改造；组织开展典型模式示范推广，因地制宜树立一批标杆，通过现场会、座谈会、培训班等形式，示范带动粪污资源化利用水平的提升，引领整个行业转方式、调结构、增效益。加强技术人员、管理服务人员特别是基层技术指导队伍法律知识、职业道德与业务能力的培训，不断提高管理水平与服务意识，增强业务能力与操作本领，为工作开展奠定良好基础。通过人才引进、交流合作、技能培训，尽快建立一支与粪污处理利用相适应的人才队伍。

（四）强化培训宣传

1. 加强宣传引导，提高环保意识

充分利用广播、电视、报刊、网络等多媒体，强化畜禽养殖污染危害性及治理政策法律法规的宣传，营造环保氛围，强调环保高压态势，以提高养殖人员环保知识与意识，从而自觉遵守并主动参与绿色农业建设；加大环境污染处罚力度，切实增强养殖户污染防治的紧迫感，提高养殖户的社会责任感。要充分发挥舆论导向的作用，对生态养殖的典型进行新闻报道，对破坏环境的违法养殖向社会公开曝光，引导广大养殖业主向生态养殖模式发展，走生态产业循环发展之路。

2. 加强培训教育，增强环保意识

一是加大技术培训力度。围绕畜禽养殖废弃物资源化利用的模式、技术、机制等实用技术，针对基层农业技术推广人员和广大养殖业主开展专题技术培训，让养殖户学懂、弄通、会用爱用。同时邀请相关专家进一步加大对畜禽养殖业污染防治、粪污安全还田、粪肥替代化肥等相关法律法规和政策制度的解读和培训力度，促进畜牧兽医和企业管理人员工作能力和技术水平的提升；二是积极开展多层次、多形式的教育培训，树立生态文明理念，增强环保意识，大力推广高效节能的生产方式，有效开展污染治理，真正实现养殖废弃物治理"减量化、资源化、无害化"要求，促进废弃物的资源化利用。

（五）强化政策落实

一是强化财政"激励"机制。创新金融、税务、财政扶持政策，放宽有机肥厂备案、环评政策，健全畜禽粪污资源化利用财政投入保障机制，确保财政投入与畜禽粪污资源化利用设施建设相适应；研究制定沼液输送管网、粪污转运车辆、有机肥施用补贴等政策，提高粪肥还田积极性，培育有机肥产业；落实养殖场用电优惠政策，畜禽养殖场粪污资源化利用按照国家有关规定享受农业生产用电优惠政策；完善生物天然气、沼气发电并网及补助政策，尽快将畜禽粪源沼气发电列入国家农林生物质发电目录。

二是创新政策扶持机制。通过政府与社会资本合作、政府购买服务等方式，撬动金融和社会资本参与粪污资源化利用，建立可持续的长效运行机制；积极推动地方出台有机肥补贴政策，引导种植业生产者加大有机肥使用量；探索建立受益者合理付费，粪便置换有机肥等机制，保障收储运体系长期稳定运行；对已开展废弃物治理与循环利用的养殖场，在项目资金安排上重点扶持；支持大型龙头企业或养殖场配套建设粪污无害化处理或有机肥生产设施，扶持建立粪污集中处理中心，支持、补贴养殖肥水公共沟渠管道建设；强化考核评价，确保设施建设、财税扶持、用地用电等有关政策落地。

三是优化土地政策。落实畜禽规模养殖用地、废弃物处理利用设施用地政策，将畜禽养殖粪污收集、存储、处理以及有机肥加工等设施用地纳入设施农业用地范围，并纳入土地总体开发利用规划，促进沼液还田管道、田间贮存等设施建设；加快土地流转和集约化经营，解决种植用地碎片化问题。

（六）完善治理责任体系

畜禽粪污治理，涉及畜牧、生态环境、农业农村、财政、发改、自然资源等相关部门，需要各部门充分发挥职能优势，加强协作配合，及时协调联动，形成推进合力。政府应以绿色发展为核心，健全绩效评价考核制度，将畜禽养殖废弃物资源化利用纳入政府绩效评价考核体系，定期开展督导考核。严格落实规模养殖场环评、排污许可、规模养殖场主体责任和政府属地管理责任等制度，完善畜禽养殖污染监管制度，用最严格的制度、最严密的法制推进畜禽粪污治理。

（七）强化奖罚与执法监管

健全制度体系，强化责任落实，完善扶持政策，严格执法监管。按照"谁产污，谁治理；谁污染，谁付费；谁污染，谁受罚"的原则落实惩罚制度，确保刚性约束。同时定期对畜禽粪污资源化利用工作突出的单位和个人给予表彰奖励，提高工作积极性。建立奖励激励制度，对完成任务较好、排名靠前的市县进行奖励，落后的进行通报批评，问题严重的应进行问责，不断强化落实地方政府属地管理责任。

加大畜禽养殖环境执法监管力度，明确粪污规范处理处置的要求，通过环保执法倒通机制，督促养殖企业落实环保主体责任；推进环保执法监管和农业技术指导、执法监督等有效衔接，加大对违法排污养殖企业的处罚，确保偷排漏排养殖企业得到严厉查处，以身边事教育身边人，提高粪污资源化利用水平。对于重点养殖区域或大型养殖场应安装必要的视频监控设备，充分利用现代化网络工具全程监控粪污排放行为；对于小散养殖场要设立群众监督举报热线，利用群众雪亮的眼睛盯牢盯死养殖粪污排放，做到"早发现、早处理"；加大对养殖污染的执法力度，一旦发现有粪污直排外排甚至偷排行为的要坚决查处，严查重罚，以儆效尤。加快排污许可证核发工作，依法征收环境保护税，倒促规模养殖场开展粪污综合利用。

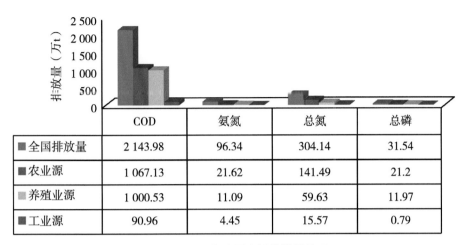

	COD	氨氮	总氮	总磷
■ 全国排放量	2 143.98	96.34	304.14	31.54
■ 农业源	1 067.13	21.62	141.49	21.2
■ 养殖业源	1 000.53	11.09	59.63	11.97
■ 工业源	90.96	4.45	15.57	0.79

图1-2　2017年全国水污染排放情况

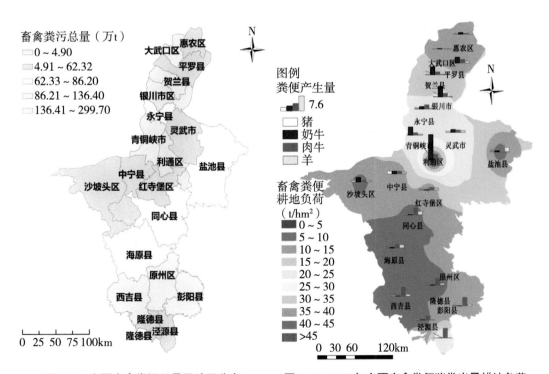

图1-3　宁夏畜禽粪污总量及地区分布　　　图2-4　2016年宁夏畜禽粪便猪粪当量耕地负荷

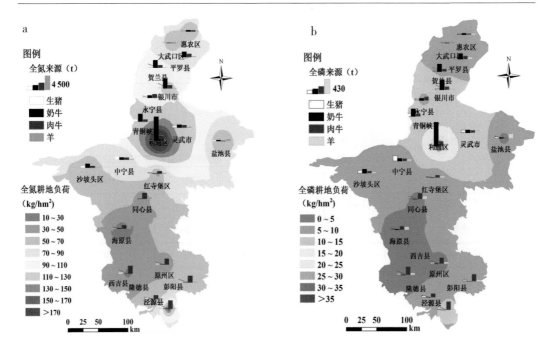

图2-5　2016年宁夏全氮、全磷耕地负荷

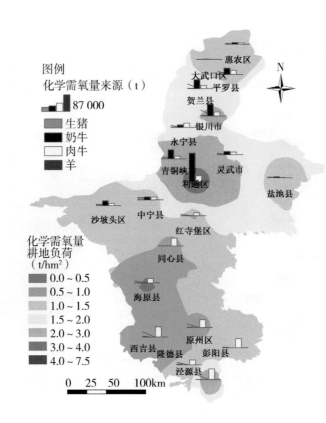

图2-6　2016年宁夏COD耕地负荷

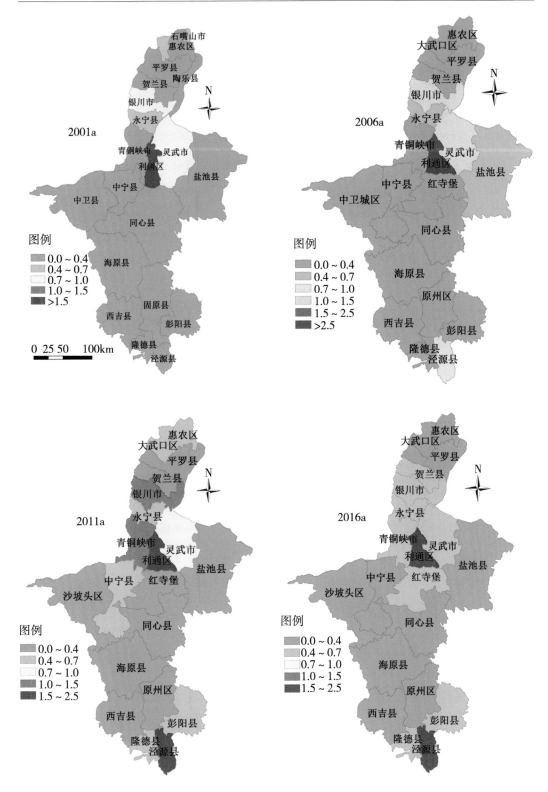

图2-7 2001—2016年宁夏畜禽粪便负荷预警值分级图

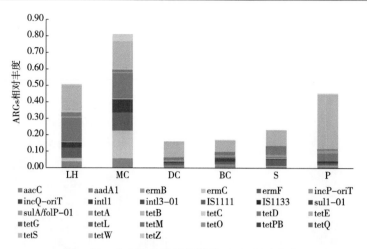

图2-20 全区各畜禽粪便鲜粪ARGs相对丰度

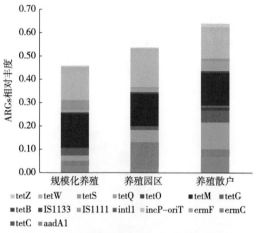

图2-22 不同养殖规模蛋鸡鲜粪ARGs相对丰度

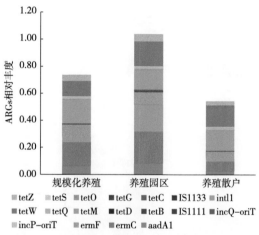

图2-23 不同养殖规模肉鸡鲜粪ARGs相对丰度

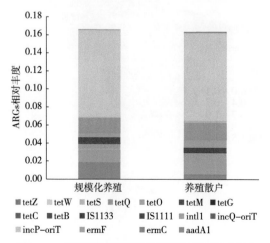

图2-24 不同养殖规模奶牛鲜粪ARGs相对丰度

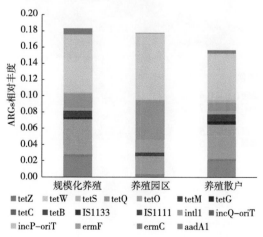

图2-25 不同养殖规模肉牛鲜粪ARGs相对丰度

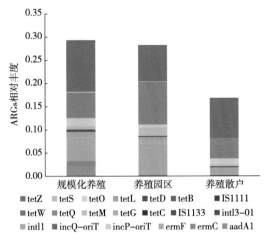

图2-26　不同养殖规模羊鲜粪ARGs相对丰度

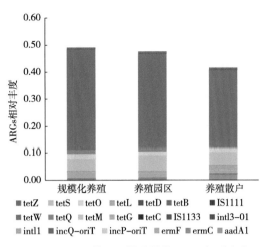

图2-27　不同养殖规模猪鲜粪ARGs相对丰度

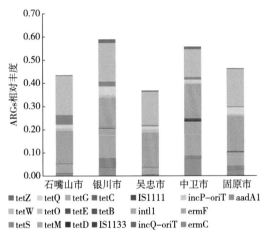

图2-29　不同地区蛋鸡鲜粪ARGs相对丰度

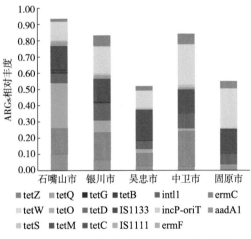

图2-30　不同地区肉鸡鲜粪ARGs相对丰度

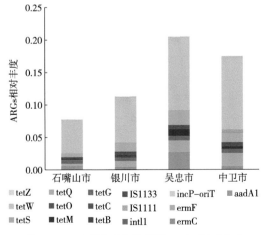

图2-31　不同地区奶牛鲜粪ARGs相对丰度

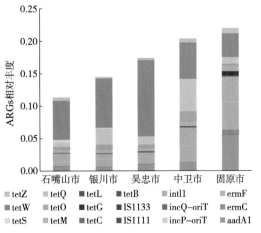

图2-32　不同地区肉牛鲜粪ARGs相对丰度

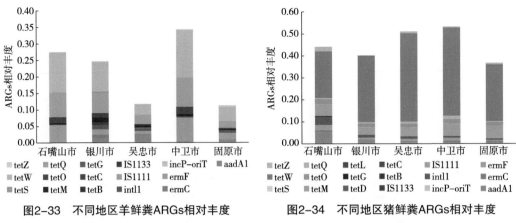

图2-33　不同地区羊鲜粪ARGs相对丰度　　　图2-34　不同地区猪鲜粪ARGs相对丰度

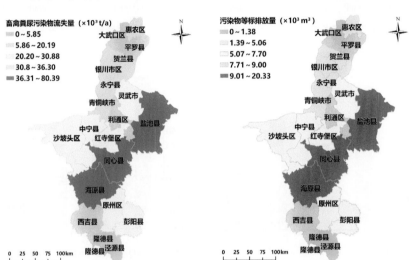

图3-2　宁夏不同区域污染物流失总量、等标排放量

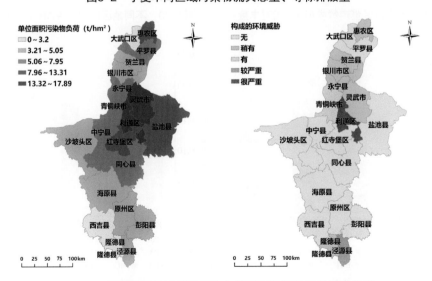

图3-3　宁夏不同区域耕地污染负荷及环境污染风险预警级别

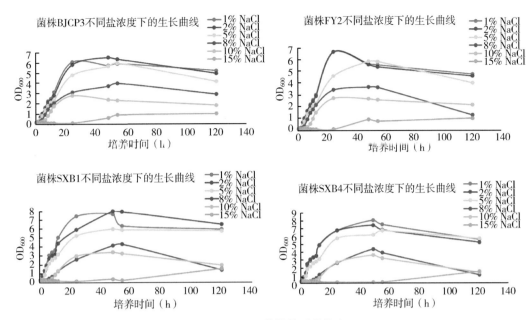

图4-3 不同菌株的耐盐能力

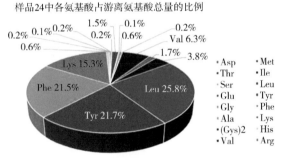

图4-6 BY25以酪蛋白为底物的氨基酸产物组成

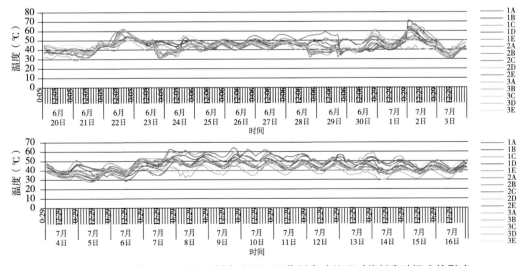

图4-31 不同碳氮配比有机物料发酵及不同菌剂发酵处理对物料发酵温度的影响

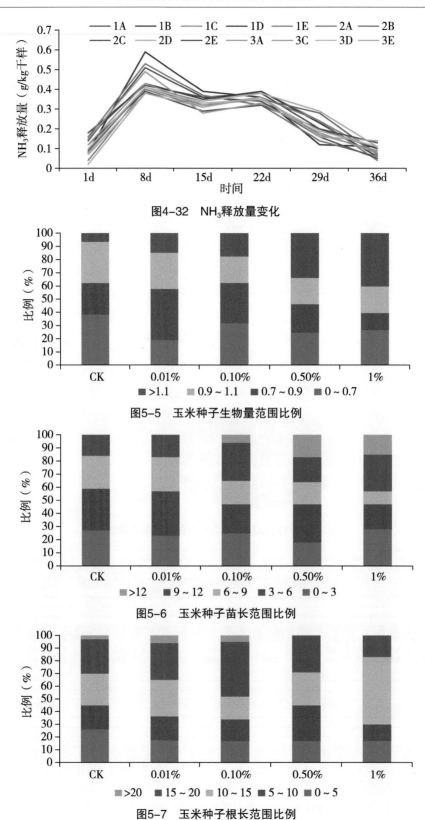

图4-32　NH₃释放量变化

图5-5　玉米种子生物量范围比例

图5-6　玉米种子苗长范围比例

图5-7　玉米种子根长范围比例